BIBLIOTHÈQUE

SCIENTIFIQUE INTERNATIONALE

PUBLIÉE SOUS LA DIRECTION

DE M. EM. ALGLAVE

LXIX

LAVOISIER DANS SON LABORATOIRE

MADAME LAVOISIER ÉCRIVANT SOUS SA DICTÉE

(Dessin de G. Profit d'après une sépia de Mme Lavoisier.)

LA
RÉVOLUTION CHIMIQUE
LAVOISIER

OUVRAGE SUIVI DE

NOTICES ET EXTRAITS DES REGISTRES INÉDITS
DE LABORATOIRE DE LAVOISIER

PAR

M. BERTHELOT

Sénateur
Secrétaire perpétuel de l'Académie des Sciences
Professeur au Collège de France.

PARIS

ANCIENNE LIBRAIRIE GERMER-BAILLIÈRE ET Cie

FÉLIX ALCAN, ÉDITEUR

108, BOULEVARD SAINT-GERMAIN, 108

—

1890

PRÉFACE

L'ouvrage que j'ai l'honneur d'offrir au public était depuis longtemps dans mes projets ; mais sa réalisation immédiate m'a été imposée l'an dernier par mes fonctions de Secrétaire perpétuel de l'Académie des Sciences. Leur début ayant coïncidé avec le centenaire de la Révolution française, il m'a semblé que la façon la plus convenable de les inaugurer était de présenter une Notice historique sur le fondateur de la chimie moderne, Lavoisier, l'un des plus grands génies dont s'honore l'humanité. Aucune lecture sur Lavoisier n'avait été faite jusqu'ici devant l'Institut. Dumas, qui a présidé pendant tant d'années la chimie française et qui s'est chargé de la publication de l'édition officielle des Œuvres de Lavoisier, s'était proposé, dès sa jeunesse, de donner ce témoignage suprême au grand -homme dont il était le fervent admirateur et dont il n'a cessé de proclamer la gloire. Mais, à l'exception des pages enthousiastes, plus éloquentes peut-être qu'exactes, qu'il lui a consacrées en 1836, dans ses *Leçons de philosophie chimique*, il n'a jamais trouvé l'occasion d'y revenir et il 'a laissé passer cinquante ans sans réaliser son intention. Depuis lors, M. Grimaux a réuni avec un soin minutieux tous les documents relatifs à la biographie de Lavoisier, et il en a fait l'objet d'un volume in-8°, très soigné, accompagné de portraits et de gravures, publié en 1888, chez Félix Alcan. C'est une œuvre bien faite et qui m'a rendu dans le cours de mon travail des services auxquels je me plais à rendre hommage. Mais l'ouvrage de M. Grimaux est essentiellement biographique; l'auteur s'étant borné à consacrer quelques pages sommaires aux découvertes de Lavoisier, dont l'exposition méthodique et développée ne rentrait pas dans le plan qu'il s'était tracé.

C'est au contraire cette exposition générale que j'ai entreprise. Pour mieux faire comprendre l'homme et son œuvre, j'ai cru cependant nécessaire de l'accompagner d'un court récit biographique, emprunté en grande partie au travail de M. Grimaux, quoique avec addition de certains détails tirés d'autres sources, telles que les Registres des séances de l'Académie, principalement pour l'époque révolutionnaire. La fin tragique de Lavoisier donne à la partie finale de ce récit un intérêt poignant, que la première et heureuse période de son existence ne permettait guère de prévoir.

L'œuvre scientifique m'a principalement occupé.

Dans la Notice historique, lue devant l'Académie des Sciences en séance publique, le 30 décembre 1889, j'avais déjà tâché de donner une appréciation d'ensemble des travaux de Lavoisier; mais à ce moment j'avais dû me restreindre, dans l'exposé des théories particulières, à la découverte de la composition de l'air et à celle de la composition de l'eau; la durée consacrée aux séances académiques ne permettant pas de s'étendre, le reste des travaux et des idées de Lavoisier a dû être rapporté d'une façon très rapide et en quelque sorte en raccourci.

L'ouvrage actuel n'est pas limité par les mêmes considérations, et je me suis efforcé de présenter le bel ensemble des découvertes du savant, dans toute leur force et leur enchaînement logique.

C'est un devoir pour moi de prévenir les lecteurs que l'ouvrage actuel est consacré essentiellement à Lavoisier : on ne devra donc pas y rechercher l'exposition détaillée de la vie et des recherches des autres savants contemporains, quelles qu'aient été d'ailleurs leur puissance intellectuelle et l'importance de leurs travaux. Non certes que j'en méconnaisse l'intérêt;

mais j'ai dû limiter mon plan et mes efforts, afin de
ne pas me lancer dans une entreprise indéfinie. C'est
pourquoi je n'ai cité les autres savants que suivant la
mesure où ils ont concouru à la révolution de la
Science chimique, révolution accomplie essentiellement par l'effort personnel de Lavoisier : cette déclaration est nécessaire afin d'éviter tout malentendu.

Pour compléter la présente publication et pour en
augmenter l'originalité, j'ai cru utile d'y joindre
l'étude des Registres manuscrits et inédits du laboratoire de Lavoisier, avec notices et extraits tirés de
ces Registres ; ayant eu l'occasion de les consulter dans
les Archives de l'Académie, où ils ont été déposés
par M. de Chazelles.

Les Registres que nous possédons aujourd'hui sont
au nombre de treize, renfermant des recherches originales, datées depuis le 20 février 1872 jusqu'au
23 octobre 1788 : on y rencontre la trace plus ou moins
développée des nombreux travaux de Lavoisier sur les
sujets les plus divers. Tantôt le Registre contient les
renseignements les plus précis et les plus minutieux ;
tantôt il se borne à des indications sommaires, les
détails étant inscrits sur des feuilles volantes, dont
quelques-unes ont été conservées, entre les pages du
Registre lui-même. S'il n'est pas possible d'y retrou-
ver toutes les données numériques des expériences
consignées dans les Mémoires imprimés, j'ai été ce-

pendant frappé de la clarté que ces Registres jettent
sur la manière de travailler de Lavoisier, sur la date
de ses recherches et sur le caractère multiple de ses
travaux chimiques, aux différentes époques de sa vie :
recherches et travaux consacrés non seulement à
l'étude des questions de haute théorie, mais à des expériences pratiques, exigées par ses fonctions à la
régie des poudres et salpêtres, par ses devoirs de fermier général, et aussi par les demandes des ministres
et les rapports des commissions académiques. Tout
cela a laissé la trace dans les Registres de laboratoire.

Sans doute, il ne faut pas espérer y trouver des découvertes nouvelles, ou des recherches essentielles
de Lavoisier, qui seraient demeurées ignorées jusqu'à
présent. Lavoisier a pris soin de publier lui-même,
de son vivant, tous ses travaux importants et il l'a fait
au moyen des données contenues dans ses Registres
de laboratoire, données dont il a présenté dans ses
mémoires imprimés une rédaction définitive. L'intérêt
que présente la lecture de ces Registres n'en est pas
moins considérable, mais à un autre point de vue
que celui de la nouveauté des faits scientifiques.

Ce que l'on y observe de neuf et d'original, ce sont
les pages et les lignes où il a transcrit au jour le
jour, sans aucune vue de publication, pour sa propre
direction et dans le silence de son cabinet, les pensées qui naissaient immédiatement dans son esprit, à

la vue même des phénomènes. On y lit ainsi la trace
de ses tâtonnements successifs, tant dans l'ordre expé-
rimental que dans l'ordre intellectuel.

On peut aussi se servir de ces Registres à un autre
point de vue, pour préciser la date à laquelle Lavoisier
a exécuté chacune de ses grandes expériences.

En raison de ces circonstances, je pense que l'on
me saura gré de donner l'analyse méthodique des
treize volumes ou Registres de laboratoire que nous
possédons, ainsi que la transcription de tous les
morceaux ou fragments où Lavoisier expose ses pensées personnelles ; pensées modifiées bien entendu au
fur et à mesure, par le cours même de l'expérimentation, et qu'il faudrait se garder de prendre pour ses
doctrines définitives. C'est surtout la psychologie du
savant et la succession de ses pensées de derrière la
tête, suivant une expression connue, qui se trouvent
ainsi éclaircies : tout ce qui touche à l'histoire de l'esprit d'un si grand homme mérite d'être mis sous les
yeux des penseurs.

Paris, 15 mai 1890.

TABLE DES MATIÈRES

LA

RÉVOLUTION CHIMIQUE

LAVOISIER

CHAPITRE PREMIER

INTRODUCTION

La France vient de célébrer le centième anniversaire de la grande Révolution qui a changé autrefois ses institutions, reconstitué parmi nous la société sur de nouvelles bases et marqué dans l'histoire même de l'humanité une ère fondamentale.

Cet anniversaire est aussi celui de l'un des moments mémorables de la science et de la philosophie naturelle. A cette époque, en effet, la science a été transformée par une révolution considérable dans les idées jusque-là régnantes, je ne dis pas seulement en chimie, mais dans l'ensemble des sciences physiques et naturelles. La constitution de la matière a été établie sur des conceptions nouvelles : la vieille doctrine des quatre Éléments, qui régnait depuis le temps des philosophes grecs, est tombée. La composition de deux d'entre eux, l'air et l'eau, regardés comme simples, a été démontrée par l'analyse :

la terre, élément unique et confus, a été remplacée par la multitude empirique de nos corps simples, définis avec précision. Le feu lui-même a changé de caractère : il a cessé d'être envisagé comme une substance particulière, pour passer à l'état de pur phénomène ; enfin, les savants, et les philosophes à leur suite, ont reconnu entre les matières qui servent de support au feu une distinction capitale et qui s'est étendue aussitôt à la nature entière, celle des corps pondérables, soumis à l'emploi de la balance, et celle des fluides impondérables, qui y échappent.

La confusion qui avait régné jusque-là entre ces divers ordres de matières et de phénomènes ayant cessé, une lumière soudaine s'est répandue sur toutes les branches de la philosophie naturelle et les notions même de la métaphysique abstraite en ont été changées. Dans un ordre plus spécial, la composition élémentaire des êtres vivants, auparavant ignorée, a été révélée, ainsi que leurs relations véritables avec l'atmosphère qui les entoure ; les conséquences les plus graves pour la physiologie, pour la médecine, pour l'hygiène, aussi bien que pour l'industrie, ont découlé de ces nouvelles prémisses.

Ces découvertes et ces transformations scientifiques offrent dans la manière dont elles se sont produites un caractère saisissant, pareil à celui de la Révolution sociale, avec laquelle elles ont coïncidé : elles n'ont pas été effectuées graduellement, par la lente évolution des années et les travaux accumulés de plusieurs générations de penseurs et d'expérimentateurs. Non ! elles se sont au contraire produites subitement : quinze ans ont suffi pour les accomplir.

Ce n'est pas tout : les idées qui ont triomphé ne sont

pas une œuvre collective, contrairement à une opinion trop généralisée et qui tendrait à décourager l'effort personnel du génie. Si le progrès insensible du temps finit par tout éclaircir, il n'en est pas moins certain qu'un homme, tel que Newton ou Lavoisier, peut le devancer et épargner à l'humanité le travail indécis et sans guide de plusieurs générations : les conceptions qui ont fondé la chimie moderne sont dues à un seul homme, Lavoisier.

Lavoisier a formé dans les méditations solitaires de son laboratoire, le projet d'une entreprise, dont il apercevait dès l'origine le caractère et l'étendue — nous pouvons citer à cet égard des pages datées et écrites de sa main en 1772, dans ses Registres d'expérience, — et il a réalisé son entreprise avec une persévérance, un enchaînement, une méthode, une logique invincibles, en utilisant à mesure dans la poursuite de son plan général les faits déjà connus et les découvertes particulières, que faisaient chaque jour un ensemble d'hommes de génie, ses contemporains, aussi habiles expérimentateurs que lui et plus originaux peut-être dans le détail, mais dont l'esprit était moins puissant. Aucun, en effet, n'avait osé se soustraire aux préjugés des doctrines régnantes alors et que Lavoisier a renversées ; aucun ne s'était élevé aux vues d'ensemble qui ont fait la grandeur de son œuvre et amené dans la philosophie naturelle un progrès aussi capital. Le caractère de l'œuvre de Lavoisier, à cet égard, rappelle celle de Newton, qui, sans être lui-même un grand observateur en astronomie, a su tirer un parti admirable des mesures accumulées par ses prédécesseurs et ses contemporains, pour en conclure les lois générales du système du monde.

C'est l'œuvre de Lavoisier que je vais exposer dans ce livre; la chose m'a paru d'autant plus nécessaire que cette œuvre n'a jamais été jusqu'ici l'objet d'une étude méthodique et approfondie. Son éloge même n'avait pas encore été fait, — avant le moment où je l'ai prononcé, au mois de décembre 1889, au nom de l'Académie des Sciences, — pas plus que sa statue ne s'est élevée sur les places publiques de Paris, la ville de sa naissance et de sa mort. Ce n'est pas que l'Académie ait jamais oublié son nom ; mais le terme sanglant de son existence avait été précédé par la suppression violente de l'ancienne et glorieuse Académie des Sciences, détruite en 1793. L'Institut créé deux ans après, en reprenant la tradition scientifique un moment interrompue, n'est pas revenu sur les malheurs du passé. Peut-être aussi les haines qui avaient concouru à la mort de Lavoisier étaient-elles encore trop vivaces, et la lâcheté des hommes qui l'avaient abandonné ou trahi au jour du péril trop soupçonneuse, pour qu'on osât parler alors avec liberté de la grande victime !

Le moment est venu de réparer cet oubli et cette injustice, et de faire en même temps le bilan de notre science, en comparant dans cet ordre les idées d'autrefois, avec celles de Lavoisier et avec les idées d'aujourd'hui ; afin de mieux marquer toute l'étendue des progrès accomplis et les espérances de l'avenir.

L'intérêt qui s'attache à l'œuvre de Lavoisier est rendu plus grand encore et plus poignant par sa destinée personnelle. Après avoir passé dix années à établir les bases expérimentales de sa doctrine, après avoir lutté quinze ans pour renverser les préjugés des anciennes doctrines, après avoir rendu tant de services à son pays et à l'humanité et jeté tant de gloire sur la France par ses découvertes, alors qu'il semblait appelé à terminer sa vie comme Newton, dans l'apothéose du triomphe, entouré du respect et de l'admiration de ses contemporains; à ce moment même, Lavoisier se trouva soudain enveloppé, sans l'avoir provoqué, dans la tempête révolutionnaire, dépouillé de ses places et de sa fortune, conduit enfin à l'échafaud. Peu de destinées furent à la fois plus faciles, plus brillantes, plus favorisées que la sienne, au début; peu furent plus tristes et plus douloureuses à la fin.

Je me propose surtout de présenter ici les découvertes scientifiques de Lavoisier. Il importe, en effet, de **faire** une distinction parmi les fruits de sa puissante activité: quel que soit le concours qu'il ait donné dans l'ordre administratif ou financier, tant aux services publics de son pays qu'aux compagnies privées dont il a fait partie, quelque justes et philanthropiques qu'aient été les vues d'économie politique signalées par certains de ses Mémoires, on doit pourtant se garder de les confondre dans un panégyrique aveugle et systématique avec ses grandes découvertes et d'y voir l'exercice continu d'un même génie. Cet ordre spécial de recherches aurait pu en faire de notre temps un membre distingué de l'Académie des sciences morales; mais ce n'est pas là ce qui a immortalisé son nom au jugement du monde civilisé et fait époque dans l'histoire de l'esprit humain.

Ainsi, je m'attacherai essentiellement à son œuvre scientifique et je choisirai même de préférence la partie de cette œuvre qui a déterminé la révolution de la science chimique. Je ferai seulement précéder et suivre mon exposé par deux chapitres, dont l'ensemble constitue une

courte notice biographique, qui me paraît nécessaire
pour l'intelligence complète du caractère et du génie de
Lavoisier.

BIBLIOGRAPHIE

Voici les documents principaux que j'ai consultés pour
rédiger le présent ouvrage.

ŒUVRES DE LAVOISIER, 4 volumes in-4°, publiés de 1862 à
1868, par les soins du Ministre de l'Instruction publique, et
sous la direction de M. Dumas. — En consultant cette grande
publication, il convient de ne pas oublier que les dates qui y
figurent sont souvent celles de l'année mise en tête de
chaque volume des Mémoires de l'Académie, année antérieure parfois de trois ou quatre ans à celle de l'impression et
de la vraie publication du volume. On s'exposerait à de graves
inexactitudes historiques, en prenant la première date pour
celle des détails de la découverte, telle qu'elle est constatée
par la publication imprimée. Ces deux dates doivent donc
être notées séparément. Il convient d'y joindre une troisième
date, celle de la première lecture publique du Mémoire, date
constatée par les Registres manuscrits de l'Académie. Enfin
il est nécessaire, dans un certain nombre de cas, de signaler
avec précision l'époque des remaniements et perfectionnements successifs, opérés par Lavoisier lui-même, qui n'a
cessé de revenir pendant une douzaine d'années sur ses premiers travaux.

MÉMOIRES DE L'ACADÉMIE DES SCIENCES. On trouvera la
Bibliographie méthodique des publications de Lavoisier,
faites dans ces Mémoires et ailleurs, dans l'ouvrage biographique de M. Grimaux sur Lavoisier, p. 336 à 358: il ne m'a
pas paru utile de la recopier ici.

REGISTRES MANUSCRITS DE LABORATOIRE DE LAVOISIER. Je
donne à la fin du présent volume des Notices et extraits inédits de ces Registres, qui jettent un jour nouveau sur ses méthodes, ses occupations et la marche successive de ses pensées.

REGISTRES MANUSCRITS DES SÉANCES DE L'ACADÉMIE DES
SCIENCES. Ces Registres, conservés dans les Archives de l'Ins-

titut, fournissent des dates authentiques pour l'époque des communications et lectures de Lavoisier.

DICTIONNAIRE DE CHIMIE DE MACQUER, 2° édition, 4 volumes in-18, 1778.

CHYMIE EXPÉRIMENTALE ET RAISONNÉE DE BAUMÉ, 3 volumes in-8, 1773.

Ces deux ouvrages, ainsi que les ŒUVRES DE BOERHAAVE, fournissent des données exactes sur l'état de la science, au moment même où Lavoisier commença ses travaux.

LES ŒUVRES DE BERGMANN, DE SCHEELE, DE CAVENDISH, DE PRIESTLEY, DE BERTHOLLET, m'ont aussi fourni les renseignements les plus exacts sur les travaux contemporains. J'ai pris soin de les consulter dans les textes originaux; mais il est superflu d'en dresser ici la nomenclature détaillée.

OBSERVATIONS SUR LA PHYSIQUE, etc. *(Journal de physique)* de l'abbé Rozier, années 1772 et suivantes. — Ce journal permet de préciser un certain nombre de faits et de dates, dans l'histoire des découvertes du temps.

GUYTON DE MORVEAU. DICTIONNAIRE DE CHIMIE DE L'ENCYCLOPÉDIE MÉTHODIQUE. t. I. *Second Avertissement*, p. 625 à 634 et article *Air*, 665 à 772; 1786.

L'auteur avait commencé la rédaction de ce volume dans l'ancien système; mais en le terminant il se déclare converti aux nouvelles idées de la chimie pneumatique. Il y a là des détails d'autant plus précieux pour l'histoire des découvertes de l'époque, que ce volume renferme les appréciations d'un contemporain.

Le tome III du même DICTIONNAIRE, imprimé en 1796, renferme (p. 262 à 303), sous la rubrique Chimie, un premier article de Venel, extrait de l'Encyclopédie de Diderot, et, à la suite, un article très étendu de Fourcroy (p. 303 à 784). A partir de la page 342 jusqu'à la page 564, on y trouve l'histoire de la révolution chimique et l'analyse détaillée des travaux des principaux savants de l'époque.

E. GRIMAUX: LAVOISIER. 1743-1794, in-8°. Publié chez F. Alcan, 1888. Biographie exacte et précise, rédigée d'après des documents authentiques.

H. KOPP. — *Die Entdeckung der Zusammensetzung des Wassers.* — La découverte de la composition de l'eau. (III° partie des *Beitrage zur Geschichte der Chemie* de cet auteur, 1875,

p. 285 à 310). C'est une monographie très soignée, dans laquelle l'auteur a réuni et commenté toutes les pièces du procès.

Les HISTOIRES DE LA CHIMIE de F. HŒFER (2ᵉ édition, 1869) et de H. KOPP m'ont été aussi très utiles, quoique d'une autre façon et à un degré moins précis que les documents précédents.

Enfin je prendrai la liberté de rappeler mon INTRODUCTION A LA CHIMIE DES ANCIENS ET DU MOYEN AGE (Steinheil, 1889), mes ORIGINES DE L'ALCHIMIE (Steinheil, 1885), et enfin la COLLECTION DES ANCIENS ALCHIMISTES GRECS que j'ai publiée en collaboration avec M. CH. E. RUELLE, (Steinheil, 1887-1888) ; ouvrages dont j'ai tiré divers renseignements relatifs aux opinions d'autrefois.

CHAPITRE II

BIOGRAPHIE

Pour bien comprendre un savant, il faut connaître sa personne et le milieu dans lequel il a vécu : ces détails biographiques seront courts pour Lavoisier, dont la vie n'eut pour ainsi dire d'autre péripétie que celle de la catastrophe finale.

Les origines de la famille de Lavoisier sont humbles et, comme on dirait aujourd'hui, démocratiques. Elle résidait d'abord dans le bailliage de Villers-Cotterets, où Lavoisier conserva des relations de parenté jusqu'à la fin de sa vie. Le premier de ses ancêtres qui soit connu est Antoine Lavoisier, simple postillon, mort en 1620; puis, vinrent un maître de poste, un procureur, un avocat qui alla résider à Paris comme procureur au Parlement, au milieu du xviiie siècle : c'est le père de Lavoisier. L'ascension vers les classes dominantes de la société était lente alors; elle a duré plus d'un siècle pour la famille de Lavoisier. Son père se maria en 1742 avec Mlle Punctis, et de cette union naquit l'année suivante, le 26 août 1743, Antoine-Laurent Lavoisier : on conserva parmi ses prénoms celui des aînés de la famille, suivant un usage très général autrefois. Il perdit sa mère à cinq ans, sa sœur unique douze ans après, et il fut élevé dans les conditions modestes et laborieuses d'une bourgeoisie aisée, par sa tante et par son père, auquel il demeura toujours fort attaché et qu'il perdit en 1775.

La vie de Lavoisier débuta ainsi d'une façon régulière et sans incidents prononcés. C'est d'abord celle d'un jeune homme intelligent et amoureux de travail, suivant les cours du collège Mazarin, dans le palais occupé aujourd'hui par l'Institut. Il obtint, en 1760, le grand prix de discours français en rhétorique, au concours général ; c'est-à-dire qu'il entra dans la vie avec la culture classique, qui ne fait certes pas les grands hommes, mais qui leur assure cette forte éducation de l'esprit, cette pratique du travail et cette habitude d'écrire, si nécessaires à la poursuite méthodique de leurs travaux comme à la propagation de leurs idées. Ainsi que beaucoup de savants, il commença par quelques essais littéraires, drames et sujets de prix proposés par des académies de province ; et il se fit recevoir avocat au Parlement en 1764. Mais son goût le porta aussitôt vers l'étude des sciences naturelles, qu'il embrassa d'abord dans leur généralité. Rappelons les noms de ses principaux maîtres : ils ont marqué dans la science française. C'étaient La Caille, pour l'astronomie ; Bernard de Jussieu, pour la botanique ; Guettard, pour la minéralogie ; Rouelle pour la chimie, etc. Son esprit curieux se portait avec ardeur vers les sciences naturelles ; mais il ne paraît pas avoir eu de goût spécial pour l'histoire ou pour la politique. S'il toucha par moments aux problèmes sociaux que traite l'économie politique, cependant en somme, il

resta à peu près étranger au grand mouvement philosophique du xviiie siècle et il ne semble pas avoir été particulièrement lié avec ses promoteurs. Sa gloire devait
être ailleurs.

Dès l'âge de vingt ans il est tourmenté par le désir de
faire œuvre personnelle : il entreprend des observations
météorologiques et barométriques, qu'il continua toute
sa vie dans l'espérance de découvrir les lois générales
des mouvements atmosphériques.

En 1765, il concourut pour un prix proposé par l'Académie : *sur les différents moyens qu'on peut employer pour
éclairer une grande ville.* On raconte que, pour mieux
réussir dans son étude, Lavoisier fit tendre en noir une
chambre et s'y enferma pendant six semaines sans voir
le jour, afin de rendre ses yeux plus sensibles aux différentes intensités de la lumière des lampes. Son mémoire[1]
n'obtint pas le prix, mais fut honoré d'une médaille
d'or.

En même temps, sous l'impulsion de Guettard, maître
pour lequel il professait un attachement particulier, il
prépara la construction de cartes destinées à faire partie
d'un Atlas minéralogique de la France ; grande entreprise
à laquelle il consacra un voyage fait en 1767 avec Guettard dans les Vosges, l'Alsace et la Lorraine. Cette œuvre,
publiée en partie en 1780 et reprise depuis, a été l'origine
de notre savante carte géologique de France. Ce fut à
l'occasion de ces cartes que Lavoisier débuta en chimie
par l'analyse des gypses des environs de Paris, qu'il publia en 1765, à l'âge de vingt-deux ans[2].

(1) ŒUVRES *de Lavoisier*, t. III. p. 1.

(2) ŒUVRES, t. III, p. 106.

Ces travaux et d'autres analogues sur le tonnerre, sur l'aurore boréale, sur le passage de l'eau à l'état de glace, etc., commençaient à faire connaître Lavoisier comme un jeune homme intelligent, dans le monde alors si restreint des savants. Pour l'encourager, on le fit débuter en 1768 à l'Académie des Sciences, à l'âge de vingt-cinq ans, avec le titre d'adjoint chimiste. Lalande rapporte qu'il contribua à le faire nommer, pensant « qu'un jeune homme qui avait du savoir, de l'esprit, de l'activité, et que la fortune dispensait d'embrasser une autre profession, serait très utile aux sciences ». Lavoisier se trouva ainsi, tout jeune, associé aux travaux de l'Académie. Il ne faudrait pas croire d'ailleurs que son titre équivalût à celui d'un membre de nos jours. L'Académie, en effet, se composait à cette époque de diverses classes de membres : douze honoraires, choisis parmi les grands seigneurs et qui pouvaient seuls être présidents et vice-présidents ; dix-huit pensionnaires recevant un traitement, parmi lesquels Mairan, d'Alembert, Nollet, Vaucanson, Duhamel, du Monceau, Bernard de Jussieu, etc.; douze associés ordinaires, dont Lalande, Bezout, Rouelle, Macquer ; enfin douze adjoints, dont le comte de Lauraguais, Portal, Adanson, Bailly, etc. Buffon était trésorier et Grandjean de Fouchy, secrétaire perpétuel.

Les membres étaient répartis en sections. Il y avait en outre des associés libres, des associés étrangers, des pensionnaires et des associés retraités (vétérans). Les honoraires et les pensionnaires avaient seuls voix délibérative dans les élections. Les adjoints s'asseyaient, pendant les séances, sur des banquettes placées derrière les fauteuils des associés, avec faculté d'occuper les places qui pourraient être libres. Lavoisier

avait donc été nommé adjoint en 1768; encore fut-ce
une faveur exceptionnelle, accordée à titre provisoire et
hors cadre, la place vacante ayant été donnée par le ministre à Jars, savant plus âgé et alors plus méritant.

A partir du 1ᵉʳ juin 1768, Lavoisier siégea à l'Académie et prit à ses travaux une part de plus en plus active.
On a de lui une multitude de Notes et de Rapports sur les
sujets les plus divers; mais pendant cinq ans il ne se
manifeste guère que comme un membre utile, attentif
à ses devoirs, un jeune savant d'espérance, s'essayant
dans toutes sortes de directions : rien n'annonce encore
l'essor soudain que va prendre son génie.

En dehors de la science, c'était un homme doux, pru-
dent, avisé, entendant fort bien les affaires; et désireux
de grossir la fortune personnelle qu'il tenait de sa mère;
ce qu'il fit avec succès. Dans le même mois où il était
agrégé à l'Académie, il entra dans les fermes à titre
d'adjoint du fermier général Baudon, qui lui céda un
tiers de son intérêt dans le bail du sieur Alaterre, sur
lequel reposait le privilège des fermiers généraux. Lavoisier devint fermier titulaire en 1779, et il prit un rôle
de plus en plus important dans l'administration des
fermes, jusqu'au moment où l'Assemblée nationale, le
20 mars 1791, résilia le bail des fermiers généraux et
supprima l'institution. Pendant ces vingt-trois années,
Lavoisier se consacra avec zèle à ses fonctions financières : tournées, inspections, surveillance, exploitation
des tabacs, régie des poudres (1775), où il fut amené à
s'occuper de la production du salpêtre, de la fabrication
des poudres, et associé à quelques-unes des réformes
humanitaires de Turgot. Il était en correspondance in-
cessante avec les ministres, qui lui demandaient son avis

sur toutes sortes de questions : tout cela lui prenait une grande partie de son temps. N'oublions pas la direction supérieure des entrées de la ville de Paris : sur la proposition de Lavoisier, la Ville fut entourée en 1787 d'un mur d'octroi, abattu seulement il y a trente ans. L'impopularité de cette mesure est attestée par un dicton du temps : « Le mur murant Paris, rend Paris murmurant. »

Joignons-y le Comité d'agriculture (1785), où Lavoisier joua un rôle important, l'administration de ses biens privés qui devenaient chaque jour plus considérables, et particulièrement la mise en valeur de son domaine de Fréchine dans le Vendômois, acheté en 1778 et où il se livrait à des essais agricoles intéressants.

Malgré la multitude de ses occupations, sa facilité de travail et son activité suffisaient à tout. En lui appliquant un éloge qu'il adressa lui-même un jour à Trudaine, on pourrait dire que « il portait des vues également vastes dans tous les objets dont il s'occupait ». Il menait ainsi à bien les affaires publiques et particulières dont il était chargé et il trouvait le moyen de réserver six heures par jour à la science. Mais ce n'est pas le lieu d'entrer dans plus de développements sur ce côté de la vie de Lavoisier, dont les détails ont été relevés avec soin par son récent biographe, M. Grimaux. Il suffira de dire, qu'à l'époque de la Révolution, il était fort riche, comme l'attestent les documents du temps et les placements qu'il faisait en 1791, lors de la vente des biens nationaux. Par un triste retour, cette richesse même, la jalousie qu'elle excitait et surtout ce titre de fermier général, qui avait été la source de sa fortune, devinrent la cause de sa mort. Mais en 1768 personne ne pouvait même entrevoir le lointain avenir.

Cette fortune ne fut pas étrangère aux succès académiques de ses débuts. Tandis que quelques-uns des collègues de Lavoisier à l'Académie manifestaient la crainte, peu justifiée d'ailleurs, que la finance ne l'enlevât à la science, d'autres répondaient: « Tant mieux ! les dîners qu'il nous donnera seront meilleurs. » Ces dîners, en effet, étaient célèbres. Marat en parle dans ses pamphlets, avec cette envie méchante qui le caractérise : il n'y était sans doute pas invité.

Si la vie fut facile à Lavoisier, s'il ne rencontra à ses débuts, ni cette pauvreté, ni ces âpres compétitions du combat pour la vie qui ont éprouvé et excité en même temps la vocation de tant de savants et d'artistes; par contre, il trouva en lui-même le ressort moral que les épreuves matérielles fortifient chez les autres. Il est exceptionnel en effet qu'un grand savant se forme dans cette condition sociale où l'homme n'est pas obligé par la nécessité de prendre de bonne heure l'habitude de l'effort personnel. La richesse ne fit donc qu'augmenter les ressources nécessaires aux recherches scientifiques de Lavoisier, en même temps qu'elle dispensait son esprit d'être asservi aux préjugés d'école, auxquels sont trop sujets les hommes assujettis à passer par la lente carrière de l'enseignement normal. La richesse eut en outre cet avantage de permettre à Lavoisier de faire de sa maison un lieu de réunion, un foyer d'entretien et de discussions désintéressées, où ses idées s'élevèrent et se mûrirent au contact des plus distingués parmi les savants contemporains.

Ainsi la vie régulière et méthodique de Lavoisier ne fut troublée ni par la poursuite des places, auxquelles il n'avait pas besoin d'aspirer, ni par les devoirs et les fatigues du professeur ; elle ne le fut pas non plus par ces scandales privés, qui signalent beaucoup d'autres fermiers généraux dans les Mémoires secrets de l'époque.

Un jour par semaine était entièrement consacré par Lavoisier à ses expériences. « C'était pour lui, dit M^mo Lavoisier, un jour de bonheur ; quelques amis éclairés, quelques jeunes gens, fiers d'être admis à l'honneur de coopérer à ses expériences, se réunissaient dès le matin dans le laboratoire. C'était là que l'on déjeunait, que l'on discutait ; que l'on créait cette théorie qui a immortalisé son auteur. »

A partir de 1775, époque où Lavoisier fut nommé régisseur des poudres, il installa son laboratoire à l'Arsenal, dans un hôtel qui a été brûlé en 1871, durant les incendies de la Commune. Il y avait résidé jusqu'en 1792, époque où on le dépouilla de ses fonctions. Pendant dix-sept ans, ce fut le siège d'un travail incessant.

Non seulement Lavoisier y poursuivait ses propres travaux, tant dans l'ordre théorique que dans celui des applications les plus diverses, sans cesse provoquées par ses fonctions multiples ; mais il consacrait une grande partie de son temps à répéter les découvertes du jour en chimie, telles que celles de Black sur l'acide carbonique et sur la chaleur, de Priestley sur les gaz, de Cavendish sur l'eau et sur l'acide nitrique, etc.; elles y étaient reproduites devant les savants du temps convoqués à cet effet. De ce nombre furent Macquer, un des représentants les plus illustres et les plus intelligents de la chimie d'alors ; Baumé, opposant acharné de la doctrine pneumatique ; Darcet, célèbre par ses découvertes sur la porcelaine ; Guyton de Morveau, avocat au parlement de Dijon, — lui aussi consacrait à la science une partie de sa vie ;— Trudaine de Montigny, mort en 1777, l'un des amis les plus chauds de Lavoisier, qui travailla sur le diamant avec une lentille de quatre pieds d'ouverture appartenant à Trudaine; le physicien Charles; les géomètres Cousin et Vandermonde; Bucquet, collaborateur de Lavoisier, mort à trente-quatre ans; Lagrange; de Laplace, qui travailla en commun avec lui sur la calorimétrie; Meusnier, officier du génie, mort en 1793 au siège de Mayence, qui l'avait aidé dans ses recherches sur la composition de l'eau; Séguin, avec qui il poursuivit jusqu'en 1791 ses recherches sur la respiration; Monge, Berthollet, Fourcroy; sans oublier ni les élèves proprement dits, tels que Gengembre, Hassenfratz et Adet, ni les grands seigneurs, tels que les ducs de Chaulnes, d'Ayen, de Liancourt, etc. : tous ces noms ont marqué dans la science.

Dans les expériences faites pour ainsi dire publiquement, Lavoisier mettait en œuvre les instruments les plus récents et les plus parfaits : cuves pneumatiques à eau et à mercure, thermomètres, balances, tous instruments construits, — il y insiste, — par des artistes français. Les balances de Fortin sont restées justement célèbres. On dit que les seules expériences sur la synthèse de l'eau coûtèrent près de 50,000 livres.

La maison de Lavoisier devint le principal centre scientifique de Paris. Les savants étrangers avec qui il était en correspondance suivie ne manquaient pas, lorsqu'ils passaient en France, d'y être reçus avec empressement. Priestley, Watt, Franklin; Blagden, secrétaire perpétuel de la Société royale de Londres; Ingenhouz de Vienne, qui éclaircit le rôle de la lumière dans l'action des plantes sur l'acide carbonique; Fontana, conservateur du cabinet de physique de Florence; plus tard Arthur Young, l'économiste; le chevalier Landriani, réfractaire à la théorie pneumatique, que Lavoisier entreprit de convertir en répétant devant lui ses principales expériences en 1788, et bien d'autres, y parurent à leur jour.

Lavoisier ne se bornait pas à recevoir chez lui les hommes de science; il les aidait avec empressement, jeunes et vieux, de son influence et au besoin de sa bourse. C'est ainsi qu'il entoura d'attentions affectueuses la vieillesse de son maître Guettard; il s'employa pour faire nommer Guyton de Morveau à la place de procureur de la Monnaie de Paris; il défendit auprès du ministre des finances les intérêts du jeune Fourcroy, qui n'en garda guère le souvenir, au moment critique du danger !

Dans un ordre plus général, Lavoisier s'honora en provoquant en 1786 l'abolition d'un impôt odieux transmis par le moyen âge, droit de péage désigné sous le nom de *pied fourchu* et perçu sur les Juifs et sur les porcs, dans le Clermontois en Argonne. Sa bienfaisance s'étendit jusqu'aux villes de Blois et de Romorantin, à qui il prêta de grosses sommes pour acheter du blé pendant la famine de 1788, sans vouloir en toucher aucun intérêt.

La vie de Lavoisier gravita autour de ces deux données fondamentales : la finance, dont il vivait, et la science, qu'il cultivait avec passion. En dehors de ces deux dominantes, il fut mêlé à beaucoup de choses de son temps, mais à un degré moins éminent : il ne faudrait pas, par un esprit de panégyrique universel et

banal, transformer ses écrits sur tant d'objets divers
en œuvres de génie et les mettre sur le même pied que
ses grandes inventions.

En effet, au milieu de cette foule également extrême
dans le plaisir et dans les nouveautés, enivrée d'espérance sans limites sur l'avènement du règne de la raison
et de la liberté humaine, Lavoisier, nature morale pon-
dérée et sans passions vives, ne prit pas une part spéciale
au mouvement général des esprits : il n'avait ni la puissance mathématique et philosophique d'un d'Alembert,
ni la hauteur de vues et l'enthousiasme enflammé pour
l'humanité d'un Condorcet ou d'un Bailly, quoiqu'il ait
partagé leur tragique destinée. Il fut cependant plus
grand qu'eux; mais si son nom brille d'un éclat incom-
parable, c'est surtout par ses découvertes en chimie
qu'il est demeuré hors pair parmi ses contemporains.

Il parut un instant appelé à un rôle politique, tant
dans l'assemblée provinciale de l'Orléanais, qu'au moment où le roi pensa à lui pour lui proposer d'être
Ministre des contributions publiques. Ce rôle, un
moment esquissé aux débuts de la Révolution, fut court
et sans éclat. Sa renommée était ailleurs et plus durable.

Quelques mots encore sur son rôle académique : on
n'honorerait pas fidèlement le souvenir de Lavoisier, si
l'on ne parlait des services qu'il a rendus à l'Académie
des Sciences. Adjoint en 1768, associé en 1772, pen-
sionnaire en 1778, il en parcourut tous les grades, sans
cesse mêlé à ses travaux et à ses Rapports sur les sujets
divers soumis au jugement de l'Académie : je me bor-
nerai à citer les aérostats et le magnétisme animal. Il
devint directeur de l'Académie en 1785; il présida à la
réorganisation qui eut lieu alors et qui tendit à ramener

cette compagnie à l'unité de composition et à l'égalité des membres, sans pourtant y parvenir entièrement.

Les élèves académiciens qui existaient en 1699, devenus adjoints en 1716, et demeurés à l'état d'infériorité, furent supprimés, c'est-à-dire changés en titulaires. Aux six classes alors existantes, géométrie, astronomie, mécanique, médecine, chimie et botanique, on en ajouta deux, l'une de physique générale, l'autre d'histoire naturelle : chacune de ces classes fut composée de six membres, trois pensionnaires et trois associés. Mais, malgré la demande de Lavoisier, on maintient la distinction de ces deux ordres d'académiciens, les associés n'ayant pas le droit de voter dans les élections de la classe. On sait que cette distinction a disparu dans la nouvelle organisation de l'Institut. La réforme qu'il appuyait l'emporta, malgré quelques difficultés momentanées, dues aux règles spéciales adoptées dans la répartition des traitements.

On ne touche pas impunément aux intérêts des hommes; mais Lavoisier savait les ménager. On lit dans une de ses lettres, écrite en 1775 au chevalier d'Arcy et relative aux affaires de l'Académie : « Surtout méfiez-vous des partis vifs; on se reproche communément de les avoir pris. Quelque raison qu'on ait dans ces sortes d'affaires, on perd son procès dans le fait, quand on met le public contre soi. » Et il ajoute ces mots caractéristiques : « Je sais penser tout haut lorsqu'il est question de l'intérêt de la république; cependant je préférerais n'être pas nommé, si vous n'y trouviez pas d'inconvénient. »

En 1791, Lavoisier fut trésorier de l'Académie, puis membre de la Commission chargée d'établir un système uniforme de poids et mesures : il s'agit du système métrique. Lavoisier et Haüy déterminèrent en 1792 la densité de l'eau distillée, base de l'unité de poids. Lavoisier mesura également avec Borda en 1793 la dilatation comparée du cuivre et du platine, pour la construction du mètre étalon : on touchait alors aux derniers jours de l'Académie.

Je dirai plus loin quelle lutte Lavoisier n'hésita pas à soutenir à cette époque et pendant deux ans, pour le maintien des prérogatives de l'Académie et pour son existence même : lutte qui l'honore et qui dura jusqu'à la suppression générale de tous les corps savants, laquelle précéda à peine la mort de Lavoisier.

La vie privée de Lavoisier n'est pas moins correcte et régulière que sa vie publique. En 1771, à l'âge de vingt-huit ans, Lavoisier épousa la fille de son collègue dans les fermes, Jacques Paulze, directeur à la Compagnie des Indes, ami de l'abbé Raynal et allié du contrôleur général Terray. Mlle Paulze n'avait que quatorze ans. Vive, intelligente, instruite, elle ne tarda pas à s'associer passionnément à l'œuvre scientifique de son époux. Dans le portrait de Lavoisier par David, elle figure, appuyée d'une main sur l'épaule de son mari qui la regarde tendrement. Ardente à propager sa gloire, elle traduisit pour lui les travaux des savants anglais et elle publia même, en 1788, la traduction de l'ouvrage de Kirwan sur le phlogistique, en y joignant une réfutation.

Elle accompagnait Lavoisier au laboratoire, prenait sous sa dictée des notes qu'on lit encore aujourd'hui dans les Registres d'expériences de Lavoisier; elle fit le portrait de Franklin et les planches du *Traité de chimie*; l'on a des dessins de sa main où elle s'est représentée elle-même écrivant, tandis que Lavoisier et Séguin expérimentent sur la respiration.

Madame Lavoisier n'eut pas d'enfants. Dépouillée de tout, au moment de la mort sanglante de son mari, elle poursuivit après la chute des terroristes la revision du jugement injuste qui l'avait condamné et obtint la restitution de ses biens. Elle publia après sa mort le Recueil de ses Mémoires. Quelques années après, elle avait rouvert ses salons aux hommes de science. Mais elle ne resta pas fidèle jusqu'au bout à la mémoire du grand homme dont elle avait été l'épouse; elle se remaria en 1805, à l'âge de quarante-sept ans, à cet aventurier de génie qui s'appelait Rumford : mariage malheureux, terminé quatre ans après par une séparation à l'amiable (1809).

« Depuis cette époque, dit Guizot, et pendant vingt-
« sept ans, aucun événement, on pourrait dire aucun
« incident, ne dérangea Mme de Rumford dans sa noble
« et agréable façon de vivre. Elle n'appartint plus qu'à
« ses amis et à la société, qu'elle recevait avec un mé-
« lange assez singulier de rudesse et de politesse, toujours
« de très bonne compagnie, et d'une grande intelligence
« du monde, même dans ses brusqueries de langage
« et ses fantaisies d'autorité. » Elle mourut subitement en 1836, à l'âge de soixante-dix-huit ans.

Ces femmes du xviiie siècle, qui ont prolongé leur vieillesse jusqu'au milieu du nôtre, avaient une physionomie fort originale. Je n'ai pas connu Mre de Rumford, mais j'ai eu occasion de voir la vieille Mme de Laplace, morte il y a trente ans, et la grand'mère d'Hérold, qui a vécu nonagénaire, et qui avait été présentée à la cour de Louis XV. Jusque dans l'extrême vieillesse, elles conservaient ce mélange de sociabilité, d'ardeur et de frivolité, ce dévouement à l'humanité et à la philosophie, qui avaient caractérisé leur époque : l'empreinte avait été si forte qu'elle ne s'était jamais effacée.

Telle avait été la vie privée de Lavoisier et des personnes qui l'entouraient; tel fut le milieu dans lequel il accomplit ses immortelles découvertes.

CHAPITRE III

Nous connaissons l'homme, ses origines et son milieu, le moment est venu de présenter son œuvre. Pour la faire bien comprendre il est nécessaire de rappeler d'abord les idées régnantes qui formaient de son temps le fond de la philosophie chimique; on concevra mieux ensuite la grandeur de la révolution scientifique, dont il fut le promoteur et qui a changé la conception même de la matière pour les philosophes, aussi bien que pour les adeptes de notre science particulière, pour le vulgaire aussi bien que pour les savants de profession.

J'ai rappelé plus haut la vieille conception grecque des éléments, d'après laquelle la notion de la substance même des corps était confondue avec celle de leurs états divers : solidité, liquidité, gazéité; ces états ou qualités étant réputés déterminer une matière première une et fondamentale[1]. De là l'espoir persistant de la transmutation des métaux, admise comme possible et réelle par

_____

(1) Voir mes *Origines de l'alchimie*, p. 253 et 265.

les premiers alchimistes gréco-égyptiens, et poursuivie
avec une patience inépuisable pendant tout le moyen
âge par leurs successeurs. Mais leur échec invariable,
constaté par une longue expérience, avait amené tous
les esprits sages à s'accorder au xviii° siècle pour regarder
la transmutation, sinon comme impossible en principe,
du moins comme chimérique en fait. Dès lors apparaît
une idée nouvelle, celle des corps simples indécomposables, de l'ordre de ceux que nous concevons aujour-
d'hui. On reconnut que certains métaux, tel que l'or,
l'argent, le cuivre, le plomb, l'étain, le fer, renferment
une essence ou principe permanent, qui subsiste dans
leurs dérivés et qui reparaît au terme de toutes les
transformations. Que le radical fût le métal lui-même, ou
bien les chaux, rouilles, terres diverses qui l'engendrent,
ou qui en dérivent, peu importe : l'existence d'un radical
constant, pour chacun de ces métaux, n'en fut pas moins
établie comme un terme infranchissable à l'expérience.
Quant aux autres substances que nous rangeons aujour-
d'hui à côté des métaux, dans notre classe des corps
simples, tels que le carbone, le soufre, l'arsenic, ainsi
que nos divers gaz, leur caractère élémentaire était alors
méconnu et leurs réactions donnaient lieu aux confusions
les plus étranges entre la matière des corps pondérables
et celles que nous désignons aujourd'hui sous le nom
des fluides impondérables. La différenciation des deux
ordres de matières est précisément l'œuvre de Lavoisier.

La distinction fondamentale qu'il a établie à cet égard
n'a pas toujours été bien comprise. Il importe de préciser le caractère véritable de sa découverte, car elle a
donné lieu aux affirmations les plus étranges. Il n'est pas
vrai que Lavoisier ait promulgué le premier cet axiome

que : « rien ne se perd et rien ne se crée. » Cette doctrine était fort répandue en science et en philosophie, depuis l'antiquité :

Ex nihilo nihil, in nihilum nil posse reverti.

« Rien ne vient de rien, rien ne retourne à rien! »
Et encore :

Nihil posse creari de nihilo.

« Rien n'est créé, » disait Lucrèce, après Épicure et l'école atomique. Les alchimistes eux-mêmes n'ont jamais prétendu créer l'or ou les métaux, mais seulement en transmuter la matière première et préexistante [1].

Lavoisier n'a pas davantage découvert l'emploi de la balance, comme on l'a répété souvent par une erreur non moins singulière. En effet, les chimistes ont employé de tous temps cet instrument : les alchimistes gréco-égyptiens, auteurs du papyrus de Leyde, le plus vieux monument connu de notre science, procèdent continuellement par pesées [2]. « C'est par la méthode, par la mesure, par la pesée exacte des quatre éléments, disait Zosime, au IIIe siècle de notre ère, que se font l'entrelacement et la dissociation de toutes choses [3]. » Ainsi, la Chimie a été de tout temps la science qui procède par poids et mesures. Entre ses noms chez les Arabes, figure celui de la « science de la balance ». Dans la célèbre image de la *Mélancolie* d'Albert Dürer, parmi les instruments et les symboles de la science, à côté du sablier qui me-

---

(1) V. *Collection des anciens Alchimistes grecs* : Synesius, p. 67 (traduction).

(2) *Introduction à l'étude de la Chimie des Anciens*, p. 29.

(3) *Collection des anciens Alchimistes grecs*, p. 119 (traduction). — V. aussi l'article *Sur les mesures*, p. 186 et 210 article 11, ainsi que p. 209; — les *Procédés de Jamblique*, p. 274, etc.

sure les temps, on voit la balance qui mesure les poids. C'étaient là des notions courantes.

Mais si la permanence de la matière en général était admise et si la balance a été employée de tout temps dans les laboratoires, son emploi ne démontrait pas alors, comme il le fait aujourd'hui, la permanence du poids des corps spéciaux sur lesquels travaillaient les chimistes. En effet, ce poids spécial semblait changer sans cesse dans les opérations, et particulièrement sous l'influence de la chaleur. Tantôt on voyait les métaux augmenter de poids par la calcination ; c'était même là un fait généralement connu dès la fin du xvie siècle. Tantôt, au contraire, les corps combustibles disparaissaient en brûlant, laissant à peine quelques traces de cendre ou de terre, comme résidu. De là cette opinion en apparence évidente, que les corps combustibles sont susceptibles de se changer dans la matière ou élément du feu ; ou plutôt de régénérer cette matière, qui y était réputée latente. « Le soufre renferme du feu en abondance, » disait déjà Pline dans l'antiquité. Ce même élément du feu semblait au contraire se fixer sur les corps qu'il transformait, tels que les métaux.

La notion du feu, celle des matières combustibles, celle des esprits volatils, nos vapeurs et nos gaz d'aujourd'hui, furent ainsi associés et confondus au moyen âge et jusqu'au xviiie siècle, par un syncrétisme étrange, mais inévitable.

Cependant les progrès des mathématiques et de la physique introduisaient chaque jour dans les sciences une précision jusque-là inconnue. Les esprits formés par la discipline d'une éducation plus forte et plus exacte, n'étaient plus satisfaits par le vague mysticisme des anciennes théories. C'est à ce moment que s'éleva le

système du phlogistique de Stahl, qui réunit les faits
fondamentaux de la chimie dans une conception synthé-
tique d'une logique plus rigoureuse et dont on ne vit pas
tout d'abord l'insuffisance expérimentale.

Le système de Stahl avait pour point de départ l'étude
des faits relatifs à la formation des chaux métalliques,
c'est-à-dire des oxydes d'aujourd'hui : comme c'est la
connaissance de leur nature véritable qui fut la première
découverte de Lavoisier, il est nécessaire d'entrer à cet
égard dans quelques détails historiques, afin de mieux
faire comprendre la grandeur et la portée de la révolution
qui allait s'accomplir.

L'existence des oxydes métalliques et leur formation
au moyen des métaux étaient connues de toute antiquité.
Non seulement on les avait décrits en tant que corps
particuliers, tels que la litharge, les ocres, etc. ; mais
les observateurs grecs et latins en faisaient une classe
de corps déterminée. On les appelait tantôt les *rouilles* des
métaux : ἰός ou *rubigo*, nom qui s'appliquait surtout aux
oxydes et sels basiques formés par voie humide; tantôt
les *métaux brûlés*, en les réunissant sous l'adjectif générique κεκαυμένος ou *ustum* [1], suivi du nom spécifique du métal, lorsqu'ils étaient préparés par voie
sèche. Les alchimistes grecs désignent ces rouilles par
des signes systématiques, dérivés du signe même du
métal, et formés en vertu de règles méthodiques : c'était
là une notation spéciale, analogue à nos symboles chimiques modernes [2]. Ils distinguent d'ailleurs le métal
« réduit en corps, » c'est-à-dire à l'état libre, du métal
« devenu incorporel, » c'est-à-dire changé en oxyde mé-

---

(1) *Introduction à l'étude de la Chimie des Anciens*, p. 228, 232, 233.
(2) *Même ouvrage*, p. 95 à 104.

tallique [1]. Le premier est dit aussi « métal vivant, ressuscité, revivifié », par opposition au second qui est réputé le « métal mis à mort, mortifié » : expressions mystiques qui ont subsisté, même dans la langue usuelle des laboratoires de nos jours.

Si le rôle du feu dans ces opérations était manifeste pour les alchimistes, par contre ils ne soupçonnaient pas le rôle simultané de l'air. Quant à la notion du changement de poids, qui accompagne la formation des métaux rouillés ou brûlés, elle apparaît plus tard. Les premiers textes invoqués à cet égard sont un passage de Galien, fort peu significatif, et deux phrases de Geber, d'après lesquels le plomb et l'étain augmenteraient de poids pendant les traitements de transmutation : mais on ne comprend pas bien quelle est la nature de ces traitements et s'il ne s'agit pas en réalité de l'accroissement de poids du métal transmuté, sous l'influence des agents associés à lui dans l'opération. Au XVI° siècle, au contraire, l'augmentation des poids des métaux pendant la calcination est clairement connue de Cardan, de Césalpin, de Libavius, qui en proposent d'ailleurs des explications plus ou moins chimériques.

Jean Rey, médecin du Périgord, émit à cette égard une supposition plus voisine de nos idées actuelles : dans un livre publié en 1630, il dit que l'étain et le plomb augmentent de poids quand on les calcine, « à cause de l'air épaissi et adhésif qui s'y fixe ». Mais c'était là une simple hypothèse, non appuyée d'expériences, et qu'il ne

____

(1) *Collection des anciens Alchimistes grecs*, traduction, p. 124.
Le nom même de *chaux* est appliqué par des auteurs très anciens à certains oxydes. (Chapitres attribués à Agathodémon, Hermès, Zosime, etc., p. 268, 269 et suivantes.) Il est courant dans les auteurs du XIV° siècle avec ce sens.

serait pas légitime de distinguer à part, et de mettre en
relief à titre de vérité acquise, au milieu de la confusion
des systèmes et des imaginations contemporaines; car
elle n'a eu aucune influence sur la direction des idées.
En fouillant dans les vieux auteurs, on est enclin à y
trouver quelque chose des opinions qui ont prévalu
depuis ; mais, quand il s'agit de simples assertions sans
preuve ni solidité et qui n'ont fourni aucune suggestion
originale aux contemporains, elles ne méritent pas
d'être invoquées plus tard contre les vrais inventeurs.
C'est ainsi que l'opinion de Rey passa presque inaperçue.
En tous cas, elle était oubliée lorsque Bayen, jaloux de
Lavoisier, retrouva ce vieux livre, dont il n'existait pour
ainsi dire plus d'exemplaire, et se hâta d'en imprimer
une nouvelle édition pour contester à son rival l'originalité de sa grande découverte.

Cependant Robert Boyle, l'un des physiciens les plus
célèbres du xviie siècle, avait exécuté réellement, un demi-
siècle après J. Rey, en 1673 [1], l'expérience de la calcination des métaux en vase clos ; et il avait pris soin de
peser rigoureusement les produits, avant et après l'opération : ce qui montre que la pesée était à cette époque
dans la tradition des chimistes. Trouvant ainsi que le
poids d'une once de métal avait augmenté de six grains,
il en conclut que cet accroissement était dû à une
portion de la matière du feu, qui avait traversé les pores
du verre : « *Unde potest hoc absolutæ gravitatis incre-
mentum in metallis meræ flammæ expositis a nobis obser-
vatum duci, nisi ex partibus quibusdam ponderabilibus*

____

(1) Voir son Traité : *Detecta penetrabilitas vitri a ponderabilibus
artibus flammæ.*

flammæ ? » Son erreur venait de ce qu'il avait oublié de tenir compte du poids de l'air, dont il avait cependant observé la rentrée avec bruit dans son appareil, au moment où il l'ouvrit avant de le peser.

Lémery, à la même époque, attribue également l'augmentation de poids aux corpuscules ignés qui se sont unis au métal pendant la calcination; la diminution de poids pendant la réduction étant due à la dissipation de ces mêmes particules [1].

« Les pores du plomb, dit-il, sont disposés en sorte que les corpuscules du feu s'y étant insinués, ils demeurent liés et agglutinés dans les parties pliantes et embarrassantes du métal, sans en pouvoir sortir, et ils en augmentent le poids. Réciproquement, dans la revivification du plomb opérée par fusion, le métal demeure moins pesant qu'il n'était avant qu'on ne l'eût réduit en chaux, à cause de la perte qui s'est faite des parties sulfureuses. » — On voit quelles idées erronées régnaient alors sur les changements de poids des matières métalliques.

A ce moment Stahl vient proposer, vers le commencement du xviiie siècle, un système nouveau qui embrassait non seulement les faits isolés, relatifs au plomb et à l'étain, mais tout l'ensemble des phénomènes de la combustion et de la calcination, dont il a le mérite d'avoir reconnu l'intime liaison.

D'après le système de Stahl et de ses partisans, les corps combustibles, tels que le soufre, les huiles, le charbon, renferment un principe particulier, le *phlogistique*, susceptible de se transformer dans la matière du feu, lorsqu'il est soumis à l'influence d'une élévation de

_____
(1) *Cours de Chymie*, p. 119.

température. Cette matière du feu se dissipe avec flamme, chaleur et lumière. Les corps combustibles sont donc formés par cette substance, associée avec une dose plus ou moins considérable de terre. Les métaux échauffés perdent la même substance, en se changeant en chaux métalliques. Les métaux sont donc, aux yeux de Stahl, des corps combustibles, formés par l'union d'une terre ou chaux, avec le principe inflammable. Réciproquement, il suffit d'ajouter à une chaux métallique du phlogistique, pour reconstituer le métal primitif; et l'on y parvient en effet en la chauffant avec un corps combustible, tel que l'huile, le charbon, ou le soufre, corps particulièrement riches en phlogistique.

La formation des chaux métalliques était par là rapprochée de la combustion; les liens si manifestes qui existent entre l'échauffement des corps, la production de la flamme et de la chaleur, enfin la respiration même des animaux, réputée propre à exhaler au dehors le phlogistique fixé dans le corps humain, bref, une multitude de phénomènes divers se trouvaient ramenés à une même conception générale.

« La combustion, disait Macquer au temps même de Lavoisier, est le dégagement du principe de l'inflammabilité. »

Ce principe, cette entité nouvelle, dans laquelle on supposait résider l'inflammabilité, rappelle les éléments des anciens, sièges prétendus de la solidité et de la liquidité. C'est une conception inverse en quelque sorte du mercure des philosophes, tel que le concevaient les alchimistes, principe métallique par excellence, supposé commun à tous les métaux. Le phlogistique avait en outre cette faculté de se transmettre d'un corps à un autre, de façon à lui communiquer la propriété d'être inflammable. De même aujourd'hui, dans un ordre plus positif, nous constatons le passage du fluor, du chlore, de l'oxygène, d'un métal à un autre, pendant les réactions des différents corps. Les combustibles, tels que le charbon, le soufre, les huiles, les matières organiques, étaient réputés particulièrement riches en phlogistique. Aussi Stahl expliquait-il comment la litharge, mise en présence du charbon, donne naissance à du plomb métallique, en disant que le charbon, formé de phlogistique presque pur, le cédait à la litharge pour constituer le métal.

On expliquait également dans ce système comment les acides vitriolique et nitrique dissolvent les métaux : c'était, disait-on, en leur enlevant leur phlogistique ; les acides les amenaient ainsi à un état analogue à la calcination. Si certains composés, tels que le précipité *per se* (notre oxyde de mercure), pouvaient être réduits, sans addition d'aucun corps contenant du phlogistique : par exemple par l'action du verre ardent ; c'est qu'ils avaient la propriété d'absorber le phlogistique, qui traversait le verre.

C'est ainsi, ajoutait Stahl, que les métaux pouvaient être décomposés et recomposés. Il sous-entendait d'ailleurs : sans que leur essence spécifique fût changée. Stahl cependant n'ignorait pas que les métaux chauffés en vase clos, sans air, ne se changent pas en chaux métallique ; il savait aussi que la chaux de plomb pèse plus que le plomb régénéré : ce qu'il expliquait par cette affirmation qu'une partie de la matière s'exhale pendant les opérations. Mais il ne chercha pas à approfondir ce côté de la question. L'ignorance où il était des propriétés des gaz l'aurait d'ailleurs arrêté.

Une doctrine si claire, si conforme aux apparences générales, et qui coordonnait par des relations simples un si grand nombre de phénomènes, frappa d'admiration les contemporains. Elle fut étendue aux principales réactions de la chimie par trois générations de savants, au nombre desquels on compte des hommes d'une grande force d'esprit, tels que Boerhaave et Macquer : on la croyait définitive. Son évidence prétendue et la simplicité qu'elle introduisait dans l'enseignement de la chimie étaient telles qu'elle ne fut abandonnée qu'à regret, après une longue lutte, dont je dirai bientôt les péripéties. Priestley et Lamétherie lui sont demeurés obstinément fidèles jusqu'à leur mort, au commencement de notre siècle.

Cependant vint une découverte, celle des gaz, ignorés en tant que distincts de l'air ordinaire jusqu'à la seconde partie du xviii⁰ siècle, découverte qui changea la face de la science, en y introduisant des données inattendues.

Jusque vers le milieu du xviii⁰ siècle, l'air atmosphérique, regardé comme un élément indécomposable, était réputé seul de son espèce. Ce n'est pas que les alchimistes n'eussent aperçu dans bien des expériences le dégagement des fluides incoercibles, qui déterminaient parfois l'explosion des appareils : mais ils les confondaient avec les autres matières volatiles, sous le nom commun d'*esprits*, qui a persisté avec ce sens même dans la langue d'aujourd'hui, comme l'atteste le mot *esprit-de-vin*.

La constitution physique de l'air, la mesure exacte de son poids, de son ressort et de ses autres propriétés ne commencèrent à être déterminées d'une façon

rigoureuse que par les physiciens de la fin du xvii° siècle,
Mariotte et Boyle surtout. Ce dernier montra même que
l'on pouvait produire ce qu'il appela « un air artificiel »,
en attaquant le fer par l'acide vitriolique étendu d'eau :
c'était notre hydrogène; mais il ne distingua pas cet air
comme une espèce particulière. Hales, au xviii° siècle,
fit une étude approfondie des gaz et inventa les procédés les plus propres à les recueillir et à les étudier.
tout en demeurant fidèle à cette conception vague qui
les identifiait tous avec l'air atmosphérique, plus ou
moins diversifié par le mélange d'exhalaisons ou vapeurs étrangères. Boerhaave, à la même époque, déclare
expressément que pendant les dégagements et les ab-
sorptions de gaz qui ont lieu au cours de la dissolution,
de la combustion et des autres opérations chimiques,
la nature de l'air demeure immuable.

Baumé, plus tard encore, continue à nier l'existence
propre d'un air inflammable, même après la découverte
positive de l'hydrogène, et il en attribue les propriétés
aux matières huileuses dissoutes dans l'air, « élément
incombustible » en soi.

« Existe-t-il différentes espèces d'air? dit Lavoisier au
début de ses travaux [1]; suffit-il qu'un corps soit en état
d'expansibilité durable pour constituer une espèce d'air?
Enfin, les différents airs que la nature nous offre, ou
que nous parvenons à former, sont-ils des substances, à
part, ou des modifications de l'air de l'atmosphère? »

Ce fut l'Anglais Black, l'auteur de la découverte de la
chaleur latente en physique, qui démontra sans réplique

(1) ŒUVRES, t. II, p. 122. — Voir aussi dans les *Registres de La-
voratoire* manuscrits, tome III, f. 52, un passage qui sera reproduit
plus loin dans le présent ouvrage.

l'existence en chimie d'un gaz absolument distinct de l'air ordinaire et capable de subsister par lui-même à l'état élastique, sans support indépendant : il s'agit de notre acide carbonique, appelé alors *air fixé* ou air fixe.

L'existence même de cette substance, connue sous le nom d'*esprit sylvestre* depuis un siècle et demi, avait été mise en lumière par les travaux de Van Helmont ; il avait forgé pour le désigner ce mot *gas*, qui a fait depuis une si belle fortune. Il en avait reconnu les principales sources : combustion, fermentation, action du vinaigre sur la pierre d'écrevisse (carbonate de chaux), eaux minérales, grotte du Chien, etc. Mais les travaux de Van Helmont sont antérieurs à l'étude exacte des propriétés physiques de l'air ordinaire, et il ne pouvait avoir à cette date l'idée d'assimiler l'esprit sylvestre à l'air élémentaire. Black franchit ce pas décisif et porta par là le premier coup à la vieille théorie. En 1757, dans un travail qui a fait époque, Black établit l'existence propre de l'air fixe, ses relations avec la causticité des alcalis, en même temps que la faculté qu'il a de disparaître en se combinant, puis de reparaître et de passer d'un composé à l'autre. Bref, Black démontra par des expériences appuyées de pesées rigoureuses que l'air fixe, en s'unissant à la chaux, lui enlève sa causticité; qu'il peut en être régénéré par l'action du feu ou des acides, avec ses propriétés premières; enfin qu'il se maintient inaltéré, en passant de la potasse à la magnésie, lorsqu'on précipite du sel d'Epsom (notre sulfate de magnésie) par l'alcali fixe commun (notre carbonate de potasse). L'étude de Black et la méthode par laquelle il établissait la fixation et le départ alternatifs d'un corps gazeux, dans le cours de ses expériences, ont servi de mo-

dèle à celles de Lavoisier sur l'oxydation des métaux. Il
en a été le véritable précurseur, comme Lavoisier lui-
même l'a toujours déclaré, en exprimant son admiration
pour Black : « le savant illustre qui le premier a réuni
et mis en corps de doctrine le phénomène de la fixation
de l'air dans les corps [1] ».

La théorie du phlogistique recevait par là une première atteinte : les changements survenus dans les propriétés de la chaux et des alcalis caustiques se trouvant
expliqués, non par la présence ou l'absence de cet agent
mystérieux, comme on l'avait fait jusque-là ; mais par
celle d'une matière chimique déterminée, que l'on pouvait recueillir, peser et transporter d'une combinaison
dans une autre. Aussi les partisans de la théorie régnante
se hâtèrent-ils de réfuter Black. Il s'engagea à cette occasion une première lutte, qui préluda à la grande discussion de Lavoisier. Un habile chimiste allemand d'alors,
Meyer, proposa de rendre compte des observations de
Black par l'hypothèse de l'*acidum pingue*, principe prétendu de la causticité, dont le départ ou le retour expliquait, suivant lui, tous les phénomènes.

Le procédé philosophique employé ici mérite attention ;
il consistait toujours à créer une entité, regardée comme
le support matériel d'une propriété générale, la causticité ; précisément comme l'ancien mercure des philosophes était le support de la métallicité ; et comme le
phlogistique moderne était le support de l'inflammabilité. Le principe caustique n'était d'ailleurs, aux yeux
de ses partisans, qu'une forme spéciale du phlogistique. Enfin, et par une analogie singulière, l'explication

(1) Lettre à la Société d'Édimbourg, 1774.

qui répondait aux apparences générales, était l'inverse en quelque sorte du phénomène pondéral : quand le principe caustique se fixe, le poids diminue; quand il diminue, le poids augmente. C'est par cette contradiction que la nouvelle hypothèse ne tarda pas à être réfutée, mais non sans une opiniâtre résistance de ses partisans.

Il serait superflu de reproduire aujourd'hui le détail de cette longue controverse, soutenue par expériences et raisonnements pendant vingt ans, avec autant de subtilité que d'acharnement; et où furent [engagés les principaux chimistes de l'époque. Sur la fin, Lavoisier y apporta aussi son contingent, et ce fut lui, en réalité, qui y mit un terme définitif, en renversant le phlogistique lui-même.

Cependant la connaissance des gaz ne cessait de progresser. En 1767, Cavendish démontra par des preuves décisives l'existence spéciale d'un gaz nouveau, *l'air inflammable*, que nous nommons aujourd'hui hydrogène. Ce dernier était connu depuis longtemps en fait, mais regardé, lui aussi, comme résultant de l'association d'une certaine substance inflammable avec l'air atmosphérique, dans lequel on la supposait dissoute.

Alors vint Priestley, qui découvrit en peu d'années, de 1771 à 1774, les principaux gaz aujourd'hui connus : oxygène *(air déphlogistiqué)*, azote *(air phlogistiqué)*, oxydes d'azote *(air nitreux)*, c'est-à-dire notre bioxyde d'azote, et *air nitreux déphlogistiqué*, c'est-à-dire notre protoxyde d'azote), acide chlorhydrique *(air tiré de l'esprit-de-sel)*, acide sulfureux *(air tiré de l'acide vitriolique)*, ammoniaque *(air alcalin)*; sans comprendre d'ailleurs la véritable constitution de ces gaz. Notre oxyde de carbone *(air inflammable produisant de l'acide crayeux par combustion)* fut aperçu en 1777 par Lavoisier dans ses recherches sur le pyrophore, et le *gaz des marais,* découvert par Volta l'année suivante; enfin le *gaz spathique* (fluorure de silicium), et le *gaz muriatique déphlogistiqué* (chlore) sont dus à Scheele (1771-1774).

Ces découvertes transformaient complètement l'antique opinion relative à la nature de l'air : à la conception d'une substance déterminée, unique, toujours la même, se substituait la notion d'un état général, l'état gazeux, applicable à une multitude de corps, sinon à tous.

Mais Priestley, ennemi de toute théorie et de toute hypothèse, ne tira aucune conclusion générale de ses belles découvertes, qu'il se plaisait d'ailleurs, non sans quelque affectation à attribuer au hasard. Il les présenta dans le langage courant de son temps, en les entremêlant d'idées singulières et incohérentes, et il demeura obstinément attaché jusqu'à sa mort, qui eut lieu en 1804, à la théorie du phlogistique. C'est à Lavoisier qu'il était réservé d'interpréter ces faits accumulés, en les prenant pour point de départ de ses propres expériences, et d'en déduire le système général de la chimie moderne.

Les temps étaient mûrs pour cette transformation dans les idées. En effet, les découvertes se succédant rapidement avaient excité dans les esprits un enthousiasme et une fermentation universels. Chacun sentait que les systèmes régnants étaient devenus insuffisants; la connaissance des gaz, jusque-là négligés en chimie, aussi bien que les idées nouvelles des physiciens sur la chaleur, qu'ils venaient d'apprendre à mesurer, rendaient nécessaire une revision de toutes les expériences et de toutes les théories. Le nom même de *chimie pneumatique,* que prit plus tard la nouvelle chimie, atteste le point de départ de la révolution qui allait s'accomplir.

C'est Lavoisier qui en est le principal auteur ; c'est à juste titre qu'il en a revendiqué hautement le mérite. Il l'effectua en s'appuyant sur trois choses, un fait, une théorie et une pratique : je veux dire sur la découverte des gaz, faite par ses contemporains ; sur la notion nouvelle de la chaleur, introduite au même moment par les physiciens ; enfin et principalement, sur la pesée exacte de tous les produits des réactions chimiques : non seulement la pesée des produits solides ou liquides, comme on le faisait de tous temps, mais surtout la pesée des produits gazeux. Il n'était pas le seul d'ailleurs à recourir à cette méthode : Black, Cavendish, Bergmann étaient également attentifs à tout peser. Mais ce qui caractérise l'œuvre de Lavoisier parmi les savants de son époque, c'est le système de chimie qu'il a tiré de ses expériences, système dont il est le véritable inventeur et dont les bases essentielles sont demeurées inattaquables.

Résumons en quelques mots l'idée générale de ses recherches, afin d'en faire ressortir l'enchaînement logique. Il constate d'abord que les métaux augmentent de poids en se changeant en chaux : ce qui était connu ; mais il prouve en même temps que l'augmentation de poids est due à la fixation d'une certaine quantité d'air et qu'elle est précisément égale au poids de cet air fixé : ce qui était nouveau.

En outre cette fixation ne s'opère pas d'une manière uniforme, sur toutes les parties de l'air, mais seulement sur une portion, l'oxygène, le résidu constituant un gaz différent, l'azote : l'air atmosphérique est donc composé de deux gaz différents, qui peuvent être obtenus isolément :

on peut en faire, par voie de mélange, l'analyse et la synthèse.

Le même oxygène s'unit dans la combustion avec le phosphore, le soufre, le charbon, pour constituer les acides sulfurique, phosphorique, carbonique, dont les poids respectifs sont la somme des poids réunis de l'oxygène et du radical, soufre, phosphore, carbone, combiné avec lui.

De là résulte une manière toute nouvelle d'envisager la combustion en général : ce n'est plus le dégagement du phlogistique, engagé auparavant dans les matières combustibles; c'est un phénomène précisément inverse, la combinaison de l'oxygène avec les autres corps : combinaison vive avec certains radicaux, tels que le soufre, le phosphore, le carbone; mais lente avec les métaux.

La combustion vive de l'hydrogène en particulier résulte de son union avec l'oxygène et elle produit de l'eau : l'eau est donc un corps composé, dont on peut faire, par voie de combinaison, la synthèse et l'analyse.

Enfin la respiration même des animaux est une combustion lente; car elle a pour effet de consommer l'oxygène de l'air et de produire de l'acide carbonique.

La nature de l'acide carbonique et de l'eau étant ainsi établies, la constitution des huiles et des matières organiques combustibles, demeurée jusque-là obscure, en résulte : comme leur combustion produit précisément de l'eau et de l'acide carbonique, ainsi que leur distillation, il demeure prouvé qu'elles sont formées de carbone, d'hydrogène, d'oxygène; éléments auxquels l'azote vint presque aussitôt s'adjoindre.

On voit comment le système entier de la chimie se trouva tout d'un coup transformé et établi sur des bases nouvelles; le phlogistique devenant inutile, sinon contradictoire avec les véritables phénomènes, et les réactions chimiques étant toutes interprétées sans lui d'une façon complète, du moins quant au poids et à la nature des substances qui y concourent.

Mais Lavoisier ne s'en tint pas là : la théorie du phlogistique comprenait aussi les relations de la chaleur avec les matières métalliques ou combustibles et avec leurs produits. Il fallait expliquer ces relations; c'est ce qu'il fit en effet, en regardant les gaz et plus particulièrement l'oxygène, comme résultant de l'association d'une matière ou base pondérable, avec un fluide impondérable, le calorique : c'est la dose inégale du calorique uni aux mêmes corps qui les fait passer tour à tour par les trois états, solide, liquide et gazeux.

Ce n'est pas tout : dans la combustion, dit Lavoisier, la base de l'oxygène s'unit avec le soufre, le phosphore, le carbone, tandis que le calorique devient libre, avec production de chaleur et de lumière. De même, la chaleur animale dérive du calorique abandonné par l'oxygène dans la respiration. Ces conceptions, encore imparfaites au temps de Lavoisier, sont devenues le point de départ de la thermo-chimie moderne. Sans les approfondir autrement, il est essentiel de remarquer qu'elles ont introduit dans la philosophie naturelle une idée plus fondamentale encore : la séparation radicale entre les agents impondérables de la chaleur de la lumière de l'électricité et les matières pondérables qui constituent les métaux et les corps combustibles, soufre, phosphore, hydrogène, carbone, caractérisés par Lavoisier comme corps simples, c'est-à-dire indécomposés.

Que ces agents impondérables résident ou non, comme

il le pensait, dans un fluide particulier, tel que la matière subtile de Descartes, ou bien l'éther des physiciens d'aujourd'hui, il n'en est pas moins vrai que c'est Lavoisier qui a établi par la force de ses conceptions et de ses expériences la séparation fondamentale et jusque-là inaperçue, ou vainement recherchée, entre ces deux ordres de phénomènes mêlés et confondus par la théorie du phlogistique. C'est précisément dans ce sens que l'on doit entendre l'équation de poids établie par lui entre les principes des substances mis en œuvre, avant et après les opérations, et même entre chacun des corps simples qui y concourent : il en a exclu, sans le dire expressément d'ailleurs, la matière de la chaleur, qu'il distinguait pourtant avec soin dans les phénomènes. Voilà par quelles idées Lavoisier a constitué la chimie sur ses bases définitives.

Le moment est venu de retracer plus en détail l'histoire de ses découvertes : elles touchent à des questions qui intéressent au plus haut degré la civilisation et la vie humaine, telles que la nature des métaux, la constitution des acides, la nature de l'air, la nature de l'eau, la nature de la chaleur, la combustion, la respiration, la chaleur animale. Toutes nos sciences modernes et toutes nos industries sont tributaires de ces conceptions fondamentales.

CHAPITRE IV

OXYDATION DES MÉTAUX

Lavoisier avait vingt-sept ans et il était membre adjoint de l'Académie depuis deux ans, en 1770, lorsqu'il s'attaqua au problème des Éléments. Son premier travail sur la question a pour titre : *Sur la nature de l'eau et sur les expériences par lesquelles on a prétendu prouver la possibilité de son changement en terre*[1]. C'est encore l'œuvre d'un débutant ; il reprend un problème déjà résolu par Boerhaave, et agité par un grand nombre de ses contemporains ; il l'aborde seulement par une méthode plus nette et plus certaine.

En voyant un végétal naître et se développer dans un vase, aux dépens d'un poids de terre qui ne semblait pas avoir changé, et sans autres aliments que l'air et l'eau, Van Helmont avait cru pouvoir en conclure que l'eau devait se changer en terre, pour former la masse de ce végétal. On citait encore à l'appui une expérience

(1) ŒUVRES *de Lavoisier*, t. II, p. 1 et 11. Ce travail est contenu dans les Mémoires de l'Académie pour 1770, dont la publication a eu lieu seulement en 1773.

de Boyle, d'après laquelle une once d'eau, distillée deux cents fois dans un vase, avait fini par y laisser six drachmes de terre. Boerhaave réfuta cette opinion, en montrant que l'eau ne change pas de nature par des distillations, même réitérées un grand nombre de fois : c'était pour lui un élément primitif et inaltérable.

Cependant les doutes subsistaient, et Lavoisier crut devoir répéter l'expérience dans un alambic de verre clos et pesé à l'avance : il reconnut ainsi que le système total ne varie pas dans son poids. Il est vrai qu'il obtenait à la longue une certaine quantité de matière terreuse, en dissolution ou en suspension dans l'eau ; mais une expérience exacte montrait que le poids de cette terre était précisément égal au poids perdu par l'alambic. Lavoisier inaugurait ainsi la méthode qu'il allait appliquer désormais à toutes ses recherches, avec une sévérité inconnue jusque là.

Ce problème résolu, il se porte sur un autre plus général et qui commençait à préoccuper tous les esprits, celui des gaz fixés ou exhalés dans les actions chimiques. Il inaugurait ainsi la série d'expériences dont sortirent ses principales découvertes. Il n'y fut pas conduit par hasard et par accident, mais de propos délibéré ; il vit tout d'abord la grandeur et l'intérêt du sujet et il se traça à l'avance le plan de son travail, comme en témoignent les lignes suivantes, écrites à la date du 20 février 1772, en tête de l'un de ses Registres manuscrits de laboratoire :

« Avant de commencer la longue suite d'expériences que je me propose de faire sur le fluide élastique qui se dégage des corps, soit par la fermentation, soit par la distillation, soit enfin par les combinaisons de toute espèce, ainsi que (sur) l'air absorbé dans la combustion d'un grand nombre de substances, je crois devoir mettre ici quelques réflexions par écrit, pour me former à moi-même le plan que je dois suivre.

« Il est certain qu'il se dégage des corps dans un grand nombre de circonstances un fluide élastique; mais il existe (plusieurs) systèmes sur sa nature. Les uns, comme M. Hales et ses sectateurs, ont pensé que c'était l'air lui-même, celui de l'atmosphère, qui se combinait avec les corps, soit par l'opération de la végétation et de l'économie animale, soit par des opérations de l'art. Il n'a pas pensé que ce fluide put être différent de celui que nous respirons, à la différence qu'il est plus chargé de matières nuisibles ou bienfaisantes, suivant la nature des corps dont il est tiré. Quelques-uns des physiciens qui ont suivi M. Hales ont remarqué des différences si grandes entre l'air dégagé des corps et celui que nous respirons, qu'il ont pensé que c'était une autre subs-tance, à laquelle ils ont donné le nom d'air fixe.

« Un troisième ordre de physiciens ont pensé que la matière élastique qui s'échappe des corps était différent[1], suivant les substances dont il avait été tiré, et ils ont conclu que ce n'était qu'une émanation des parties les plus subtiles des corps, dont on pouvait distinguer une infinité d'espèces.

« Un quatrième ordre de physiciens [2]

. . . . , ...

« Quelque nombreuses que soient les expériences de

(1) Lavoisier avait pensé au fluide élastique, et il continue sa phrase en conséquence, avec le masculin.

(2) *Sic.*

MM. Hales, Black, Magbride [1], Jacquin, Cranz, Pristley [2] et de Smeth, sur cet objet, il s'en faut bien néanmoins qu'elles soient assez nombreuses pour former un corps de théorie complet. Il est constant que l'air fixe présente des phénomènes très différents de l'air ordinaire. En effet, il tue les animaux qui le respirent; tandis que celui-ci est essentiellement nécessaire à leur conservation. Il se combine avec une très grande facilité avec tous les corps; tandis que l'air de l'atmosphère, dans les mêmes circonstances, se combine avec difficulté et peut-être ne se combine point du tout. Ces différences seront développées dans toute leur étendue, lorsque je donnerai l'histoire de tout ce qui a été fait sur l'air qu'on dégage des corps et qui s'y fixe [3]. L'importance de l'objet m'a engagé à reprendre tout ce travail, qui m'a paru fait pour occasionner une révolution en physique et en chimie. J'ai cru ne devoir ne regarder tout ce qui a été fait avant moi que comme des indications; je me suis proposé de tout répéter avec de nouvelles précautions, afin de lier ce que nous connaissons sur l'air qui se fixe, ou qui se dégage des corps, avec les autres connaissances acquises et de former une théorie. Les travaux des différents auteurs que je viens de citer, considérés sous ce point de vue, m'ont présenté des portions séparées d'une grande chaîne; ils en ont joint quelques chaînons. Mais il reste une suite d'expériences immense à faire pour former une continuité. Un point important que la plupart des auteurs ont négligé, c'est de faire attention à l'origine de cet air qui se trouve dans un grand nombre

(1) *Sic.* — (2) *Sic.*
(3) Cette promesse a été tenue dans la première partie des *Opuscules*, publiés en 1774.

de corps. Ils auraient appris de M. Hales qu'une des principales opérations de l'économie animale et végétale consiste à fixer l'air, à le combiner avec l'eau, le feu et la terre, et à former tous les (corps) combinés que nous connaissons. Ils auraient encore vu que le fluide élastique qui sort de la combinaison des acides, soit avec les alcalis, soit avec toute autre substance, vient encore originairement de l'atmosphère; (ce) dont ils auraient été en état de conclure, ou que cette substance est l'air lui-même, combiné avec quelque partie volatile qui s'émane des corps, ou au moins que c'est une substance extraite de l'air de l'atmosphère. Cette façon d'envisager mon objet m'a fait sentir la nécessité de répéter d'abord et de multiplier les expériences qui absorbent de l'air, afin que, connaissant l'origine de cette substance, je pusse suivre ses effets dans toutes les différentes combinaisons.

« Les opérations par lesquelles on peut parvenir à fixer de l'air sont: la végétation, la respiration des animaux, la combustion, dans quelques circonstances la calcination, enfin quelques combinaisons chimiques. C'est par ces expériences que j'ai cru devoir commencer. »

Ce langage rappelle à certains égards celui de Descartes, entreprenant dans son *Discours de la Méthode* la réforme de la philosophie. Lavoisier tentait la réforme de la chimie. Et il avait aperçu dès le début toute la portée de son entreprise.

Il devait l'exécuter entièrement. Elle repose en effet sur les recherches et les interprétations de Lavoisier relatives à la formation des chaux métalliques, à la composition de l'air, au rôle de l'oxygène dans les combustions vives, dans la formation des acides et dans la respiration, à la nature des gaz en général et à celle de la chaleur, à la production de celle-ci dans les combustions, les oxydations et au sein même des animaux, enfin à la composition de l'eau, qui fut le couronnement de l'édifice.

Son premier ouvrage, intitulé *Opuscules physiques et chimiques*, porte la date de 1774. Plus de la moitié du volume est consacrée à analyser les expériences de Black et de Priestley; mais la fin renferme des expériences originales sur la calcination des métaux, la réduction des chaux métalliques et sur la combustion du phosphore. Là se trouvent exposés sa nouvelle méthode et le point de départ de ses grandes découvertes.

C'est en effet l'étude des chaux ou oxydes métalliques et l'examen de leur formation et de leur réduction qui constituent la partie vraiment neuve de ce travail.

Lavoisier répète d'abord une expérience qui avait été faite avant lui un grand nombre de fois, celle de la calcination de l'étain en présence de l'air[1]; il opère dans un vase hermétiquement clos et il constate que le poids total du système ne varie pas, contrairement à l'ancienne opinion de Boyle, qui croyait avoir reconnu un accroissement de poids, résultant de la fixation de la matière du feu : l'erreur de Boyle s'explique par la rentrée de l'air, qui a lieu au moment de l'ouverture des

---

[1] *Sur la calcination de l'étain dans les vaisseaux fermés et sur la cause de l'augmentation de poids qu'acquiert ce métal pendant cette calcination*, lu à l'Académie à la Saint-Martin, le 12 novembre 1774. — Le mémoire manuscrit avait été paraphé le 14 avril. — Il a été imprimé dans les Mémoires de l'Académie pour 1774, publiés en 1777. — Il se trouve reproduit dans les Œuvres *de Lavoisier*, t. II, p. 105. Ajoutons enfin qu'il en existe un premier résumé, imprimé en décembre 1774, dans le *Journal* de l'abbé Rozier : *Observations sur la physique*, etc., p. 448.

vases. Cependant l'étain changé en chaux a réellement augmenté de poids, comme Lavoisier le vérifie; tandis que le poids même de la cornue est demeuré invariable. C'est donc aux dépens de l'air intérieur, absorbé pendant l'opération, que s'est faite l'augmentation de poids du métal et elle est précisément égale à la perte de poids éprouvée par cet air.

On la contrôle, en s'assurant qu'elle est sensiblement égale à l'accroissement de poids qui se produit lorsqu'on laisse rentrer l'air extérieur, à la fin de l'expérience: dernière vérification, qui n'a pas cependant la rigueur que Lavoisier lui attribuait d'abord, à une époque où il ignorait la vraie composition de l'air[1].

Cette expérience, qui nous paraît si simple aujourd'hui, était en opposition formelle avec les idées régnantes. En l'exposant, c'était en réalité la doctrine de Stahl, admise depuis deux générations, que Lavoisier prétendait renverser. Il démontrait en effet que la calcination des métaux résulte de l'union du métal avec une portion de l'air qui l'environne, au lieu d'être, comme on l'imaginait alors, le résultat de la séparation d'une portion de phlogistique, précédemment combinée. Les rôles respectifs sont intervertis entre le métal, qui devient un être simple, et la chaux métallique, qui est regardée comme composée : les bases de la science se trouvent par là changées.

Ce n'est pas que la nécessité de la présence de l'air dans les combustions et calcinations fût demeurée jusque-là méconnue. L'observation la plus vulgaire la

---

[1] L'oxygène absorbé dans la calcination pèse un peu plus que l'air qui rentre plus tard pour le remplacer. Mais la différence ne s'élève qu'au dix-huitième du poids de l'oxygène.

démontre avec trop de force et l'expérimentation systématique l'avait confirmée; mais on supposait que le rôle de l'air était purement mécanique, physique, et dû à son élasticité, c'est-à-dire à la pression qu'il exerce, à peu près comme dans la fixation de l'électricité à la surface des corps. Lavoisier établit au contraire que ce rôle est chimique et que le phlogistique est inutile à l'explication des phénomènes.

Non seulement l'air est ainsi fixé dans la formation des chaux métalliques; mais Lavoisier constate au même moment que l'air est également fixé dans la formation des acides produits par la combustion du soufre et par celle du phosphore [1] : d'où résulte un rapprochement inattendu entre la formation des chaux métalliques et la formation des acides. C'est une seconde base du nouvel édifice qu'il commençait à élever.

La formation des chaux métalliques, au moyen des métaux, absorbe donc de l'air. Réciproquement et comme conséquence poursuivie par son esprit généralisateur, Lavoisier recherche la nature et la quantité du fluide élastique qui se dégage pendant la revivification des chaux métalliques, telles que le minium réduit par le charbon. Tandis que le charbon ou le minium, calcinés séparément, ne fournissent pour ainsi dire aucun gaz, leur mélange au contraire dégage un fluide très abondant (acide carbonique), et la mesure

---

(1) Ses premières expériences et ses premières idées sur ce point ont été faites en octobre 1772, ainsi qu'il résulte d'un pli cacheté déposé par lui entre les mains du secrétaire de l'Académie, le 1ᵉʳ novembre 1772, et ouvert le 5 mai 1773. — Œuvres, t. II, p. 103. — Les *Registres manuscrits de laboratoire* portent même une première indication, datée du 10 septembre 1772, comme il sera dit plus loin dans le présent volume.

du poids de tous les produits prouve que ce fluide est formé à la fois aux dépens de la matière du charbon et de celle du minium; au même moment, le charbon disparaît et le plomb est ramené à l'état métallique : c'est la contre-épreuve de l'expérience faite par calcination.

Lavoisier en concluait cette double proposition : Toutes les fois qu'une chaux métallique passe à l'état de métal, il y a dégagement de fluide élastique. De même, toutes les fois qu'un métal passe à l'état de chaux, il y a absorption du même fluide : la calcination est à peu près proportionnelle à la quantité de cette absorption. — On voit qu'à ses débuts, Lavoisier confondait l'acide carbonique avec l'oxygène, dans une même généralisation [1]. Priestley confondait également, à cette époque, l'acide carbonique obtenu en réduisant le minium par le charbon, et l'oxygène, obtenu en soumettant ce même minium à l'action de l'étincelle électrique.

Si je relève ces confusions commises à l'origine, c'est afin de mieux marquer la marche progressive des idées des inventeurs. Ce qui faisait l'erreur, c'est que la nature de l'acide carbonique, celle de l'oxygène et celle du charbon étaient ignorées à ce moment. « Dans l'étude de « la nature », suivant les justes paroles d'un homme de cette époque, « comme dans la pratique de l'art, il n'est « pas donné à l'homme d'arriver au but, sans laisser de « traces des fausses routes qu'il a tenues. » La prétention à l'infaillibilité scientifique ne prouve guère autre chose que la vanité de celui qui la met en avant.

(1) Œuvres, t. II, p. 103.

Dès ce moment, Lavoisier paraît avoir mis complètement en doute la théorie du phlogistique; à en juger
du moins par un « Discours sur le phlogistique et sur
plusieurs points importants de Chymie », publié dans
le numéro de mars 1774 (p. 185 à 200), du *Journal de
Physique* de l'abbé Rozier, sans signature, mais qui
paraît devoir être attribué à Lavoisier. C'est une réfutation en règle, incomplète d'ailleurs, mais où l'on trouve
développée une argumentation que Lavoisier reprendra
dix ans plus tard.

« En l'admettant (le phlogistique), dit l'auteur, on
tombe dans une foule de contradictions ; les chymistes
s'en servent, toutes les fois qu'ils en ont besoin, et ils
l'écartent, quand il contredit les principes qu'ils ont
établis; ils le manient à leur gré; c'est leur monnaie courante... Ils en font le principe des odeurs, des couleurs,
de la saveur, de la volatilité, de la fusibilité, de la disso-
lubilité, etc., etc. »

Or, les mêmes objections précisément sont faites dans
les « Réflexions sur le phlogistique », par Lavoisier [1],
imprimées dans les Mémoires de l'Académie, pour 1783,
et publiées deux ou trois ans après. Cette similitude dans
les raisonnements paraît indiquer l'identité de l'auteur ;
d'autant que nous ne connaissons personne autre qui
ait ainsi mis en doute la théorie du phlogistique à la
même époque. Mais, en 1783, ces objections sont fortifiées
par tout un ensemble de preuves, qui manquaient encore
en 1774. Aussi la rédaction du *Journal de Physique* crut-
elle devoir accompagner cette publication du « discours » anonyme, par une note disant que « la doctrine

---

(1) ŒUVRES, t. II, p. 638 et 639.

de Stahl est trop bien bien établie pour que ce discours
puisse la faire abandonner ».

Dans ses mémoires signés, imprimés en 1774, Lavoisier lui-même n'osait pas encore s'écarter tout à fait de
la doctrine de Stahl. Il admettait cette opinion intermédiaire que le charbon remplit peut-être un double
objet[1] : « celui de rendre au métal le principe inflammable qu'il a perdu, et celui de rendre au fluide élastique, fixé dans la chaux métallique, le principe qui
constitue son élasticité. » Il ajoute avec prudence :
« C'est au temps seul et à l'expérience qu'il appartien-
dra de fixer nos opinions ».

En effet, comme Lavoisier le dit, à cette occasion
même : « C'est le sort de tous ceux qui s'occupent de
recherches physiques et chimiques, d'apercevoir un
nouveau pas à faire, sitôt qu'ils en ont fait un premier ;
...la carrière qui se présente successivement à eux paraît
s'étendre, à mesure qu'ils avancent pour la parcourir[2]. »

(1) *Opuscules*, p. 280, 1774.
(2) Œuvres, t. II, p. 119.

CHAPITRE V

DÉCOUVERTE DE LA COMPOSITION DE L'AIR. — OXYGÈNE. ACIDE CARBONIQUE

Les premières expériences de Lavoisier sur les chaux métalliques étaient à peine publiées qu'il fut conduit à leur donner un développement nouveau et une signification inattendue, par suite de la découverte de l'oxygène. Il en pressentit tout d'abord l'existence.

En effet, dans l'extrait de son mémoire publié en décembre 1774, dans le *Journal de Physique* de l'abbé Rozier, on lit ces lignes significatives :

« Cet air dépouillé de sa partie fixable (sur les métaux dans la calcination) est en quelque façon décomposé et il m'a paru résulter de cette expérience un moyen d'analyser le fluide qui constitue notre atmosphère et d'examiner les principes qui le constituent... Je crois être en état d'assurer que l'air aussi pur que l'on puisse le supposer, dépouillé de toute humidité et de toute substance étrangère, loin d'être un être simple, un élément, comme on le pense communément, doit être rangé au contraire... dans la classe des mixtes, et peut-être même dans celle des composés. »

Lavoisier était à ce moment le premier qui eût reconnu le caractère de l'air et le fait de sa composition, et il est probable qu'il serait arrivé par lui-même à en isoler les véritables composants, s'il avait été seul à courir cette carrière. Mais, au moment où il publiait ces lignes, le gaz qui communique à l'air sa principale activité, l'oxygène venait d'être découvert, quoique l'auteur n'ait fait connaître sou travail qu'un peu plus tard [1].

Cette découverte est due à Priestley, qui l'exposa d'abord dans des idées et un langage conformes au système régnant du phlogistique. Perfectionnée par les travaux de Bergmann et de Scheele, elle n'a pris son véritable caractère qu'entre les mains de Lavoisier. Le concours du savant français se retrouve donc, au début comme au terme de l'entreprise : ce qui fait comprendre pourquoi il réclamait une part dans la découverte [2]. Au surplus, l'histoire détaillée et la filiation exacte des recherches de cette époque est très délicate à établir, parce que les esprits de tous les chimistes étaient fixés sur les mêmes problèmes et que les communications orales et écrites, entre la France et l'Angleterre en particulier, étaient incessantes. Une communication sommaire, souvent même faite de vive voix à une société savante, telle que l'Académie des sciences de Paris, ou la Société royale de Londres, suscitait aussitôt des vérifications, des pensées, des expériences nouvelles, qui en développaient la portée et les conséquences. Par un retour qu'on ne saurait blâmer, l'auteur primitif, lorsqu'il imprimait son mé-

(1) La première publication imprimée de Priestley est postérieure de quelques mois. — Voir ce qui est dit plus bas, note 1 de la page 60 et note 1 de la page 61.

(2) *Traité élémentaire de Chimie*, t. 1er, page 38, 2e édit. 1793.

moire, l'enrichissait des résultats additionnels et des
interprétations postérieures. Aussi est-il fort difficile de
faire avec impartialité la part de chacun dans cette rapide succession d'inventions. La suite des idées est, au
contraire, facile à démêler et, sous ce rapport, la méthode
et la force logique donnent à Lavoisier une prépondé-
rance incontestable. S'il n'a pas toujours rencontré le
premier les faits, il y a mis son empreinte et il leur a
donné leur vraie signification : c'est à lui assurément
qu'est dû le système général des théories qui ont trans-
formé la science. 

Voici comment la connaissance des faits s'est développée.

On savait dès longtemps que le mercure chauffé à l'air
se change en une matière rouge, appelée précipité *per se*,
comparable aux chaux métalliques, et que cette matière,
par la seule action de la chaleur, régénère son métal,
sans le contact direct du charbon ou d'aucun corps combustible. Bayen, en février 1774[1], annonce qu'il a répété
cette expérience et constaté qu'il s'y dégage un gaz,
dont il ne reconnaît pas le caractère particulier et qu'il
assimile au gaz observé par Lavoisier dans la réduction
des chaux métalliques.

Il se borne à dire : « Ces expériences ont beaucoup
de rapport avec celles que M. Lavoisier vient de publier
dans un excellent ouvrage sur l'existence d'un fluide
élastique fixé dans quelques substances. » Bayen ajoute
que l'augmentation du poids du mercure « est due sans
doute en partie à cette cause jusqu'ici inconnue dont
l'effet est de rendre une chaux métallique plus pe-

[1] *Journal de Physique* de l'abbé Rozier, p. 139.

sante que le métal ne l'était avant la combustion »; il conclut qu'il existe des chaux susceptibles d'être réduites sans phlogistique et rapproche le fluide élastique combiné au mercure de l'*acidum pingue* de Meyer : être imaginaire qui jouait, d'après la théorie de ce dernier, un rôle inverse de celui de l'acide carbonique dans la caustification des alcalis.

On voit que Bayen a touché à la découverte de l'oxygène; mais il ne l'a pas faite et il s'est borné à attribuer au gaz de la chaux mercurielle le même rôle que celui du fluide fixé sur les chaux métalliques d'après Lavoisier. Plus tard, quand les choses furent éclaircies, Bayen reprit ses expériences et il réclama à la fois la découverte même de l'oxygène et toute la théorie. Mais les contemporains n'ont pas accueilli ses réclamations et la postérité ne saurait le faire davantage.

En chauffant ce précipité *per se*, au moyen des rayons solaires concentrés par une forte lentille, Priestley obtint le même gaz, le 1ᵉʳ août 1774[1], et il sut le caractériser.

L'emploi du verre ardent, en chimie et en physique, était d'un usage courant depuis plus d'un siècle. En chimie particulièrement, il permettait de soumettre les corps à un échauffement considérable, sans recourir à aucun combustible étranger, soit ajouté au corps même, comme dans les réductions métalliques ordinaires, soit même placé autour du vase échauffé : condition où l'on supposait le passage à travers les parois de certaines substances émanées du combustible. Le verre ardent fournissait des résultats plus nets.

(1) C'est la date annoncée par l'auteur. Mais sa première publication a été faite seulement un peu plus tard, dans un ouvrage paru à Londres en 1775.

La matière du feu introduite sous cette forme paraissait plus pure et plus fluide, conformément aux idées
exprimées autrefois par Lucrèce sur le feu de la foudre,
dans ces beaux vers :

> Quare fulmineus multo penetralior ignis
> Quam noster fuat e tœdis terrestribus ortus.
> Dicere enim possis cœlestem fulminis ignem
> Subtilem magis e parvis constare figuris.
> Atque ideo transire foramina quæ nequit ignis
> Noster hic e lignis ortus tædâque creatus.

« Le feu de la foudre est plus pénétrant que celui de
nos flambeaux terrestres. On peut dire qu'il est plus
subtil, formé de corpuscules plus petits ; c'est pourquoi
il traverse des ouvertures que ne peut franchir notre
feu, issu du bois et produit par les flambeaux. »

Déjà Hales avait observé que le minium dégage un
gaz, lorsqu'on le chauffe au verre ardent : c'est bien de
l'oxygène. Mais Hales ne distinguait pas les divers gaz
de l'air ordinaire.

Depuis près de cent ans, les chimistes et les physiciens
répétaient sans cesse les mêmes expériences ; mais ils
n'en démêlèrent que peu à peu la signification véritable.
Dans le cas présent, la grande découverte de Priestley
consiste à avoir étudié méthodiquement les gaz pour en
caractériser la diversité, et à avoir ainsi reconnu les
propriétés originales du gaz extrait par le verre ardent
de la chaux mercurielle. Il constata d'abord que ce gaz
entretenait avec une extrême vivacité la flamme d'une
chandelle ; puis, en mars 1775[1], il observa que ce gaz

(1) Date annoncée comme étant celle de l'observation. Mais la lecture du Mémoire à la Société royale de Londres, c'est-à-dire la publication, est du mois de janvier 1776, et celle de l'impression postérieure encore, et, ce semble, de 1777.

entretenait également la respiration et même la rendait plus aisée. Priestley obtint aussi le nouveau gaz par la calcination du minium. Il reconnut que son mélange avec l'hydrogène détonne et il proposa de profiter de sa propriété d'exciter la combustion pour développer des températures élevées. Enfin, concluant de la combustion à la respiration, il pensa aussitôt aux applications médicales de l'oxygène.

Dans l'enthousiasme causé par cette découverte, les contemporains crurent pouvoir en attendre les moyens d'exalter les forces vitales, de ranimer la vieillesse, et presque d'atteindre l'immortalité : les rêves de la chimie ont toujours été sans limites !

Quoi qu'il en soit de ces imaginations, les faits rapportés par Priestley étaient exacts : jusqu'ici nous sommes dans le domaine de l'expérience et Priestley est irréprochable. Son erreur commence dans l'interprétation qu'il donna aux faits qu'il avait observés. En effet, il regarda son nouveau gaz comme formé par la matière même de *l'air privé de son phlogistique*, qu'il aurait cédé au mercure pour le régénérer à l'état métallique, et il le désigna sous le nom d'*air déphlogistiqué*, terme corrélatif de cet autre nom, *air phlogistiqué*, que Priestley donna à l'azote, découvert par lui presque en même temps.

Voici comment il reconnut l'existence de l'azote. L'air chauffé avec les métaux n'est pas absorbé en totalité, ainsi que divers observateurs, et notamment Beccaria[1], l'avaient observé depuis longtemps. Une portion reste, devenue impropre à entretenir la com-

(1) Œuvres *de Lavoisier*, t. II, p. 120.

bustion vive des chandelles, la calcination des métaux, aussi bien que la respiration des animaux : c'est notre azote. Priestley le dénomma *air phlogistiqué*, le regardant comme formé par *l'air ordinaire, additionné de phlogistique;* ce dernier étant fourni par le métal, ou par tout autre corps combustible, ou bien encore par la respiration animale : c'est toujours l'inverse du phénomène véritable. La combustion vive produit, aux yeux de Priestley, le même changement dans l'air ordinaire que la calcination des métaux : elle y verse du phlogistique et elle laisse de même un air devenu impropre à entretenir la flamme ou la respiration, parce qu'il a été chargé à l'avance de ce phlogistique, que celles-ci auraient la vertu de fournir. On voit que Priestley confondait en outre sous le même nom d'*air phlogistiqué* l'azote pur, avec l'azote mélangé d'acide carbonique.

D'après cette manière de voir et ce langage de Priestley, l'air, je le répète, est envisagé comme un être homogène, non composé, mais modifiable en deux sens opposés, par les actions auxquelles il est soumis; c'est-à-dire susceptible de perdre ou de gagner du phlogistique, en formant deux nouveaux gaz, qui dériveraient l'un et l'autre de la matière même de l'air atmosphérique.

Ces idées sont si éloignées des notions les plus élémentaires d'aujourd'hui qu'il importe de les rappeler pour établir l'importance et le vrai caractère des interprétations de Lavoisier; car celles-ci touchent au fond même des choses. Lavoisier, en effet, se servit aussitôt des faits découverts par Priestley pour en conclure que l'air atmosphérique et les gaz qui en dérivent ne sont pas un seul et même élément, plus ou moins chargé de phlogistique; mais le premier est un véritable corps composé, dont les autres sont les constituants. A la rentrée de Pâques, le 26 avril 1775, il expose ses nouvelles recherches et ses conclusions dans un Mémoire lu à l'Académie[1].

Reprenant d'abord son expérience de la calcination de l'étain en vase clos, il constate que le métal n'absorbe qu'une portion du volume de l'air, en s'y combinant; le surplus se refuse à une combinaison ultérieure. C'est la *partie salubre*, *l'air pur*, *l'air vital* qui s'unit au métal; le résidu étant une sorte de *mofette*, qui n'entretient ni l'inflammation des corps, ni la respiration des animaux. Jusque-là il semble que nous n'avons guère affaire qu'aux expériences de Priestley. Mais la différence réside dans l'interprétation et elle est capitale. Priestley, je le répète, regardait les deux nouveaux gaz, comme résultant, l'un de l'union de l'air ordinaire avec le phlogistique, l'autre comme étant ce même air privé au contraire d'une partie de son phlogistique : opinion qui maintenait l'unité matérielle de l'air, sans conclure à sa nature composée. Non que Priestley se refusât à

---

(1) *Sur la nature du principe qui se combine avec les métaux pendant leur calcination et qui en augmente le poids*, ŒUVRES, t. II, p. 122. — Ce mémoire a été relu publiquement par Lavoisier, sous sa forme actuelle, le 8 août 1778 et publié dans les Mémoires de l'Académie pour 1775, imprimés en 1778.

Lavoisier déclare dans une note que les expériences sur le mercure précipité *per se* ont été tentées d'abord au verre ardent, en novembre 1774, faites avec les détails et précautions nécessaires à Montigny, les 28 février, 1er-2 mars 1775 et 31 mars de la même année. — On en retrouve en effet les indications à ces dates, dans le Registre III du laboratoire de Lavoisier.

Le mémoire précédent : *Sur la calcination de l'étain*, contient également (ŒUVRES, t. II, p. 120), des vues sur la composition de l'air, vues rédigées après la première publication du mémoire, mais dont l'abrégé publié en décembre 1774 dans le *Journal* de l'abbé Rozier offre les premières traces (voir le présent volume, p. 57).

admettre celle-ci ; car il concluait d'autres expériences,
peu exactes d'ailleurs, sur la calcination des nitrates,
que l'air atmosphérique est composé d'acide nitrique et
de terre : affirmation si étrange que nous avons peine à
en concevoir le sens.

Au contraire, Lavoisier développe les mêmes expériences avec plus de détail et de précision, et il en tire
cette conclusion nette, hardie, et que personne n'avait
osé jusque-là mettre en avant : L'air est un mélange de
deux gaz différents : l'air vital (qu'il nomma plus tard
oxygène) et la mofette ou azote (nom imaginé postérieurement par Guyton de Morveau) ; mais le phlogistique
n'a rien à voir dans sa composition. Ce sont ces affirmations qui constituent sa découverte.

Loin d'être accueillie avec empressement, elle excita
tout d'abord un tolle général. L'indignation fut telle
parmi les partisans du phlogistique que Lavoisier fut,
dit-on, brûlé en effigie à Berlin par dérision, comme un
hérétique de la science.

Mais les faits étaient patents et la doctrine de la composition de l'air ne tarda pas à être acceptée par tout le
monde ; sauf à tâcher de la concilier avec la théorie du
phlogistique, que ses partisans n'abandonnaient point.

Cependant Lavoisier multipliait les preuves.

Il reprend avec la chaux de mercure ses premières
expériences sur la réduction des chaux métalliques par
le charbon et il constate que le fluide obtenu est identique
dans les deux cas ; c'est de l'air fixe [1], le charbon dis-
paraissant pareillement. Comme la chaux mercurielle
réduite par la chaleur seule fournit uniquement l'air
vital (oxygène), il en résulte d'abord que l'air fixe est

____

(1) Notre acide carbonique.

produit par la combinaison de l'air avec le charbon; il en résulte aussi que le « principe qui s'unit aux métaux pendant leur calcination, qui en augmente le poids et les constitue à l'état de chaux, n'est autre que la portion de l'air la plus salubre et la plus pure », c'est-à-dire l'oxygène.

Plus tard Lavoisier donna à sa démonstration une forme plus saisissante, en enchaînant dans une même série de mesures l'absorption d'une partie de l'air par le mercure échauffé, pendant une première période, avec la régénération inverse, pendant une seconde période, de l'oxygène absorbé[1] : c'est l'expérience décrite dans son *Traité de Chimie*, et citée aujourd'hui dans tous les cours. Enfin, en mélangeant à la mofette (azote) une quantité de l'air respirable (oxygène), régénéré de la chaux de mercure, égale au volume d'air, absorbé précédemment pendant l'oxydation du même mercure, ou bien encore pendant la combustion du phosphore, on restitue au mélange la propriété d'être respirable et on le rend de nouveau susceptible d'entretenir la combustion : expérience essentielle, qui contrôle l'analyse de l'air par sa synthèse[2].

Les expériences exposées dans les Mémoires de Lavoisier portent plus loin encore; car elles ont établi le rôle de l'oxygène dans la formation des acides. La composition véritable de l'acide carbonique, en particulier, ressort en effet des observations relatives à la réduction des oxydes métalliques par le charbon. Lavoisier ne tarda pas à compléter cette démonstration, en opérant avec du

(1) ŒUVRES, t. II, p. 175 ; Mémoire lu à l'Académie le 3 mai 1777.
(2) ŒUVRES *de Lavoisier*, t. II, p. 141.

charbon calciné[1] et à fixer les rapports mêmes de poids,
suivant lesquels le carbone et l'oxygène se combinent,
rapports presque identiques d'après lui à ceux que nous
admettons aujourd'hui[2]. Enfin, il montra par des expériences réitérées, commencées en 1772 et 1773[3], que la
combustion du diamant dans l'oxygène forme uniquement de l'acide carbonique, résultat dont ses successeurs ont conclu plus tard la nature élémentaire, jusque-
là méconnue, de cette pierre précieuse.

Ces expériences étaient décisives par le jour qu'elles
jetaient sur la combustion, ainsi que sur la constitution
des combustibles et des matières végétales. Elles n'a-
vaient pas été faites fortuitement, mais, nous pouvons le
dire avec certitude, par suite d'un plan prémédité. Ici
encore les Registres de laboratoire de Lavoisier nous
permettent d'assister aux progrès successifs de sa pensée.
Nous y lisons en effet, à la suite d'un article daté du
29 novembre 1774, la note manuscrite suivante :

« Ce que c'est que le charbon ? Nous savons bien qu'en
brûlant il convertit l'air environnant en air fixe; mais
nous ne savons pas s'il donne lui-même de l'air fixe, ce

(1) *Œuvres*, t. II, p. 403. *Mémoire sur la formation de l'acide nommé
air fixe ou acide crayeux, que je désignerai désormais sous le nom
d'acide du charbon.* La découverte remonte à 1775; elle a été perfectionnée par des expériences successives. Sa rédaction définitive paraît
avoir été faite en 1784. En effet, le travail a paru dans les Mémoires
de l'Académie pour 1781, imprimés seulement en 1784.

(2) 72,15 centièmes d'oxygène (La combustion était faite au moyen
   27,85   —   de carbone) de l'oxyde de mercure.
72,12 d'oxygène (
27,88 de carbone (Combustion au moyen du minium.

Nous admettons aujourd'hui (72,82 d'oxygène.
                     (27,18 de carbone.

(3) *Œuvres*, t. II, p. 38 et 64. V. aussi plus loin, tome XII des
Registres de laboratoire, p. 50.

qui s'en dégage pendant la combustion et le rapport de ce qui reste avec le poids qu'avait originairement le charbon..... Il serait très intéressant de brûler du charbon dans un vaisseau fermé. Si le charbon est composé d'une quantité sensible de son poids de phlogistique, il doit passer et s'échapper à travers le vaisseau et il doit y avoir diminution de poids après la combustion. »

On voit qu'en 1774 Lavoisier n'avait pas encore renoncé au système du phlogistique, mais qu'il suivait avec assurance la marche qui devait le conduire à renverser la doctrine officielle de la chimie d'alors. C'est dans ces questions qu'un savant se pose à lui-même, dans l'intimité secrète de sa pensée, que l'on peut saisir le plus sûrement les directions qui ont présidé aux découvertes. — A peine posées en effet, Lavoisier les avait résolues, en éliminant par ses pesées la notion même du phlogistique.

CHAPITRE VI

DES ACIDES

Ainsi l'oxygène est le générateur de l'acide carbonique : son poids ajouté à celui du charbon est égal à celui de ce gaz ; d'où il suit que le charbon ne contient pas de phlogistique. Cette vérité une fois acquise pour la combustion du charbon, Lavoisier l'étend aussitôt à la combustion du phosphore et du soufre. Il montre que les acides sulfurique et phosphorique résultent de l'union de ces radicaux avec l'oxygène et qu'ils en représentent les poids réunis. Le phlogistique, réputé jusque-là la base essentielle du soufre ou du phosphore, n'a donc aucune part à leur combustion ; contrairement à l'opinion classique d'alors, d'après laquelle le soufre était supposé formé d'acide vitriolique et de phlogistique, opinion de Macquer regardait naguère comme amenée au dernier degré d'évidence par les expériences de Stahl.

Ces découvertes jetèrent un jour inattendu sur la constitution des acides en général [1], en la reliant avec la composition même de l'air atmosphérique ; l'air vital devenait ainsi le principe acide par excellence, cet acide universel tant cherché depuis un siècle. De là le nom

(1) Œuvres *de Lavoisier*, t. II, p. 129, — Mémoire lu le 20 avril 1776.

d'oxygène, que Lavoisier ne tarda pas à lui imposer [1]. Ses opinions à cet égard étaient, nous le savons aujourd'hui, trop absolues. Cependant le rôle de l'oxygène dans la génération de la plupart des acides n'en est pas moins réel et capital.

Entrons dans le détail des travaux de Lavoisier qui ont ainsi établi la véritable nature des bases ou radicaux de l'acide vitriolique, c'est-à-dire sulfurique, de l'acide phosphorique et de l'acide azotique : ce sont ces travaux qui ont complété la connaissance des corps simples, tels que les admet la chimie moderne.

Le phosphore, ce corps si éminemment combustible se change en brûlant en un acide fixe, dont la formation a donné lieu aux observations les plus nettes. Lavoisier avait déjà étudié le phénomène en 1772 [2]; il examine en détail la combustion du phosphore et ses produits en 1774 dans ses *Opuscules* [3], et il revient sur ce sujet et sur la formation des sels de l'acide phosphorique, en avril 1777 [4]. Il constate d'abord que le phosphore, allumé sous une cloche en présence de l'air, au moyen d'une lentille, brûle en formant deux fois et demi son poids d'acide phosphorique concret, en flocons blancs et neigeux :

(1) Il se trouve pour la première fois sous la forme *oxygène*, dans un mémoire intitulé : *Considérations générales sur la nature des acides*, présenté le 5 septembre 1777 et lu à l'Académie en 1779; publié dans le volume pour 1778, qui parut en 1782.

Œuvres, t. II, p. 249.

(2) Paquet cacheté déposé le 1 novembre 1772; ouvert le 5 mai 1773 devant l'Académie. — Œuvres, t. II, p. 103.

(3) *Opuscules*, p. 327 à 346.

(4) *Sur la combustion du phosphore de Kunckel et sur la nature de l'acide qui résulte de cette combustion*. Œuvres, t. II, p. 139. — Mémoire présenté le 21 mars 1777, lu le 16 avril, publié dans les Mémoires de l'Académie pour 1777, lesquels ont été imprimés en 1780.

augmentation de poids qui répond précisément à la quantité d'air absorbée. Celle-ci s'élève au cinquième du volume de l'air primitif et ce qui reste est à l'état de mofette (azote), incapable de servir à la respiration des animaux et à la combustion.

Lavoisier s'attache particulièrement au soufre, en raison de l'importance de cette substance et de celle de l'acide qui en dérive. On savait, depuis le moyen âge, que le soufre brûlé sous une cloche ou dans une cucurbite, en présence de l'eau, fournit l'acide vitriolique (acide sulfurique). Lavoisier reconnaît en 1772 [1] que ce phénomène est accompagné par une fixation d'air et il constate par pesées que le soufre fournit un poids d'acide vitriolique supérieur au sien : accroissement de poids dû à la fixation de l'air vital, c'est-à-dire de l'oxygène.

Cet oxygène peut y être manifesté par une épreuve inverse, qui consiste à reproduire l'oxygène, en décomposant l'acide vitriolique par l'intermédiaire du mercure, lequel lui enlève d'abord une partie de son oxygène, et forme un oxyde, apte à éprouver ensuite une réduction spontanée, sous l'influence de la chaleur. L'idée est ingénieuse. Voici comment Lavoisier la réalise [2]. En chauffant le mercure avec l'acide vitriolique, on obtient d'abord de l'acide sulfureux (avec production de sulfate de mercure); puis, en poussant davantage le feu, le sulfate se décompose et il régénère de l'oxygène; tandis que le mercure, attaqué au début, se revivifie à la fin. L'oxygène ne peut

(1) Œuvres, t. II, p. 103.

(2) *Sur la dissolution du mercure dans l'acide vitriolique et sur la résolution de cet acide en acide sulfureux aériforme et en air éminemment respirable.* Mémoires de l'Académie pour l'année 1777, publiés en 1780.

Œuvres, t. II, p. 194.

dès lors être qu'un produit appartenant à l'acide vitriolique, contrairement à l'opinion classique admise jusque-
là, d'après laquelle le soufre était supposé formé d'acide
vitriolique et de phlogistique. On voit quel changement radical Lavoisier apportait aux doctrines régnantes.

Attentif à poursuivre les conséquences de ses travaux
dans les phénomènes naturels, il s'applique aussitôt à
l'étude de la vitriolisation spontanée des pyrites martiales, métamorphose qui avait frappé de tout temps
les yeux des mineurs par ses apparences singulières :
les vieux alchimistes en avaient fait la base d'une partie
de leurs théories[1]. Lavoisier l'éclaircit aussitôt en la rat-
tachant à ses nouvelles idées; c'est-à-dire en montrant
que c'est là une oxydation, due à la présence de l'air qui
transforme les sulfures de fer en sulfates [2].

Il explique de même la formation du pyrophore, dans
la calcination de l'alun avec le charbon, par la séparation
de l'oxygène (qui demeure uni au charbon), et la mise à
nu du soufre, régénéré de l'acide vitriolique : tandis
que la combustion spontanée du pyrophore résultant de
cette calcination, fixe au contraire l'oxygène de l'air et
régénère l'acide vitriolique. Le pyrophore est même, à
ses yeux, l'agent qui absorbe le plus efficacement
l'oxygène de l'air dans un mélange limité et qui en fait
l'analyse de la façon la plus parfaite.

Les faits s'enchaînent ainsi méthodiquement et la com-

(1) Voir mon *Introduction à la Chimie des Anciens*, p. 242. — *Collection des anciens Alchimistes grecs*, traduction, p. 63, note 5, et
p. 108, note 6.

(2) *Sur la vitriolisation des pyrites martiales*, Œuvres, t. II, p. 209.
— Mémoires de l'Académie pour 1777, publiés en 1780.

position véritable de l'acide sulfurique demeure tout à fait éclaircie.

L'étude de l'acide nitrique (appelé alors acide nitreux) était plus difficile. Lavoisier l'a abordée dès 1776 et il a démontré d'abord la présence de l'oxygène[2] dans cet acide. Il en a exécuté également des analyses et des synthèses, mais partielles, et sans réussir à pousser les unes et les autres jusqu'au bout.

On sait que la formation de l'acide nitrique, à partir de l'azote lui-même, n'est pas due à Lavoisier : c'est l'une des grandes découvertes de Cavendish et elle a été faite seulement en 1785. Rappelons cependant par quels travaux antérieurs Lavoisier avait rattaché, dès 1776, l'acide nitrique à sa théorie nouvelle : ces travaux offrent un intérêt tout particulier, comme question de méthode, par le parallèle qu'ils permettent d'établir entre la manière de raisonner de Lavoisier et celle de Priestley. En effet, Lavoisier se sert, pour établir la constitution[3] de l'acide nitrique, d'expériences empruntées à Priestley; mais il précise le caractère de son œuvre personnelle, en ajoutant, non sans quelque ironie : « Comme les mêmes faits nous ont conduit à des conséquences diamétralement opposées, j'espère que si l'on me reproche d'avoir emprunté des preuves des ouvrages

---

(1) *Expériences sur la combinaison de l'alun avec les matières charbonneuses et sur les altérations qui arrivent à l'air dans lequel on fait brûler du pyrophore*. ŒUVRES, t. II, p. 199 et 206. — Lu à l'Académie le 5 septembre 1777, et publié dans les Mémoires de l'Académie pour 1777, imprimés en 1780.

(2) *Sur l'existence de l'air dans l'acide nitreux et sur les moyens de décomposer et de recomposer cet acide*. ŒUVRES, t. II, p. 129. — Lu le 20 avril 1776, remis le 11 décembre 1777, publié dans les Mémoires de l'Académie pour 1776, imprimés en 1779.

(3) ŒUVRES, t. II, p. 130.

de ce célèbre physicien, on ne me contestera pas du moins la propriété des conséquences. »

Lavoisier en effet profitait sans cesse des découvertes de ses contemporains, mais en les précisant, en les complétant, et surtout en donnant la véritable signification. Il prenait son bien, suivant une expression célèbre, partout où il le trouvait. Mais Priestley ne pouvait guère concevoir l'originalité et la légitimité de cette manière de travailler, si opposée de la sienne. Aussi proteste-t-il sans cesse contre ces rectifications et interprétations. « La spéculation, dit-il, est en physique une marchandise de peu de valeur ; les faits nouveaux et importants sont bien plus rares et par conséquent bien plus précieux. » C'est là une querelle ancienne et qui se reproduit sans cesse dans l'histoire des sciences, entre les inventeurs sagaces des faits particuliers et les hommes de génie qui découvrent les théories générales. Elle n'est jugée que par la suite des temps, en raison du rôle que les uns et les autres jouent dans les développements de la science et dans les découvertes ultérieures.

Au cas présent, pour comprendre l'originalité des vues de Lavoisier, il suffira de rappeler que Priestley avait été amené à conclure, par ces mêmes expériences qu'il rappelle si fièrement, que l'esprit de nitre (acide nitrique) est contenu tout entier dans l'air déphlogistiqué, c'est-à-dire que l'acide nitrique est un élément de l'oxygène, loin d'en être composé. Il allait plus loin encore : il concluait que l'air atmosphérique est un composé d'esprit de nitre et de terre. Pour concevoir comment cette opinion a paru à un certain instant avoir quelque fondement, il suffira de rappeler la formation en apparence spontanée du nitre au contact de l'air, connue de Stahl et même d'observateurs plus anciens. Peut-être même n'est-il pas superflu de dire sur quelles expériences précises se fondait Priestley ; non pour diminuer la gloire de cet inventeur, — Priestley était par excellence un inventeur, — mais pour mettre en lumière la différence entre sa méthode d'observation et celle de Lavoisier, ainsi que l'originalité de cette dernière.

Priestley avait fait de nombreux essais en traitant les terres métalliques et calcaires par l'acide nitrique ; puis il chauffait les matières de ces premiers traitements et il obtenait de l'oxygène gazeux, la terre initiale régénérée demeurant comme résidu. La même série d'expérience, à partir de l'addition de l'acide nitrique jusqu'à la calcination finale, était réitérée sur ce résidu, et elle reproduisait chaque fois les mêmes produits. Chaque fois aussi le poids de la terre restante diminuait, à cause des pertes accidentelles, inévitables dans des manipulations de ce genre, mais dont Priestley n'apercevait pas les causes : cette terre finissait même par disparaître entièrement, après un certain nombre d'opérations. Au lieu d'en conclure que cette terre avait été perdue et disssipée peu à peu par fusion, volatilisation, projection, attaque des parois des vases, etc., il supposait qu'elle avait été changée en air : opinion chimérique qui n'avait d'autre fondement que l'imperfection des procédés suivis.

De son côté, Lavoisier s'attache seulement à reproduire l'une des expériences de Priestley, choisie à dessein, celle qui consiste à attaquer le mercure par l'acide nitrique. Mais il recueille attentivement et il pèse tous les produits. Il mesure d'abord avec soin l'air nitreux (bioxyde d'azote) qui se dégage, ainsi que l'eau qui distille en même temps; puis il pousse le feu jusqu'à décomposer le nitrate de mercure formé tout d'abord : il en retire successivement des vapeurs rouges (notre acide hypoazotique), de l'oxygène et du mercure régénéré, et il constate expressément que le poids de ce dernier corps reproduit exactement le poids du métal primitif. Il conclut de son analyse que l'acide nitrique est formé d'air nitreux et d'oxygène (associés à l'eau); puis il en fait la synthèse, en recombinant le bioxyde d'azote et l'oxygène, en présence de l'eau.

Il démontre ainsi que l'acide nitrique, de même que les acides phosphorique, sulfurique, carbonique, étudiés dans ses précédents essais, est engendré par l'oxygène; la nature seule des éléments de l'air nitreux, c'est-à-dire sa composition par l'azote et l'oxygène, lui demeurant inconnue. Ce n'est pas qu'il n'ait cherché à franchir ce dernier pas : ses Registres de laboratoire renferment la description d'un grand nombre d'expériences sur la détonation du nitre, qui ont évidemment pour objet d'éclairer la composition de l'acide nitrique. Il y était incité à la fois par ses études pratiques, relatives à la régie des poudres et salpêtres, et par ses idées théoriques sur la constitution des acides. Mais cette dernière découverte lui a été refusée, la chose n'ayant été éclaircie que par Cavendish.

Cependant Lavoisier, toujours prompt à généraliser, chercha à pousser sa démonstration du rôle de l'oxygène dans l'acidification jusqu'aux acides végétaux, acides

(1) *Considérations générales sur la nature des acides et sur les principes dont ils sont composés.* Œuvres, t. II, p. 248. — Mémoire présenté à l'Académie le 5 septembre 1777, lu le 23 novembre 1779; publié dans les Mémoires de l'Académie pour l'année 1778, imprimés en 1782.

dont Bergmann et Scheele multipliaient chaque jour
le nombre et déterminaient avec rigueur les caractères
spécifiques.

Ainsi, Bergmann ayant découvert que la réaction de
l'acide nitrique sur le sucre engendre un acide particulier, dit acide saccharin (c'est notre acide oxalique),
Lavoisier en étudie à son tour la formation. Il constate
qu'elle résulte aussi d'une fixation d'oxygène, relation
qu'il étendit plus tard à la formation des autres acides
organiques, envisagés par lui comme formés chacun
d'un principe acidifiable ou radical, composé particulier [1].
Dans ses Registres de laboratoire, il revient à plusieurs
reprises sur l'oxydation du sucre ; mais sans réussir à
démêler la complexité des réactions qui engendrent l'a-
cide oxalique. Le problème était trop difficile pour être
résolu à cette époque et le génie, quelle que soit sa puissance, ne saurait devancer le temps. Si je rappelle ces
tentatives imparfaites, c'est parce qu'elles sont liées
au système général de Lavoisier, et parce qu'elles montrent avec quelle méthode et quelle vigueur d'esprit il
poursuivait les conséquences de ses opinions dans le
domaine entier de la chimie.

Ces opinions étaient, nous le savons aujourd'hui, trop
absolues. Elles l'avaient conduit à méconnaître la nature
de l'acide marin ou muriatique, notre acide chlorhydrique, et surtout la nature même du chlore, regardé
par lui, non comme le radical de l'acide muriatique, mais comme étant au contraire de l'acide muriatique oxygéné. C'était une inversion d'idées toute semblable à celle qui avait été commise par Stahl, dans la

(1) Traité de Chimie, t. I, p. 208, 2ᵉ édition, 1793.

comparaison des métaux avec leurs oxydes. Elle n'a
été rectifiée que vingt ans après, timidement d'abord
par Gay-Lussac et Thénard, puis d'une façon définitive
par H. Davy, proclamant l'acide chlorhydrique un composé de chlore et d'hydrogène. Du vivant même de Lavoisier, la connaissance du rôle acide de l'hydrogène
sulfuré et de l'acide prussique, tous deux reconnus
exempts d'oxygène, fit déjà brèche à sa théorie.

Quoi qu'il en soit, le rôle de l'oxygène dans la génération des principaux acides n'en était pas moins réel et
capital. En effet, le rapprochement entre l'oxydation
des métaux et la formation des acides au moyen du
charbon, du soufre et du phosphore, conduisait à une
nouvelle conséquence, qui demeura dès lors établie:
c'est l'assimilation du charbon, du soufre, du phosphore aux métaux, en tant que principes générateurs
des corps composés. Ainsi fut institué un nouveau
groupe de corps simples, ceux-là mêmes qui ont été
dénommés à une époque ultérieure les *métalloïdes*, par
opposition aux *métaux*. Jusque-là, ces substances avaient
été réputées consister en phlogistique plus ou moins pur.
Or, les vues des savants sur leur nature ont été complètement changées par Lavoisier, et ce n'est pas l'un des
moindres concours qu'il ait fourni pour la constitution
de la chimie actuelle.

CHAPITRE VII

DU FEU ET DE LA COMBUSTION

Lavoisier ne perdait pas de vue les problèmes généraux qui avaient excité sa curiosité et présidé à son entrée dans la carrière scientifique. A peine a-t-il éclairci la nature véritable des oxydes et des acides, la nature de l'air et celle de l'oxygène, qu'il montre les applications de ces résultats, à l'interprétation des phénomènes généraux de la chaleur.

L'intervention de la chaleur, c'est-à-dire du principe du feu, dans les phénomènes de la nature, est trop frappante et trop considérable pour avoir été jamais méconnue et la manière de la comprendre a été l'origine de la plupart des théories physiques et physiologiques qui se sont succédé depuis l'antiquité jusqu'à nos jours. Chaque changement profond éprouvé par cette conception a été corrélatif avec une révolution dans les idées des philosophes naturalistes. Mais la plus frappante peut-être de ces révolutions qui nous ait été rapportée dans l'histoire de la science est celle dont Lavoisier fut le promoteur. Jusque-là le feu était assimilé aux autres éléments ; tandis que cette révolution a séparé nettement et sans retour la nature du calorique, soustrait par essence aux actions de la pesanteur, de celle des matières ordinaires, qui y sont soumises; et elle a fait disparaître en même temps la notion traditionnelle des éléments d'autrefois; ces éléments ont perdu leur caractère substantiel, et ils ont fait place aux états généraux des corps, état solide, état liquide, état gazeux, réglés et définis par l'action plus ou moins intense de ce même calorique.

Cette révolution a été la conséquence des expériences de Lavoisier sur l'oxydation des métaux et sur la combustion, sur la respiration et sur la chaleur animale : conséquence hautement déclarée par ce grand inventeur, et poursuivie par lui dans tout l'ensemble des phénomènes, avec une méthode et une logique invincibles.

Je vais essayer de retracer l'enchaînement général de ses découvertes.

Vers 1780, les anciennes doctrines de la chimie étaient ébranlées jusque dans leurs fondements. Les éléments antiques avaient été dépouillés les uns après les autres de leur existence traditionnelle, par les travaux de Lavoisier et de ses contemporains.

L'air élémentaire avait disparu, pour faire place à une multitude de corps gazeux, distincts les uns des autres; et l'air commun, jusque-là réputé simple, avait été reconnu composé, c'est-à-dire formé par le mélange de deux de ces gaz nouveaux, l'oxygène et l'azote.

L'eau élémentaire, elle aussi, avait cessé d'être regardée comme le support idéal de la liquidité, substance commune à tous les corps fondus; et l'eau ordinaire, qui en était le type, allait être reconnue également composée, mais d'une autre façon que l'air, c'est-à-dire formée par la combinaison de deux gaz, l'hydrogène et l'oxygène.

Depuis longtemps déjà, la terre élémentaire n'était plus qu'une pure entité. La multiplicité de ses formes est manifeste pour l'expérience la plus vulgaire et l'impossibilité de les réduire à une même substance résultait de l'échec constant et désormais constaté sans retour de ces tentatives de transmutation des métaux, auxquelles s'était obstiné tout le moyen âge. Au moment dont je parle, la notion vague des diverses terres était sur le point d'être remplacée par la définition précise des nombreux corps simples de la chimie moderne.

Ainsi trois des anciens éléments des philosophes grecs étaient supprimés, non cependant d'une façon définitive ; car ils allaient renaître dans une notion nouvelle, celle des trois états généraux de la matière, communs à tous les corps. Chassés de la chimie, ils reparaissent dans l'ordre des phénomènes physiques, et Lavoisier fut l'un des premiers, comme je vais le montrer, à proclamer cette transformation des idées.

Elle était liée elle-même avec un changement non moins profond dans la conception du quatrième élément des philosophes anciens, le feu. En effet, les découvertes de Lavoisier, en faisant évanouir la notion du phlogistique, dépouillèrent le feu de son caractère substantiel; mais l'idée même du feu subsista, dans ce qu'elle représentait de réel, sous le nom du calorique ou fluide igné, privé à la vérité des propriétés pondérales qu'on lui avait attribuées jusque-là. Le feu n'en resta pas moins sous cette nouvelle forme le premier principe du mouvement dans les êtres inanimés, aussi bien que dans les êtres vivants, et le lien des trois états généraux de la matière pondérable; de même qu'il était réputé autrefois l'élément actif de toutes choses [1] et le lien des trois autres éléments.

Rappelons en peu de mots les idées d'autrefois et les idées modernes sur ces questions.

Les phénomènes de la combustion, la chaleur et la lumière qui l'accompagnent et qui semblent avoir leur siège dans la flamme elle-même, enfin la liaison étroite qui existe entre ces phénomènes et la vie des êtres organisés, ont de tout temps frappé au plus haut degré l'attention des hommes. L'art de produire le feu est le premier degré de notre science : la connaissance du feu « maître de tous les arts, le plus grand bien qui soit pour les vivants [2] », fut le premier pas dans cette longue suite d'inventions qui ont maîtrisé la nature et fait passer l'espèce humaine de l'état purement animal jusqu'à ce degré de civilisation atteint par les peuples modernes. Mais de la pratique des faits l'esprit humain ne tarda guère à passer à leur explication.

C'est ainsi que le feu, adoré à l'origine comme un être animé, un Dieu tantôt bienfaiteur, tantôt dévorant, devint un objet de conceptions scientifiques, au temps des philosophes grecs. Ils en aperçurent tout d'abord le double caractère : celui d'une matière, d'un élément, assimilable à l'air, à l'eau, à la terre, et soumis comme eux aux régularités de la géométrie [3], et celui d'une cause de mouvement, sans laquelle rien de visible ou de vivant ne peut exister.

(1) Olympiodore, cité dans mes *Origines de l'Alchimie*, p. 258.
(2) Eschyle, *Prométhée enchaîné*.
(3) Voir le *Timée* cité dans les *Origines de l'Alchimie*, p. 265 et suiv.

Le feu est réputé à cette époque préexister en nature dans les corps combustibles. « Le soufre, dit Pline, renferme une grande quantité de feu. Dans la combustion, ce feu se dégage sous forme de flamme et de chaleur, en même temps que le combustible disparaît.

Ces préjugés avaient été réduits au xviii° par Stahl en un corps de doctrines, conformes aux connaissances de son temps. D'après Stahl, le charbon et les corps combustibles sont changés par la combustion en chaleur et lumière ; et réciproquement, lorsqu'on chauffe les corps combustibles avec les chaux métalliques (c'est-à-dire avec nos oxydes), ils s'y fixent, en régénèrent les métaux libres, tels que le plomb, l'étain, le fer. Le feu, ainsi fixé sur les corps, dont il concourt à augmenter le poids, et susceptible de s'en séparer en sens inverse par la combustion, était désigné sous le nom de *phlogistique*.

Ces idées sont tellement conformes aux apparences ordinaires qu'elles se sont maintenues avec ténacité dans le langage commun. On lit même aujourd'hui dans des livres fort répandus : « La chaleur du soleil absorbée est restée emmagasinée dans les végétaux d'un autre âge. C'est elle qui est restituée, quand on décompose la houille dans nos foyers. Chaque petit morceau de charbon jeté au feu rend à la liberté le rayon venu jadis des espaces célestes. » A prendre ces phrases au pied de la lettre, il y aurait là autant d'erreurs que de mots. En réalité, ce sont de pures expressions poétiques, destinées à traduire des phénomènes connus ; mais aucune matière venue du soleil ne demeure effectivement fixée dans le charbon de terre, et celui-ci ne conserve aucun rayon solaire combiné.

La théorie du phlogistique n'en était pas moins conforme aux manifestations générales qui se produisent dans la nature, aussi bien que dans les laboratoires.

Cette théorie, après avoir été regardée comme certaine pendant près d'un siècle, fut renversée de fond en comble par Lavoisier, qui montra que les changements de poids et les fixations ou pertes de matière accompagnant la combustion sont inverses de ce que l'on avait supposé jusque-là. Lorsque le charbon brûle, et semble disparaître, en réalité sa matière ne se dissipe point ; elle ne perd point son poids à l'état de chaleur ou de phlogistique. Loin de là, c'est le charbon qui s'unit avec une substance matérielle spéciale, qui ne vient pas du soleil : l'oxygène, ignoré jusqu'au temps de Lavoisier ; et il forme ainsi un composé nouveau, l'acide carbonique, dans lequel tout le carbone élémentaire subsiste et dont le poids est supérieur à celui du charbon primitif, en raison exacte du poids de l'oxygène fixé sur lui. Au contraire, lorsque la chaleur réduit une chaux métallique mêlée de charbon à l'état de métal libre et brillant, cette réduction n'est pas l'effet de la fixation d'une manière spéciale, telle que le prétendu phlogistique ; car le poids du métal est moindre que celui de la chaux métallique qui l'engendre. Mais la matière perdue par cette dernière reparaît, unie à la matière même du charbon, sous la forme d'un gaz nouveau, dont le poids représente exactement celui des éléments qui ont concouru à le produire.

Telles furent les découvertes de Lavoisier : elles changèrent complètement l'interprétation des phénomènes chimiques adoptée jusque-là et firent évanouir le système d'une chaleur pondérable, susceptible de se fixer

sur les corps ou de les quitter, en en accroissant ou
en en diminuant le poids.

De ce système détruit, il subsistait cependant une
idée essentielle; car il est certain que la combustion
et la formation des gaz qui l'accompagnent impliquent
autre chose que la simple pesée des matières mises en
jeu dans l'expérience. On ne saurait se dispenser d'envisager et d'expliquer la chaleur même qui s'y manifeste, et le rôle qu'elle joue dans les changements d'états
tant physiques que chimiques de la matière. C'est l'œuvre que Lavoisier entreprit aussitôt, comme le complé-
ment nécessaire de ses premières études.

Il convient dès lors d'exposer de détail l'historique
de la révolution des idées relatives à la nature du feu
et de la combustion, telle qu'elle fut accomplie par Lavoisier.

Au moment même où il débuta, Macquer regardait,
avec tous les chimistes de son temps, la combustion
comme le dégagement du principe de l'inflammabilité,
c'est-à-dire du phlogistique; en ajoutant d'ailleurs ces
mots : « Le grand principe, c'est que la combustion ne
peut avoir lieu sans le concours de l'air libre, » fait
observé de toute antiquité, mais dont on ne comprenait
pas le véritable caractère; car on s'efforçait de l'expliquer par des raisonnements vagues, en invoquant le
concours obscur de l'élasticité de l'air. En raison de sa
pesanteur et de son élasticité, disait-on, l'air réunit et
rassemble le feu en action et l'applique sur les matières
combustibles. Guyton de Morveau croyait même pouvoir
établir que l'air ne concourt pas matériellement à la
combustion des corps.

Lavoisier s'attaque à ces notions jusque-là classiques

dans son Mémoire « Sur la combustion en général [1] ». Il part des faits suivants, les uns connus depuis longtemps, les autres récemment établis.

« Dans toute combustion, dit-il, il y a dégagement de la matière du feu et de la lumière. Les corps ne peuvent brûler que dans une seule espèce d'air, l'oxygène, la combustion n'ayant lieu ni dans le vide, ni dans les autres gaz. Dans toute combustion, il y a disparition d'oxygène et le corps brûlé augmente de poids, exactement dans la proportion de l'air détruit. Dans toute combustion enfin, le corps brûlé se change en acide, tel que l'acide phosphorique, l'acide sulfurique, l'acide carbonique, etc. »

Ces propositions, nous le savons aujourd'hui, sont trop absolues ; la combustion peut avoir aussi lieu dans des gaz exempts d'oxygène, tels que le chlore ou le fluor. Mais leur signification générale n'en est pas moins réelle et applicable au plus grand nombre des phénomènes, à ceux-là surtout que l'on connaissait à la fin du siècle dernier.

Lavoisier dit avec raison que le changement des métaux en chaux est soumis aux mêmes lois et qu'il en est encore de même de la respiration des animaux. Ces faits avaient été expliqués par Stahl, ajoute-t-il, par cette supposition qu'il existerait de la matière du feu, du phlogistique fixé dans les métaux, dans le soufre et dans les corps combustibles ; mais c'est là une hypothèse qui n'est pas nécessaire et tous les faits peuvent s'expliquer d'une façon en quelque sorte inverse, en admettant que la base ou matière spécifique de l'air et

(1) Œuvres, t. II, p. 225 ; dans les Mémoires de l'Académie pour 1777, imprimés en 1780.

des gaz en général, celle de l'oxygène en particulier, est combinée avec un fluide subtil, matière commune du feu et de la lumière, lequel dissout la base de l'air et lui communique son élasticité. Le corps qui brûle s'empare de la base de l'air pendant la combustion, ce qui en augmente le poids; tandis que la matière du feu, privée elle-même de toute pesanteur, s'échappe avec flamme, chaleur et lumière. Ces phénomènes, qui sont extrêmement lents et difficiles à saisir dans la calcination des métaux, sont, au contraire, presque instantanés dans la combustion du soufre, du phosphore et du charbon.

Dans cette opinion, poursuit Lavoisier, donnant une forme pittoresque à sa pensée, l'oxygène est le véritable corps combustible et peut-être le seul de la nature. Il méconnaissait ainsi l'opposition nécessaire entre les corps comburants et les corps combustibles. Cuvier disait de même, en 1805 : « L'oxygène est le grand réservoir du feu. »

Dès lors, il n'était plus besoin pour expliquer les phénomènes de la combustion, de supposer, comme on l'avait fait de tout temps, qu'il existe une grande quantité de feu fixée dans les corps combustibles.

C'était au contraire dans l'oxygène gazeux seul que résidait la matière impondérable du feu.

Lavoisier ajoutait encore que le dégagement de la matière du feu devait être moindre dans la combustion du charbon formant de l'acide carbonique, que dans celle du soufre formant de l'acide sulfurique, en raison de l'état gazeux de l'acide carbonique; mais sa théorie était imparfaite à cet égard, car elle ne rendait pas compte de la combustion vive du charbon, opérée par certains oxydes qui renferment de l'oxygène déjà fixé et solidifié par son union avec le métal.

Quoi qu'il en soit de ce côté de la question, sur lequel on va revenir tout à l'heure, l'idée générale de la combustion proposée par Lavoisier était juste et profonde.

Pour mieux comprendre la nouveauté et la portée de ces idées, il suffit de rappeler qu'au même moment Scheele, l'un des plus grands inventeurs en chimie qui aient vécu, regardait la chaleur comme composée par la combinaison du phlogistique avec l'air du feu (oxygène) : ses composants étaient réputés pesants ; mais leur union donnait lieu à une substance sans pesanteur et capable de traverser le verre.

Au contraire, Lavoisier établissait une séparation radicale entre la matière pesante, constitutive des métaux, des corps combustibles et de l'oxygène, matière dont la balance constatait l'invariabilité avant, pendant et après la combustion, d'une part ; et de l'autre, le fluide igné, dont l'introduction, par une source extérieure, ou le départ, pendant la combustion même, ne concourait ni à augmenter le poids des corps, ni à le diminuer : contrairement à ce que supposaient tour à tour, et suivant les cas, les partisans du phlogistique.

Il est vrai que le charbon, le soufre, le phosphore, enflammés en vase clos par une lentille, brûlent avec flamme et lumière ; mais il faut pour cela la présence de l'oxygène, et la chaleur ainsi produite se dissipe au dehors, sans que le poids du vase ou de son contenu éprouve le moindre changement.

Boerhaave et d'autres avaient déjà constaté que la chaleur accumulée dans les corps sous une forme sensible, dans une barre de métal rougi par exemple, n'en change pas le poids; mais il s'agissait de phénomènes purement physiques et toute la chimie reposait alors sur une hypothèse opposée. Le même Boerhaave écrivait en 1754, quelques années avant Lavoisier : « La chimie nous a fait voir qu'elle sait réduire le feu, qu'elle peut le fixer, le peser, l'unir aux corps, l'en chasser. » La distinction absolue entre la matière pondérable et les fluides éthérés soustraits à l'action de la pesanteur, dans l'ordre chimique aussi bien que dans l'ordre physique, est fondamentale en philosophie naturelle : c'est Lavoisier qui l'a clairement aperçue et démontrée.

CHAPITRE VIII

C'est ainsi que Lavoisier, généralisant de plus en plus
les problèmes qui se présentaient à lui, fut amené à
transporter ses recherches, jusque-là purement chimiques, dans l'ordre de la physique proprement dite. Il dut
s'occuper de la chaleur et de ses effets, d'abord au point
de vue de la constitution physique des gaz, qu'il a concouru à fixer sur ses bases véritables; puis dans ses relations directes avec les phénomènes chimiques : la logique
même de la discussion relative au phlogistique l'obli-
geait à entrer dans ce noúveau domaine.

En effet, tout n'était pas chimère et illusion dans la
théorie du phlogistique. Elle reposait sur ce fait parfai-
tement exact que, dans les réactions chimiques, et spécialement dans les combustions et oxydations, quelque
chose est perdu; mais ce quelque chose n'est pas une
matière pondérable, c'est de la chaleur, c'est-à-dire une
chose dont on ne saurait, même aujourd'hui, affirmer
la nature substantielle. Est-ce un fluide, une matière
réelle? est-ce un mouvement actuel, une virtualité,
ou moins encore, une énergie? Nous n'avons pas

cessé de discuter sur tous ces points : ils étaient déjà impliqués dans la vieille théorie du phlogistique.

Lavoisier ne pouvait échapper à la difficulté de ces problèmes, il y applique tout d'abord des conceptions réalistes, analogues à certains égards, — sauf ce qui touche les questions de poids, — aux notions qu'il venait de renverser. Il substantifie la chaleur dans un fluide igné, matière commune du feu, de la chaleur et de la lumière : ce qui était conforme, en effet, aux idées que les physiciens s'étaient formés peu à peu, par un travail qui durait depuis le temps de Descartes, inventeur de la matière subtile et même auparavant; car on pourrait remonter jusqu'aux anciens philosophes. Lavoisier créa le nom de *calorique*, depuis fort en honneur, afin de désigner cette matière, et pour mieux caractériser son idée.

Examinons avec lui les conséquences de cette conception, dans l'ordre des phénomènes purement physiques, puis dans l'ordre des phénomènes chimiques proprement dits. Il les a poursuivies dans ces deux domaines avec sa force logique ordinaire, mais en employant le langage de son temps, qui a parfois quelque chose d'étrange pour nous. Rappelons d'abord comment il comparait étroitement le rôle du calorique à celui de l'eau, dans les actions physiques et chimiques. « Le rôle de l'eau, disait-il, est double, suivant qu'il s'agit de l'*eau de combinaison*, c'est-à-dire de l'eau unie aux sels neutres et aux acides pour former ce que nous appelons aujourd'hui des composés définis; ou bien *de l'eau de dissolution*, qui tend à se mettre par sa masse toute entière et en proportion indéfinie en équilibre avec les sels qu'elle dissout.

« De même, ajoute-t-il, il convient de distinguer dans les corps le *feu de dissolution*, c'est-à-dire le feu libre, celui qui se borne à élever la température des corps, dirions-nous aujourd'hui, et le *feu de combinaison*. Ces expériences ont vieilli ; mais c'étaient à peu près, dans l'ordre de la chimie, les mêmes idées que Black venait d'exprimer en physique, en distinguant la *chaleur libre* et la *chaleur latente*, expressions qui ont subsisté jusque dans les traités de physique moderne.

« Si la combinaison nouvelle renferme moins de matière du feu qu'il n'en existait dans son état précédent, ajoute Lavoisier, une portion du fluide igné, précédemment combiné avec ses composans, devient feu libre et elle se dissipe avec élévation de température. Réciproquement, il y a refroidissement, toutes les fois qu'il y a absorption de la matière du feu dans une combinaison. C'est précisément ce qui arrive pendant l'évaporation : elle donne lieu à une absorption de chaleur, et par suite à un refroidissement. Les machines à froid de nos jours, où l'on évapore de l'ammoniaque ou de l'acide sulfureux, sont fondées sur ces principes, que les physiciens avaient reconnus dès la fin du xviiie siècle. Lavoisier ajoute avec eux, et ici ses idées prennent une importance capitale, Lavoisier ajoute que presque tous les corps peuvent exister dans trois états différents : ou dans l'état solide, ou sous la forme liquide, c'est-à-dire fondue, ou bien dans l'état d'air ou de vapeurs. Ces trois états généraux ne dépendent que de la quantité plus ou moins grande de la matière du feu dont les corps sont pénétrés et avec laquelle ils sont combinés. Les substances aériformes contiennent ainsi une grande quantité de feu combiné. La volatilité des corps est leur

propriété de se dissoudre dans le fluide igné. « Les
mots mêmes : airs, vapeurs, fluides aériformes, n'expriment qu'un mode de la matière; ils désignent une
classe de corps infiniment étendue[1].»

Ces théories sont aujourd'hui devenues vulgaires;
mais elles avaient alors un grand caractère de nouveauté. On voit qu'elles identifiaient les gaz, récemment découverts par Priestley et par d'autres, avec les
vapeurs connues de tout temps, mais que beaucoup
s'efforçaient encore d'en distinguer.

A l'appui de ces de idées[2], Lavoisier institue une expérience destinée à montrer que la vapeur d'éther, re-
cueillie sur un bain dont la température surpasse 36°,
se comporte comme un gaz et en offre toutes les propriétés : il répète la même démonstration sur la vapeur
d'alcool, au voisinage de la température de l'eau bouillante.

On voit très clairement ici comment s'est opéré le
passage entre la notion des éléments des anciens,
réputés autrefois substantiels, et la conception nouvelle
des états purement phénoménaux de la matière. Les
travaux de Lavoisier sur le phlogistique ont eu une
grande part à cette transformation; en même temps
qu'ils faisaient sortir les théories de la chimie de cet état
d'isolement et de mystère où elles étaient demeurées
jusque-là, pour les faire entrer dans le domaine général

(1) *Sur la combinaison de la matière du feu avec les fluides évapo-
rables et sur la formation des fluides élastiques aériformes.* Œuvres,
t. II, p. 212. — Mémoires de l'Académie pour 1777, imprimés en 1780.

(2) *Sur quelques fluides que l'on peut obtenir dans l'état aériforme
à un degré de chaleur peu supérieur à la température moyenne de la
terre.* Œuvres, t. II, p. 261. — Mémoires de l'Académie pour 1780,
imprimés en 1784.

et chaque jour agrandi des sciences mathématiques et physiques.

De là la faveur que sa réforme rencontra chez les esprits les plus solides et les plus réputés de l'Académie; c'est à ce moment que fut écrite cette page célèbre, où Lavoisier poursuit, dans l'ordre cosmologique, les conséquences de son système.

« Considérons un moment ce qui arriverait aux différentes substances qui composent le globe, si la nature en était brusquement changée. Supposons, par exemple, que la terre se trouvât tout à coup transportée dans une région beaucoup plus chaude du système solaire, dans la région de Mercure, par exemple.... Bientôt l'eau et tous les fluides susceptibles de se vaporiser à des degrés voisins de l'eau bouillante, et le mercure lui-même, entreraient en expansion; ils se transformeraient en fluides aériformes ou gaz, qui deviendraient parties de l'atmosphère.... Par un effet contraire, si la terre se trouvait tout à coup placée dans des régions très froides, l'eau qui forme aujourd'hui nos fleuves et nos mers et probablement le plus grand nombre des fluides que nous connaissons, se transformerait en montagnes solides, en roches très dures.... L'air, dans cette supposition, ou au moins une partie des substances aériformes qui le composent, ne cesseraient sans doute d'exister dans l'état de vapeurs élastiques, et il en résulterait de nouveaux liquides dont nous n'avons aucune idée. »

Il était réservé à nos contemporains de réaliser jusqu'au bout ces brillantes hypothèses; nos yeux ont vu l'air et les gaz qui le composent prendre l'état liquide, sous les influences combinées du froid et de la pression. Déjà, il y a plus d'un demi-siècle, Faraday avait manifesté en acte la possibilité de liquéfier les nouveaux gaz de Priestley, possibilité que Lavoisier annonçait en ces termes, le lendemain même de la découverte de l'acide chlorhydrique (gaz muriatique d'alors) : « Il est probable qu'en le soumettant à une pression très forte et à un degré de refroidissement très considérable, on parviendrait à réduire le gaz muriatique à l'état de solide ou de liquide. »

Les conceptions sur la constitution de l'air, que Lavoisier exprimait sous une forme si frappante, ne lui étaient pas purement personnelles, comme on pourrait le croire, en se bornant à lire ses *Œuvres*. Déjà Boerhaave disait, presque dans les mêmes termes que le vieil alchimiste grec Olympiodore : « Le feu est la source du premier mouvement. » Il le regarde comme la cause de la fluidité des autres corps, de l'air et de l'eau par exemple, et il ajoute : « Que toute l'atmosphère serait réduite en un corps solide par la privation du feu. » Macquer développe aussi les mêmes idées : « La difficulté de nous procurer un froid suffisant, dit-il, est peut-être la seule cause pour laquelle nous n'avons jamais vu d'air solide. »

La netteté de ces idées contraste avec les chimèresque des chimistes du plus haut mérite, mais imbus des préjugés de l'école et peu au courant des théories des physiciens, continuaient à se faire à la même époque sur la chaleur et sur la constitution des gaz. C'est ainsi que Scheele regardait la chaleur comme une combinaison d'air fixe (acide carbonique), surchargé de phlogistique; tandis que l'oxygène était pour lui de l'air fixe dulcifié par le phlogistique. La confusion entre les matières douées de pesanteur et celles qui en sont destituées est ici complète. « La chaleur, disait encore Scheele, unie avec très peu de phlogistique, devient lumière; si on l'en surcharge, elle devient air inflammable, » c'est-à-dire hydrogène, etc.

Le ferme esprit de Lavoisier lui-même n'est pas exempt d'un côté romanesque quand il cherche à trop approfondir ces questions. Non seulement il s'attache d'une façon absolue à la matérialité de la chaleur, envisagée comme élément constituant des gaz; mais il suppose encore, en 1777, qu'il existe des fluides plus subtils que les gaz, moins que le calorique, capables de pénétrer les pores de certaines substances avec plus ou moins de facilité : tels seraient, à ses yeux, les fluides magnétiques et électriques. Il attribuait alors l'aurore boréale et les météores ignés à l'existence et à l'inflammation locale d'une couche d'hydrogène, que sa légèreté spécifique aurait fait monter dans les régions élevées de l'atmosphère. Au-dessus de cette couche, il existerait encore une couche plus ténue, constituée par le fluide électrique, etc. La notion si claire et si précise des gaz pesants et coercibles finissait ainsi par se dissoudre, en quelque sorte, en une série d'intermédiaires hypothétiques, qui se confondaient peu à peu avec la notion extrême et plus obscure des fluides impondérables.

CHAPITRE IX

SUR LA NATURE DE LA CHALEUR ET SUR SA MESURE
EN CHIMIE

Hâtons-nous d'arriver sur un terrain plus ferme, je veux parler du développement de la théorie du calorique dans l'explication des phénomènes chimiques : il s'agit d'un point capital dans l'histoire de la science. Ce développement a fait pendant près de dix ans l'objet des expériences de Lavoisier. Il débuta dans cette nouvelle carrière en 1777; mais il ne tarda pas à s'associer pour les poursuivre avec Laplace, alors à ses débuts : c'est ainsi qu'ils ont jeté en commun les premiers fondements de la thermochimie. C'était toujours la suite logique du système général, inauguré par Lavoisier et poursuivi par lui avec une infatigable persévérance.

En effet, ses découvertes avaient transformé les idées régnantes en chimie sur la combustion. Il avait établi cette vérité inattendue que dans la combustion il n'y a ni formation, ni disparition de matière pondérable, contrairement aux opinions reçues avant lui. Lavoisier avait prouvé que l'intervention des gaz suffit à expliquer les augmentations et les diminutions de poids observées, et il avait appuyé ces découvertes par des mesures poussées jusqu'au dernier degré d'exactitude. Mais cette explication, je le répète, laissait en dehors deux phénomènes fondamentaux, que la théorie du phlogistique avait réussi à embrasser dans le cadre de ses explications : je veux parler des dégagements de chaleur et de lumière qui accompagnent la combustion et qui ont frappé si fortement et de tout temps l'esprit des hommes.

Lavoisier cependant avait cherché à expliquer ces phénomènes. Pour lui, ils étaient dus à la séparation d'une matière spéciale, matière d'un caractère particulier et impondérable : la matière du feu, ou fluide igné, dont la combinaison avec la matière pondérable de l'oxygène, de l'hydrogène, de l'azote, etc., constitue ces gaz dans leur état présent. Lorsque le gaz oxygène se combine aux métaux et aux corps combustibles, il perd la chaleur à laquelle il était combiné précédemment et qui le maintenait à l'état aériforme.

La combustion devient ainsi un véritable phénomène de substitution, opérée entre la matière impondérable du feu, qui s'échappe avec flamme, chaleur et lumière, et la matière pondérable du soufre, du phosphore ou du charbon qui demeure combinée avec la base, pondérable aussi, de l'oxygène[1]. Les mêmes phénomènes se produisent, mais avec plus de lenteur, dans la calcination des métaux.

Voilà par quelle suite d'idées Lavoisier fut conduit à mesurer la quantité de chaleur mise à nu et dissipée sous forme libre dans la combustion.

Après divers tâtonnements dont ses Registres de labo-

----

(1) Œuvres de Lavoisier, t. II, p. 229.

ratoire portent la trace, il crut devoir s'associer avec un homme plus jeune que lui et plus exercé aux spécula-ions physiques et mathématiques, de Laplace, esprit non moins puissant d'ailleurs et qui devait être plus tard le législateur de la Mécanique céleste. Lavoisier et Laplace travaillèrent ensemble pendant les années 1782 et 1783 pour mesurer la quantité exacte de la chaleur dégagée par la combustion des corps[1]. Le résultat fut digne de ce que l'on pouvait attendre de l'association de deux hommes de génie.

Leur Mémoire débute par des considérations générales sur la nature de la chaleur, considérations qui n'ont pas perdu leur valeur, même de nos jours, après un siècle de recherches approfondies dans toutes les branches de la physique et de la chimie. Le problème y est envisagé d'une manière plus large que Lavoisier ne l'avait fait jusque-là. « Les physiciens, disent nos auteurs, sont partagés sur la nature de la chaleur. Plusieurs d'entre eux la regardent comme un fluide répandu dans toute la nature et dont les corps sont plus ou moins pénétrés... Il peut se combiner avec eux, et dans cet état il cesse d'agir sur le thermomètre et de se communiquer d'un corps à l'autre. »

Cette opinion n'était autre que celle de la chaleur latente des physiciens ; c'était celle que Lavoisier avait soutenue jusque-là et qu'il reproduisit de la façon la plus expresse, pour son compte personnel,

(1) *Mémoire sur la chaleur*, lu à l'Académie le 18 juin 1783, et inséré dans ses Mémoires pour 1780, en retard d'impression, qui parurent cette année 1783 même. — Œuvres, t. II, p. 283 à 333. — Les Registres de laboratoire conservent une trace fort étendue de cette col-laboration et des pages entières écrites de la main de Laplace. (Voir plus loin.)

dans son *Traité de chimie*, publié sept ans plus tard[1]. Mais, après avoir présenté cette première opinion, les deux auteurs ajoutent, dans un langage que les savants de notre temps ne désavoueraient pas : « D'autres physiciens pensent que la chaleur n'est que le résultat d'un mouvement insensible des molécules de la matière. On sait que les corps, même les plus denses, sont remplis d'un grand nombre de pores ou de petits vides... Ces espaces vides laissent à leurs parties insensibles la liberté d'osciller dans tous les sens, et il est naturel de penser que ces parties sont dans une agitation continuelle, qui, si elle augmente jusqu'à un certain point, peut les désunir et décomposer les corps : c'est ce mouvement intestin qui, suivant les physiciens dont nous parlons, constitue la chaleur[2]. »

Laplace et Lavoisier continuent leur exposé, en appliquant à la théorie de la chaleur le principe de la conservation des forces vives, la chaleur étant regardée comme la force vive qui résulte des mouvements insensibles des molécules d'un corps. Ils ajoutent qu'ils ne se prononcent pas entre les deux hypothèses, observant que « peut-être ont-elles lieu toutes les deux à la fois »; et ils déduisent de ces idées des conséquences qui sont demeurées celles de la science actuelle, relativement à la conservation de la chaleur dans le simple mélange des corps et à l'invariabilité de la somme des chaleurs dégagées ou absorbées, lorsque l'on revient à un même état primitif, après une suite de combinaisons ou de changements d'état.

Citons encore ce principe que, « dans les change-

(1) Traité de chimie, t. I, p. 4, *et passim.*
(2) Œuvres, t. II, p. 285.

ments causés par la chaleur à l'état d'un système de corps, il y a toujours absorption de chaleur »[1]; principe auquel il suffit d'ajouter qu'il n'est applicable qu'aux phénomènes réversibles, pour le mettre en harmonie avec la science actuelle.

On voit jusqu'à quel point les idées développées dans le Mémoire de Laplace et Lavoisier sur la chaleur sont demeurées, même aujourd'hui, les nôtres. Ces idées remontent d'ailleurs à des sources plus anciennes encore. Elles se rattachent à celles de Descartes et même à celles des philosophes de l'antiquité. « Héraclite et Hippasus, disait déjà l'alchimiste grec Olympiodore, ont soutenu que le feu est le principe de tous les êtres parce qu'il est l'élément actif de toutes choses.[2] »

Quelques années même avant le Mémoire de Laplace et de Lavoisier, on lisait dans les écrits de Macquer, l'un des plus célèbres chimistes de l'époque[3], l'exposé suivant qu'il n'est peut-être pas superflu de rappeler :

« J'ai pensé jusqu'à présent, avec la plupart des physiciens, que la chaleur était une espèce particulière de matière assez subtile pour pénétrer les corps. » Et plus loin: « Tout concourt à indiquer que ce n'est qu'un accident, une modification dont les corps quelconques sont susceptibles et consistant uniquement dans le mouvement intestin de leurs parties et qui peut être produit non seulement par l'impulsion et le choc de la lumière, mais en général par tous les frottements et percussions des corps quelconques. »

Il ajoute à l'occasion de la chaleur qui se dégage par

(1) Œuvres, t. II, p. 314.
(2) Voir mes *Origines de l'Alchimie*, p. 258.
(3) *Dictionnaire de Chimie*, article Feu, 1778.

le mélange d'une liqueur acide et d'une liqueur alcaline,
sans que la tranquillité du système soit en apparence
troublée :

« Les collisions les plus fortes, qui occasionnent les
plus grandes différences de chaleur dans les combinaisons des agents chimiques ne sont point celles des
parties sensibles des corps; mais elles ne se font qu'entre
des particules élémentaires d'une petitesse inconcevable,
dont les mouvements, quoique très violents, sont absolument insensibles à nos yeux. Ces actions, qui se pré-
sentent à nous sous l'apparence trompeuse d'une liqueur
homogène et tranquille, mettent en jeu une multitude
infinie d'atomes, que nous verrions dans une agitation
incroyable, » etc.

On voit ici combien nous sommes loin de cette conception imparfaite, fondée sur la matérialité de la chaleur,
à laquelle Lavoisier s'était particulièrement attaché.
Mais les conséquences de ces idées et la théorie de l'*énergie*, qui les traduit aujourd'hui, ne se sont développées
que soixante ans plus tard. J'ai dû les rappeler cependant,
pour mieux faire entendre le caractère réel et la portée
du progrès accompli par Lavoisier et Laplace. Ce progrès
était considérable, non seulement en théorie, mais dans
la pratique même des expériences.

En effet, les auteurs, après avoir présenté leurs principes généraux, exposent une nouvelle méthode pour
mesurer la chaleur. Au lieu de recourir, comme Black
l'avait fait récemment, à la méthode des mélanges,
fondée sur la mesure des changements de température
d'un système, ils imaginent d'opérer à une température
fixe, à $0°$, en mesurant la quantité d'eau réduite à l'état
liquide par la fusion de la glace; procédé déjà essayé

par un physicien suédois, Wilke, mais avec peu de succès.

Laplace et Lavoisier perfectionnent ce procédé et le rendent rigoureux par l'emploi d'une enceinte de neige, qui protège la glace destinée à l'expérience contre les rayonnements ambiants; précaution nécessaire dans des expériences qui duraient jusqu'à vingt heures. Ils ont déterminé ainsi les chaleurs spécifiques de divers corps et surtout les chaleurs de combustion du charbon, de l'hydrogène et du phosphore, la chaleur de détonation du nitre avec le charbon et le soufre; enfin, dans un autre ordre non moins intéressant, la chaleur dégagée par un cochon d'Inde vivant, enfermé dans l'appareil pendant dix heures.

L'idée fondamentale qui les dirige, au point de vue chimique, est cette imagination imparfaite de Lavoisier, qui attribuait le principal rôle à l'oxygène, et pensait que ce gaz fournit la chaleur des combustions, empruntée à sa provision propre. L'inégalité entre les quantités de chaleur, dégagées par un même poids d'oxygène combiné à différents corps, résulterait alors uniquement de ce qu'une portion de chaleur demeurait unie aux produits de la combinaison : vue fort incomplète des causes véritables qui développent la chaleur en chimie.

C'est dans les expériences sur la détonation du charbon par le nitre, substance concrète qui fournit la base matérielle de l'oxygène, dépouillée de son état de gaz, que l'imperfection de leurs conceptions se manifeste plus particulièrement. Les auteurs n'avaient pas à ce moment cette notion plus étendue, que nous possédons aujourd'hui, et d'après laquelle la chaleur dégagée dans les combinaisons ne préexiste point en réalité dans chacun des composants d'un système, envisagé séparément ; mais elle résulte d'un travail commun accompli pendant les rapprochements et l'échange des molécules hétérogènes.

Quoi qu'il en soit de cette imperfection, les idées de Laplace et de Lavoisier ouvraient à la chimie un champ nouveau. Leurs données expérimentales furent pendant longtemps les seules qu'on ait possédées, pour les théories chimiques, aussi bien que pour les applications pratiques. Si elles ont été, par suite des progrès inévitables de la science, perfectionnées depuis, cela ne diminue en rien le mérite des premiers promoteurs de la thermochimie.

Rappelons en terminant, et pour faire connaître plus complètement le caractère de leur œuvre et l'état des idées de l'époque, quelles questions théoriques on discutait alors. Ce sont celles de la quantité absolue de chaleur contenue dans les corps, l'existence et la valeur du zéro absolu, le calcul hypothétique de la chaleur de combinaison, au moyen des chaleurs spécifiques des composés, comparées à celles des composants. Par exemple, Crawford, en 1779, expliquait la chaleur dégagée dans la combustion et la respiration, en admettant qu'elle résultait de la diminution de la chaleur spécifique de l'oxygène, regardée par lui comme quatre-vingt-sept fois plus grande que celle de l'eau [1]. Il rendait compte de la chaleur dégagée par la conversion de l'oxygène en acide carbonique, en disant que ce dernier gaz possède une chaleur spécifique moindre que celle de l'oxygène : opinion précisément contraire aux relations constatées depuis.

(1) Œuvres *de Lavoisier*, t. II, p. 320.

Si je rappelle ces discussions et ces erreurs, ce n'est pas pour faire une vaine critique des savants qui nous ont précédés; mais c'est afin de bien distinguer les progrès qu'ils ont faits et ceux qui ont été réalisés depuis, par suite de conceptions plus exactes et plus approfondies. Cette distinction est nécessaire. En effet, c'est une illusion commune aux personnes qui relisent les anciens travaux, et surtout ceux des hommes de génie, tels que Lavoisier, que de vouloir y trouver à la fois et les découvertes qu'ils ont réellement faites et celles de leurs successeurs. On affaiblit par cette confusion le vrai mérite des uns et des autres.

Ce qu'il y a de plus important peut-être dans le Mémoire de Lavoisier et de Laplace, après leurs vues générales sur la chaleur, c'est l'étude de la chaleur animale, qui a ouvert une ère physiologique nouvelle : j'y reviendrai tout à l'heure. Mais auparavant il convient de reprendre l'examen des conditions historiques dans lesquelles s'est constitué le système nouveau de la chimie.

CHAPITRE X

DÉCOUVERTE DE LA COMPOSITION DE L'EAU

La connaissance de la composition de l'air avait permis à Lavoisier d'expliquer les phénomènes de la combustion, ainsi que la formation des oxydes et des acides, et la respiration, d'après les idées mêmes que nous exposons aujourd'hui. Cependant elles n'avaient pas porté la conviction dans l'esprit de ses contemporains ; de grands doutes subsistaient, en raison des propriétés et des conditions d'origine du gaz hydrogène, récemment découvert, ainsi que de l'ignorance où l'on était alors de la composition de l'eau. C'est l'intelligence exacte de cette composition qui jeta un jour définitif sur la théorie et détermina l'abandon du système du phlogistique.

Tant que l'hydrogène demeura inconnu, la question de la composition de l'eau ne pouvait pas être posée, ni la solution entrevue. La découverte même de l'hydrogène, faite par Cavendish, en 1767, ne suffisait pas. Dix ans après, en 1778, Macquer disait encore : « L'eau paraît une substance inaltérable et indestructible ; du moins jusqu'à présent il n'y a aucune expérience connue, de laquelle on puisse conclure que l'eau peut être décomposée. » L'eau continuait donc à être regardée, conformément à la tradition de tous les siècles et de toutes les écoles, comme un élément. La formation de l'air inflammable, c'est-à-dire de notre hydrogène, demeurait inexplicable. En effet, les conditions de sa production, par la réaction des acides sur les métaux, semblaient conduire à cette conséquence nécessaire : que l'hydrogène était le vrai principe inflammable des métaux, ce principe si longtemps cherché, que Geber désignait déjà sous le nom de *sulfuréité*, c'est-à-dire principe sulfureux, ou plutôt principe de la volatilité, principe qui était celui dont Lavoisier contestait l'existence réelle.

L'hydrogène apparaît dès qu'on traite les métaux, tels que le fer ou le zinc, par la plupart des acides. Il apparaît également lorsque le fer est attaqué par la vapeur d'eau, et même par l'eau liquide. Si donc l'eau est un élément indécomposable, il paraît nécessaire d'admettre que l'hydrogène résulte de la décomposition du métal, une chaux métallique étant formée simultanément : que cette chaux demeure libre, comme dans la réaction directe du fer sur l'eau, ou qu'elle se combine à l'acide pour engendrer un sel, comme dans la réaction des acides. Nous retournons ainsi à la théorie du phlogistique.

La force de ces raisons était telle qu'à la suite de la découverte de l'hydrogène, la plupart des chimistes le regardèrent comme représentant le principe combustible par excellence, le phlogistique lui-même, ou plutôt comme l'une des formes, et la plus pure, de cet être subtil, que l'on supposait contenu dans les métaux. Telle était l'opinion de Cavendish, qui avait découvert l'hydrogène.

Lavoisier, préoccupé de ces objections auxquelles il ne pouvait faire de réponse solide, rechercha quel était le produit de la combustion de l'hydrogène, produit dont la connaissance devait jeter un jour décisif sur la question. Dès le mois de mars 1774, il écrivait dans son Registre de laboratoire : « J'étais persuadé que l'inflammation de l'air inflammable n'était autre chose qu'une fixation d'une portion de l'air de l'atmosphère, une décomposition d'air... Dans ce cas, dans toute inflammation d'air, il devrait y avoir augmentation de poids » ; et il essayait de s'en assurer en brûlant à l'orifice d'un matras l'hydrogène dégagé au moyen de l'acide sulfurique étendu et du fer. L'année suivante, le 8 avril 1775, il se demande ce qui reste, lorsque le gaz inflammable brûle en entier. Mais, trop imbu de la théorie que tout produit brûlé devait être un acide, il s'attacha surtout à trouver l'air fixé, c'est-à-dire l'acide carbonique, dans cette combustion, au même titre qu'il l'avait constaté dans celle des autres gaz imflammables déjà connus ou entrevus : or, il ne réussit, pas plus que Priestley d'ailleurs, à l'observer. C'est en vain encore qu'en 1777, il brûla avec Bucquet six pintes d'air inflammable, dans une bouteille où il avait mis de l'eau de chaux : celle-ci ne fut pas précipitée. Il ne réussit pas davantage en 1781, travaillant avec Gengembre, dans une expérience où ils enflammèrent un jet d'oxygène lancé dans une atmosphère d'hydrogène, à constater la nature du produit de cette combustion : ni acide carbonique, ni acide sulfureux, ni autre acide ne put être reconnu.

Cependant l'eau, véritable produit de la combustion de l'hydrogène, avait déjà été observée, sans que l'on comprît l'importance de son apparition. Macquer avait vu dès 1775 que la combustion de l'air inflammable laisse déposer des gouttelettes d'eau sur une soucoupe, sans donner lieu à aucune matière fuligineuse. Mais on avait regardé cette eau comme préexistante à l'état de vapeur, ou, comme on disait alors, de dissolution dans le gaz, et étrangère à sa constitution : elle relevait, pensait-on, de l'hygrométrie, qui était alors même l'objet des recherches des physiciens : le gaz, qui lui servait de support, étant détruit par la combustion, l'eau se condensait. On n'avait donc point attaché d'importance à sa manifestation.

On savait pourtant à cette date suivant quels rapports l'hydrogène se combine avec l'oxygène. Priestley avait observé, dès 1774, qu'il faut deux volumes d'air phlogistiqué et un volume d'air inflammable pour produire une combustion exacte et Volta, en 1779, avait proposé de se servir de l'hydrogène pour savoir combien l'air ordinaire contient de gaz respirable, par la combustion dans son eudiomètre. Mais on opérait ces combustions sur l'eau, ce qui empêchait de reconnaître la formation de l'eau elle-même. Volta, préoccupé des problèmes soulevés par Lavoisier, comme tous les savants d'alors, annonce l'intention d'opérer sur le mercure, pour reconnaître s'il se produit un fluide ou un solide, composé de sel ou de terre; le précipité de l'air inflammable devant être, d'après ses idées, un acide, et celui de l'air déphlogistiqué, une terre. Nous ne savons pas s'il a jamais cherché à passer à l'exécution.

Wartlire, habile physicien anglais de l'époque, la réalisa, en enflammant par l'électricité un mélange d'air et d'hydrogène dans un vase sec et clos : il reconnut ainsi que le vase se tapissait d'humidité[1]. Mais il ne comprit pas le sens de son expérience, ayant cru constater que le système diminuait de poids : c'était toujours à ses yeux le phlogistique, ou quelque chose d'équivalent, qui se perdait pendant la combustion. Quant à l'eau condensée, elle était regardée comme préexistante dans l'air, sous quelque forme spéciale; la phlogistication produite par l'action de l'étincelle électrique en déterminait le dépôt.

Cavendish répéta à son tour l'expérience en 1783 et constata que le poids des corps mis en expérience ne change point dans la combustion de l'air inflammable. On ne pouvait donc pas invoquer la fixation ou le départ de la matière du feu, pas plus que dans les combustions précédemment étudiées par Lavoisier. L'hydrogène et l'air brûlé (ou plutôt son oxygène) ne fournissaient d'autre produit condensé qu'une rosée abondante d'eau ordinaire. Cavendish vit en même temps, et c'était le nœud de la question, que la proportion de l'eau ainsi formée était trop considérable pour être expliquée par la simple présence de la vapeur d'eau, préexistante dans les gaz. Toutefois, préoccupé par la formation constante d'un peu d'acide nitrique dans cette combustion, ainsi que par les expériences faites à la même époque par Priestley sur le prétendu changement intégral de l'eau en gaz sous l'influence de la chaleur rouge, Cavendish hésita tout d'abord à tirer les conclusions de sa belle expérience, et même à en faire l'objet d'une publication quelconque. Il ne la présenta pas avant le 19 janvier

---

(1) Wartlire annonça ses résultats dans une lettre datée du 18 avril 1784 et qui fut publiée cette année même dans le VII⁰ volume des expériences de Priestley.

1784 à la Société royale de Londres, avec laquelle il
était pourtant en rapports quotidiens.

A ce moment, le problème avait été complètement
éclairci. En effet, la notoriété des essais de Cavendish
s'était répandue dans le monde scientifique pendant le
printemps de 1783 : il ne pouvait en être autrement, à
une époque où tous les esprits étaient tenus en éveil par
la discussion des théories soulevées par Lavoisier et où
les lettres et les communications verbales donnaient
lieu à un échange incessant des connaissances positives
et des idées controversées. Lavoisier, toujours en éveil
sur la nature des produits de la combustion de l'hydrogène, se trouvait à ce point où la moindre ouverture devait lui en faire comprendre la nature véritable. Il se
hâta de reprendre ses essais, comme il en avait le droit,
n'ayant jamais cessé de s'occuper d'une question qui
touchait au cœur même de son système. Ce fut lui qui
donna le premier d'une façon formelle la signification
réelle et complète des phénomènes.

Entrons dans les détails de cette histoire [1] : les moindres circonstances en ont été controversées. Lavoisier fit
d'abord construire un nouvel appareil, avec un double
ajutage et deux réservoirs à gaz, construction qui dut
exiger un certain temps : cette circonstance prouve

----

(1) Voici quels documents j'ai consultés :

*Mémoire dans lequel on a pour objet de prouver que l'eau n'est pas
une substance simple, un élément proprement dit, mais qu'elle est susceptible de décomposition et de recomposition.* Lu par Lavoisier à l'Académie dans la séance de la Saint-Martin (12 novembre 1783); inséré
dans le volume des Mémoires pour 1781, imprimé en 1784.

Œuvres, t. II, p. 334.

*Mémoire où l'on prouve par la décomposition de l'eau que cette subs-
tance n'est point une substance simple, et qu'il y a plusieurs moyens
d'obtenir en grand l'air inflammable qui y entre comme principe cons-*

qu'il ne s'agit pas d'un essai improvisé du jour au lendemain.

Le 24 juin 1783, il répéta la combustion de l'hydrogène par l'oxygène : il obtint à son tour une notable quantité d'eau pure, sans aucun autre produit, et il conclut des conditions où il avait opéré que le poids de l'eau formée ne pouvait pas ne point être égal à celui des deux gaz qui l'avaient formée. L'expérience fut faite devant plusieurs savants, parmi lesquels Blagden, membre de la Société royale de Londres, qui rappela à cette occasion les observations de Cavendish. Le 25 juin, Lavoisier publia ses résultats; ils sont consignés à cette date dans les Registres officiels des séances de l'Académie des sciences :

« Séance du mercredi 25 juin 1783.

« MM. Lavoisier et de Laplace ont annoncé qu'ils avaient dernièrement répété en présence de plusieurs membres de l'Académie la combustion de l'air combustible combiné avec l'air déphlogistiqué; ils ont opéré sur soixante pintes environ

tituant, par MM. Meusnier et Lavoisier. Lu à l'Académie le 21 avril 1784, publié dans le volume pour 1781 (en 1784).

ŒUVRES, t. II, p. 360.

Registres officiels des séances de l'Académie des sciences, conservés dans les Archives de l'Institut.

Registres inédits de laboratoire de Lavoisier.

Journal de physique de l'abbé Rozier pour 1783 et 1784.

Mémoires de Cavendish dans les *Transactions philosophiques*.

Dictionnaire de chimie de l'*Encyclopédie méthodique*, t. 1, article *Air*, par Guyton de Morveau, p. 728 et suivantes, où se trouve un résumé historique contemporain et fort impartial de la question.

Même ouvrage, t. III, p. 444 (article de Fourcroy).

Éloge de Watt, par Arago. — *Notice sur Monge*, par Dupin.

La découverte de la composition de l'eau, par H. Kopp, 1875 (dans ses *Beitrage zur Geschichte der Chemie*) : on y trouve reproduits ou analysés tous les documents publiés en dernier lieu en Angleterre par Muirhead et d'autres, etc.

de ces airs et la combustion a été faite dans un vaisseau fermé : le résultat a été de l'eau très pure. »

C'est, je crois, la première date certaine de publication, c'est-à-dire constatée par des documents authentiques, dans l'histoire de la découverte de la composition de l'eau : découverte qui a suscité, en raison de son importance, les discussions les plus vives.

En même temps qu'il répétait ces expériences, Lavoisier en conclut, ce que personne n'osait dire officiellement, que l'eau n'est pas un élément; mais qu'elle est composée d'air vital et d'air inflammable, c'est-à-dire d'oxygène et d'hydrogène. Il ne donna pas dès le début la démonstration expérimentale complète, celle de la permanence du poids des deux composants dans le composé.

C'est à Monge qu'est due cette démonstration. Monge poursuivait alors à Mézières l'étude des gaz avec des instruments très exacts, comme Lavoisier le déclare lui-même; il annonça quelques jours après qu'il avait obtenu cette démonstration, dans une lettre que Van der Monde lut en son nom à l'Académie; il avait mesuré séparément les poids de l'hydrogène, de l'oxygène et celui de l'eau résultante. C'est donc Monge qui fournit la preuve rigoureuse de ce fait capital, que l'eau se forme poids pour poids.

Mais c'est par Lavoisier que fut énoncée la première affirmation publique et nette de la composition de l'eau; tandis qu'au même moment Priestley, Monge et Cavendish lui-même mêlaient à l'exposé des faits des notions confuses, empruntées à la théorie du phlogistique et qui voilaient pour eux, aussi bien que pour leurs lecteurs, la simplicité et le caractère fondamental des résultats. Il est facile de le reconnaître par la lecture attentive des textes. Rappelons en effet les opinions de ces auteurs.

Le lendemain même du jour où Lavoisier publiait ses premières expériences sur la synthèse de l'eau, c'est-à-dire le 26 juin 1783, Priestley lisait à la Société royale de Londres un mémoire sur le phlogistique et sur la conversion apparente de l'eau en air, lorsqu'on en fait passer la vapeur à travers un vase de terre chauffé : c'était une erreur, due à la porosité du vase, laquelle donnait lieu à un échange entre la vapeur d'eau qui se dissipait au dehors, et les gaz du fourneau qui pénétraient dans l'intérieur du vase; mais cette erreur explique les hésitations de Cavendish. Watt, qui réclama plus tard pour lui toute la découverte, ainsi que je le dirai tout à l'heure, pensait également que l'eau pouvait être changée en air, si on la chauffe assez fortement pour que toute sa chaleur latente se dégage sous forme de chaleur libre ou sensible.

Monge lui-même regardait comme une hypothèse tout aussi probable que celle de Lavoisier l'opinion que l'hydrogène et l'oxygène sont des combinaisons de l'eau avec des fluides élastiques différents, lesquels par la combustion se changeraient dans le fluide du feu, et s'échapperaient sous forme de chaleur et de lumière. Cette opinion, congénère de celle du phlogistique, et qui rappelle les anciennes idées des physiciens sur les deux fluides électriques adhérents à la surface des corps, maintenait toujours l'eau comme un élément indécomposable.

Ainsi Lavoisier fut tout d'abord le seul qui vit clairement et qui osa annoncer publiquement le caractère exact et l'importance de la formation de l'eau dans la combustion de l'hydrogène : les autres savants étaient trop engagés dans les liens des anciennes théories pour avoir une conception décidée à cet égard. Il y revint à plusieurs reprises, en perfectionnant sans cesse sa démonstration. Le 12 novembre 1783, à la Saint-Martin, dans la séance publique de l'Académie, il lut son Mémoire « sur la nature de l'eau et sur les expériences qui paraissent prouver qu'elle est susceptible de décomposition et de recomposition »; mémoire dont un extrait a été donné en décembre dans le *Journal de Physique* de l'abbé Rozier; c'est, à ma connaissance, le premier texte imprimé sur la question.

Si j'insiste sur ces divers points, ce n'est pas pour faire à Lavoisier la part trop belle, en montrant quelque injustice envers ses rivaux, dont la participation à l'invention n'est pas douteuse et a été reconnue par lui tout le premier. Mais il est essentiel de tenir compte des textes imprimés, où les auteurs se décident pour la première fois à livrer au public sous une forme précise des pensées, jusque-là flottantes et incertaines à leurs propres yeux, et à en prendre la responsabilité. Les idées non publiées se transforment incessamment et il est fort délicat d'en reconnaître la vraie filiation, tant qu'elles n'ont pas été fixées formellement et publiquement par l'impression. L'histoire même de la découverte que je rapporte ici en fournit l'exemple.

Mais poursuivons l'exposé des travaux personnels de Lavoisier, avant de revenir à ceux de ses émules. Son mémoire détaillé fut imprimé seulement en 1784, dans le volume de l'Académie relatif à l'année 1780 : il garde la trace des perfectionnements nouveaux et légitimes que Lavoisier ne cessait d'apporter à ses recherches.

Les preuves, en effet, ne pouvaient être trop multipliées.

L'opinion relative à la nature composée de l'eau, paraissait alors singulièrement hasardée. Bachaumont dans sa *Correspondance*[1] en fait mention dans ces termes, qui montrent comment elle était appréciée par les gens éclairés de l'époque : « M. Lavoisier, ami des systèmes nouveaux, prétend que l'eau n'est pas un élément, comme on l'a toujours cru ; qu'elle se décompose et se recompose à volonté. »

Aussi Lavoisier ne cessa-t-il d'y revenir pendant plusieurs années, répétant l'expérience de la synthèse de l'eau sur une échelle de plus en plus grande et avec une précision de plus en plus considérable, en même temps qu'il en démontrait l'analyse, par d'autres séries d'observations.

En février 1785, il poursuivit ses recherches avec Meusnier, lieutenant au 5e corps du génie, et ils composèrent l'eau en grande quantité, dans un appareil irréprochable ; ils opérèrent en présence d'une commission de l'Académie, avec des procès-verbaux dressés et paraphés jour par jour et qui ont été conservés. Leur appareil est, je crois, le premier type des appareils à combustion continue des mélanges gazeux. L'eau produite pesait 3188 grains, c'est-à-dire 45 grammes environ.

Lefèvre-Gineau refit encore plus en grand l'expérience en 1788, au Collège de France. Seguin et Vauquelin la répétèrent en 1790, au laboratoire de Fourcroy. On sait enfin que, de nos jours, Dumas l'a reproduite, sur une échelle plus considérable encore.

Mais revenons aux travaux parallèles de Cavendish.

(1) T. XXIII, p. 258.

Cavendish, en effet, avait poursuivi en Angleterre ses recherches originales, dans l'intérieur de son laboratoire, mais toujours sans rien publier : ce qui ne nous permet pas de savoir dans quelle mesure elles ont pu et dû être influencées, même à son insu, par les publications réitérées de Lavoisier, qui pendant ce temps levait tous les nuages et éclaircissait toutes les incertitudes. L'influence réciproque exercée entre plusieurs savants qui courent une même carrière est souvent difficile à déterminer ; surtout s'il existe, comme dans la circonstance présente, des intermédiaires qui établissent entre eux des communications orales, dont les contemporains eux-mêmes ne sauraient fixer le caractère et l'étendue.

La découverte de la composition de l'eau a été l'objet d'une controverse si ardente, que l'on a poussé dans ces dernières années les investigations jusqu'à l'examen des lettres privées et des Registres d'expériences. Mais autant une semblable recherche est intéressante pour pénétrer la marche des idées d'un homme de génie et sa pensée intime ; autant elle serait délicate et dangereuse, si l'on prétendait en tirer des arguments absolus dans des questions de priorité, relatives à la démonstration définitive des faits scientifiques. On confie souvent au papier, quand on écrit pour soi seul, ou même pour ses amis, des idées imparfaites et des essais incomplets, dont on n'accepterait pas la responsabilité publique. Manuscrits, lettres et cahiers de laboratoire d'ailleurs ont été, plus d'une fois, modifiés, corrigés et interpolés après coup, à dessein ou sans mauvaise intention. C'est ainsi que Blagden, qui réclama plus tard avec beaucoup d'âpreté les droits de son compatriote et maître Cavendish, a antidaté de sa propre main quelques pages de ce dernier [1]. On pourrait être exposé au même péril, si l'on se servait sans précaution des Registres de laboratoire jusqu'ici inédits de Lavoisier.

Cependant Cavendish se décida enfin à publier ses travaux sur la combustion de l'hydrogène. Il en fit l'objet d'une première lecture devant la Société royale de Londres, le 15 janvier 1784 [2]. Il y constate que la combustion de l'air inflammable (notre hydrogène) par l'air déphlogistiqué (notre oxygène) produit une grande quantité d'eau ; mais il observe qu'il se forme en même temps un peu d'acide nitrique. En effet, l'eau qu'il avait obtenue était acide : 30 grammes traités par la potasse ont fourni deux grains de nitre. Cavendish entre dans de longs détails sur ce point, qui l'avait frappé et qui devait bientôt le conduire à une autre découverte capitale, celle de la synthèse totale de l'acide nitrique, mais qui, dans le cas actuel, troublait ses idées. Le Mémoire complet de Cavendish a été publié plus tard encore, en 1785 ; les explications qu'il renferme montrent combien la pensée de Cavendish était restée, même deux ans après ses premiers essais, vacillante et, à quelques certains égards, confuse. En effet, l'acide nitrique formé dans la combustion de l'hydrogène rend ses conclusions incertaines. Il admet que cet acide peut provenir de ce que l'oxygène contient déjà un peu d'acide nitrique, soit mélangé, soit entrant dans sa constitution ; ou bien encore, de ce qu'une partie de l'air phlogistiqué (notre azote) mélangé à l'oxygène, a été dépouillée de son phlogistique par l'action même de l'oxygène

(1) H. Kopp. *La découverte de la composition de l'eau*, p. 258.
(2) Un résumé a paru aussitôt dans le *Journal de Physique* de Rozier, t. XXV, p. 147.

dans la combustion et changée par là en acide nitrique. Cavendish supposait ainsi, entre autres, que l'azote peut contenir de l'hydrogène ; et, ce qui est plus grave, la notion de la conservation du poids total de la matière pondérable et même la constitution invariable de plusieurs de nos corps simples actuels ne lui apparaissaient pas comme des principes fondamentaux. « L'eau, déclare finalement Cavendish, se produit par l'union de l'air déphlogistiqué (oxygène) avec le phlogistique ; et l'air inflammable (hydrogène) peut être regardé soit comme du phlogistique pur, soit comme de l'eau unie au phlogistique. » On voit que, d'après la dernière alternative de Cavendish, l'eau demeurait un élément.

Si je rappelle ces incertitudes et ces opinions erronées, ce n'est nullement pour diminuer la gloire de Cavendish, l'un des plus puissants esprits scientifiques du siècle dernier, ni pour amoindrir l'originalité de ses expériences ; mais c'est pour en bien fixer le caractère historique, dans ses rapprochements comme dans ses contrastes avec l'œuvre de Lavoisier. Si Lavoisier n'a pas eu la pleine initiative des faits, si Cavendish l'a précédé à cet égard, si Monge et Priestley ont participé à leur étude progressive, ce qu'on ne saurait contester à Lavoisier, c'est qu'il ait eu d'abord la claire vue de la théorie ; théorie que ses travaux antérieurs sur le rôle de l'oxygène dans la formation des oxydes et des acides devaient faire pressentir à tous les chimistes éclairés de l'époque. Il osa le premier proclamer nettement et publiquement la composition de l'eau, vérité qui est devenue l'une des pierres angulaires de la science chimique. S'il l'a fait tout d'abord et hardiment, alors que les autres savants hésitaient encore sur l'interprétation des faits, c'est

parce que son esprit était libre des entraves de cette
hypothèse du phlogistique, qui troublait à la fois le langage et la pensée de ses contemporains. Cette conclusion,
extraordinaire pour eux, venait se placer tout naturelle-
ment dans le cadre de sa nouvelle doctrine : il sut en
tirer aussitôt les applications les plus diverses aux points
essentiels de la science. Le rôle de Lavoisier et ses droits
à la démonstration de la composition de l'eau sont donc
certains.

Cependant, quand la découverte fut définitivement
connue et mise hors de contestation par les travaux con-
cordants de Cavendish, de Lavoisier et de Monge, il se
présenta quelqu'un pour en réclamer la priorité et, bien
plus encore, pour accuser amèrement Cavendish et Lavoisier : « ces riches, ces membres des Académies », de
piraterie scientifique. Ce quelqu'un n'est pas le premier
venu, c'est Watt, qui lui aussi a été un grand inventeur,
un homme de génie. Enfin l'un de nos savants français
les plus célèbres, Arago, entraîné par le désir de grandir
Watt dont il écrivait en ce moment l'éloge, s'est fait l'écho
de sa réclamation et lui a donné après coup un crédit
qu'elle n'avait pas eu devant les contemporains. Il est
donc nécessaire d'examiner ici la réclamation de Watt.
Voici comment elle se produisit.

Le 29 avril 1784, alors que la composition de l'eau
avait été complètement éclaircie par les expériences et
les publications de Cavendish, de Lavoisier et de
Monge, on lut devant la Société royale de Londres une
lettre de Watt à de Luc, savant genevois, lettre non publiée jusque-là et que Watt avait écrite en novembre
1783. I' y rappelle que le 21 avril 1783 il avait adressé

une première lettre à Black [1], lettre dans laquelle il rapportait diverses expériences de Priestley sur la combustion d'un mélange d'oxygène et d'hydrogène, avec formation d'eau et ajoutait : « Ne sommes-nous pas autorisés à conclure que l'eau est composée d'air déphlogistiqué et d'air inflammable, ou phlogistiqué, privé d'une partie de sa chaleur latente ; et que l'air déphlogistiqué est composé d'eau privée de son phlog.stique et unie à la chaleur et à la lumière ? et si la lumière est seulement une modification de chaleur, ou un composant du phlogistique, que l'air pur consiste en eau privée de son phlogistique et de sa chaleur latente ? » Ce texte semble clair à première vue. Mais c'étaient là de simples aperçus, non appuyés par des expériences personnelles à l'auteur, dont le langage confond encore la matière pondérable avec la matière de la chaleur et de la lumière ; ils ont d'ailleurs le simple caractère d'une communication privée, à laquelle il serait illégitime et inique d'attribuer la portée d'une publication véritable. Cette réserve est rendue plus fondée encore par les circonstances suivantes.

Watt s'était hâté tout d'abord de communiquer ses vues par écrit à trois ou quatre personnes ; et il avait adressé à Priestley lui-même, le 26 avril 1783, une lettre confirmative, destinée à être lue à la Société royale. Si cette lettre avait été publiée à ce moment, elle aurait modifié en effet le caractère et la valeur de l'intervention de Watt. Mais ici les faits changent de nature : la publication n'eut pas lieu, et ce fut Watt qui l'interdit lui-même, avant que Priestley eût trouvé l'occasion de la faire. Watt, craignant de se tromper, s'était hâté de renoncer à son an-

(1) H. Kopp. *La découverte de la composition de l'eau*, p. 264, note.

nonce projetée, avec la même précipitation qu'il avait mise
d'abord à écrire ses lettres. En effet, averti de l'existence
de nouvelles expériences de Priestley qui remettaient
tout en doute, il demanda au président de la Société
royale d'ajourner la lecture de sa lettre ; il demeura en
suspens et s'abstint de toute publication jusqu'à l'année
suivante : c'est-à-dire qu'il garda prudemment le silence
tant que la question demeura incertaine, se réservant
d'en réclamer la priorité, lorsqu'elle eût été définitivement éclaircie par des travaux auxquels il n'avait pris
aucune part.

Dans ces conditions, quelles qu'aient les opinions privées de Watt et leurs variations, il semble difficile de lui
attribuer un rôle soit dans la découverte des faits, soit
dans la découverte de leur interprétation. Je ne pense
pas qu'il y ait lieu de s'arrêter à sa réclamation ; car
une opinion privée, et que l'auteur a regardée comme
assez incertaine pour refuser de la laisser publier, ne
donne aucun droit pour réclamer après coup, lorsque la
question est tranchée par les travaux d'un autre savant,
le mérite du service rendu à la science.

Une correspondance particulière comporte toute sorte
de diversités et de contradictions même, dans les opinions
de son auteur ; mais elle ne rend, je le répète, aucun service à la science générale. S'il était permis de profiter
de documents de ce genre pour en extraire après coup et
uniquement les idées exactes, vérifiées par d'autres
observateurs, et pour en réclamer la priorité, rien ne
serait plus aisé que de devancer ainsi le lent et pénible
travail des démonstrations, dans les questions sur lesquelles l'attention publique est fixée, et dont chacun
pressent les solutions probables. On arriverait par là à

s'approprier par voie détournée toutes les découvertes. C'est ainsi qu'un inventeur industriel se hâte souvent de breveter toutes les découvertes, réelles ou supposées, dont il peut entendre parler, afin de s'en assurer à l'avance la propriété. La gloire de Watt est grande et légitime dans un autre domaine; mais il ne semble pas avoir rien à réclamer ici.

En résumé, les principaux chimistes d'alors recherchaient depuis quelques années quels étaient les produits de la combustion de l'hydrogène, et spécialement s'il s'y produisait un acide, tel que l'acide carbonique: incertitude entretenue par la confusion qui régnait dans la connaissance des divers gaz combustibles. Le nouveau système de Lavoisier tenait à cet égard tous les esprits en éveil. Survinrent les expériences de Cavendish qui donnèrent le branle aux esprits vers la solution définitive, en montrant que le produit principal était de l'eau. Mais il n'osa les publier d'abord, à cause de l'incertitude de ses vues théoriques sur le rôle du phlogistique et de ses observations sur la formation simultanée de l'acide nitrique. Elles avaient cependant reçu une certaine publicité imparfaite, par la voie des communications verbales. Ces expériences furent répétées par Lavoisier, qui en comprit pleinement la signification, et par Monge, qui en rendit la démonstration pondérale tout à fait rigoureuse. Enfin Lavoisier osa le premier dire le mot décisif, dans une séance publique de l'Académie des sciences, puis dans les journaux scientifiques du temps : c'est à lui qu'appartient le mérite d'avoir fixé la science sur cette question capitale de la composition de l'eau.

C'était en même temps le dernier pas qui restait à

faire pour renverser la théorie du phlogistique et amener une conviction universelle.

Cependant, suivant son usage, Lavoisier accumule les preuves de la vérité nouvelle, qui demeura contestée pendant plusieurs années; tant elle était contraire aux idées traditionnelles sur le caractère de l'eau. Il en profita pour donner à sa doctrine générale une extension plus grande. Les ordres de phénomènes qu'il aborda aussitôt pour les expliquer sont la formation de l'eau dans la réduction des oxydes métalliques par l'hydrogène, ainsi que dans la combustion des matières organiques. Si l'on ajoute que dans cette dernière combustion, il se forme de l'acide carbonique, on comprendra comment l'analyse élémentaire des matières organiques fut ainsi démontrée pour la première fois et la nature de la fermentation alcoolique éclaircie. Lavoisier ne manqua pas avec sa logique ordinaire de tirer toutes ces conséquences et de les appuyer par une suite d'expériences. En même temps, complétant la synthèse par l'analyse, il démontra la décomposition de l'eau par les métaux, soit seuls, soit avec le concours des acides: phénomène demeuré jusque-là obscur et invoqué comme l'une des preuves les plus certaines à l'appui de leur théorie, par les partisans du phlogistique.

Résumons brièvement ces nouvelles recherches. Priestley avait observé que le minium, placé dans une cloche remplie d'air inflammable et chauffé à l'aide d'une lentille, absorbe ce gaz, en même temps que le métal se revivifie : il en avait conclu que l'air inflammable, c'est-à-dire l'hydrogène, est le véritable phlogistique. Lavoisier reconnut aussitôt que dans l'expérience il se forme de l'eau, que Priestley n'avait pas aperçue.

En d'autres termes, l'hydrogène n'avait pas disparu en se fixant sur le métal; mais *il demeurait uni avec l'oxygène combiné précédemment dans la chaux métallique*, précisément comme il pourrait le faire en présence de l'oxygène libre.

Dans cette circonstance, Lavoisier avait conclu de la préexistence constatée de l'hydrogène à la formation nécessaire de l'eau. Dans celle que nous allons exposer, il conclut au contraire de la formation constatée de l'eau à la préexistence nécessaire de l'hydrogène : il s'agit de la combustion des matières organiques.

L'eau se forme en effet en abondance dans la combustion des matières organiques. On savait en particulier, depuis le commencement du xviiie siècle, que l'eau était le seul produit apparent de la combustion de l'alcool, et l'on n'avait pas réussi à en constater d'autres, à une époque où l'acide carbonique et l'oxygène étaient inconnus. On était donc forcé de regarder l'eau ainsi obtenue comme l'un des éléments préexistants de l'alcool. Lavoisier répète cette expérience, en condensant avec soin l'eau formée, et il en recueille un poids supérieur d'un sixième à celui de l'alcool [1] brûlé. Cet excès de poids seul, sans autre mesure, prouvait que l'eau ne préexistait pas dans l'alcool, mais qu'elle avait été formée en partie dans sa combustion, c'est-à-dire aux dépens de l'hydrogène de la matière organique et, pour une portion au moins, aux dépens de l'oxygène contenu dans l'air. Ce n'est pas tout. En exécutant son expérience

(1) *Mémoires sur la combinaison du principe oxygène avec l'esprit-de-vin, l'huile et différents combustibles.* Œuvres, t. II, p. 586 ; inséré dans les Mémoires de l'Académie pour 1784, publiés en 1787. Lavoisier s'en réfère dans ce Mémoire à un autre travail, publié dans les Mémoires de l'Académie pour 1781, mais imprimé en 1784.

Lavoisier avait pris soin de recueillir et de peser aussi l'acide carbonique, formé par la combustion. Cette for-conduisait d'une manière nécessaire à conclure à la préexistence du carbone dans l'alcool. Les pesées permettaient en outre d'en évaluer la dose, en même temps que celle de l'hydrogène.

Ces résultats étaient fondamentaux, car c'est la première analyse élémentaire qui ait été faite d'une substance organique : analyse impossible tant que l'on regardait le phlogistique comme un élément constituant des matières inflammables. Lavoisier analysa de même l'huile et la cire, en les brûlant dans l'oxygène, et en pesant l'eau et l'acide carbonique formés. Quelque imparfaits qu'aient été ces premiers essais, ce sont cependant, je le répète, les premières analyses organiques élémentaires qui aient été exécutées, et elles lui ont permis de tirer cette conclusion que l'eau formée par la combustion des substances organiques précédentes emprunte son hydrogène à la substance organique et, pour tout ou partie, son oxygène à l'air : ce qui vérifie par une autre voie la composition de l'eau. Il en résulte encore cette conséquence non moins capitale, que les matières organiques en général sont formées de carbone et d'hydrogène.

Si l'on y ajoute, et le fait était connu à cette époque, que la plupart d'entre elles, par la seule action de la chaleur et sans le contact de l'air, peuvent fournir de l'eau et de l'acide carbonique, c'est-à-dire deux composés renfermant de l'oxygène, d'après les nouvelles découvertes, on voit que les trois éléments essentiels des matières organiques : carbone, hydrogène, oxygène, sont par là découverts. L'analyse élémentaire des matières organiques résultait ainsi de la connaissance de la composition de l'eau et de celle de l'acide carbonique. Lavoisier ne manqua pas, avec la logique ordinaire de ses déductions, de tirer cette conséquence et de l'appuyer par une suite spéciale d'expériences et de mesures.

On voit que toutes ces découvertes sont liées directement avec celles de la recomposition de l'eau par ses éléments.

Cependant Lavoisier s'occupait en même temps de faire la contre-épreuve, c'est-à-dire de décomposer l'eau et d'en manifester les éléments, je veux dire l'hydrogène à l'état de liberté et l'oxygène à l'état de combinaison, sous la forme d'un oxyde métallique. C'était encore la suite de son travail antérieur sur la composition véritable des oxydes. Quant à mettre à la fois les deux éléments de l'eau en liberté et spécialement l'oxygène, il fallait pour y réussir faire intervenir autre chose que les énergies chimiques connues à cette époque. Le fluor, à la vérité, aurait pu mettre à nu directement l'oxygène de l'eau; mais c'est à peine si nous savons aujourd'hui isoler ce puissant élément, et son existence était alors tout à fait inconnue. En fait, la mise à nu de l'oxygène de l'eau ne put être réalisée qu'après Lavoisier, et au moyen de la pile de Volta.

Au contraire l'hydrogène est facile à dégager, pourvu qu'on présente à l'eau un corps ayant une affinité suffisante pour l'oxygène : tels sont le fer, le zinc, ou le charbon. On savait en effet [1], par une expérience de Bergmann, que la limaille de fer se convertit dans l'eau distillée pure en *éthiops martial*, c'est-à-dire en oxyde de fer, avec dégagement de gaz inflammable. On savait également que le fer rougi, étant éteint sous l'eau, donne

(1) ŒUVRES *de Lavoisier*, t. II, p. 341.

lieu au dégagement du même gaz. Enfin l'abbé Fontana avait obtenu encore du gaz inflammable, en éteignant le charbon sous l'eau.

Lavoisier répéta vers la fin de l'année 1783 ces diverses expériences. Procédant, suivant son usage, avec le concours de la balance, il constate que le fer augmente de poids en s'oxydant aux dépens de l'eau, tandis que l'hydrogène se dégage. Mais cette réaction étant trop lente, il fit agir la vapeur d'eau sur le fer chauffé au rouge dans un canon de fusil : ce qui fournit en effet de l'hydrogène en grande quantité, en même temps que de l'oxyde de fer. Ce dernier est semblable à celui qui est produit par la combustion du fer dans l'oxygène. Cette expérience, faite avec Meusnier dans l'hiver de 1783 à 1784, avait d'ailleurs un double but, but pratique en même temps que théorique : elle s'appliquait à la fabrication en grand de l'hydrogène pour les aérostats, et elle fournissait à la théorie de la composition de l'eau de nouvelles et décisives preuves.

La décomposition de l'eau était ainsi établie par des expériences appuyées et très démonstratives. Mais Lavoisier observe en même temps que, si l'on remplace le tube de fer par un tube de cuivre rouge, rendu pareillement incandescent, la vapeur d'eau n'est plus décomposée : elle se borne à traverser le tube, sans perte de poids et sans production de gaz inflammable. C'était la réponse aux expériences par lesquelles Priestley croyait avoir décomposé l'eau par la seule action de la chaleur, en faisant passer la vapeur dans des tubes de terre. Mais dans les expériences de Priestley la terre était poreuse : ce qui permettait un échange entre les gaz du fourneau et la vapeur d'eau; accident qui n'arrive

pas avec un tube de cuivre compact : de là l'erreur
de Priestley et le résultat contraire observé par Lavoisier.

Lavoisier, ne négligeant rien, soumit en même temps
à un examen approfondi l'expérience de Fontana sur la
production d'un gaz inflammable par l'extinction du
charbon dans l'eau : il reconnut que le gaz inflammable
ainsi obtenu est mélangé d'acide carbonique : c'est ce
dernier corps qui contient l'oxygène emprunté à l'eau,
lorsque l'hydrogène est mis à nu. Nous savons aujour-
d'hui que le gaz de l'eau ainsi préparé renferme en
outre de l'oxyde de carbone : mais Lavoisier n'en faisait
guère mention.

Un dernier point restait à éclaircir, pour compléter la
théorie et lever les derniers doutes qui subsistaient
encore, à savoir : la production de l'hydrogène par les
métaux, tels que le fer et le zinc, au moment où on les
dissout dans les acides. Le dégagement d'un gaz inflammable dans ces conditions était connu dès le xviie siècle.
et même auparavant.

On savait aussi que tout métal en se dissolvant se
calcine, c'est-à-dire s'oxyde, et que la chaux métallique
résultante demeure unie avec l'acide. C'est là ce que
Bergmann expliquait en disant que le métal perd
d'abord son phlogistique, lorsqu'on le traite par un
acide, et il admettait même, pour expliquer les préci-
pitations exactes des métaux les uns par les autres,
que la proportion du phlogistique, contenue dans
deux métaux, était en raison inverse des quantités préci-
pitées. L'hydrogène dégagé était regardé comme renfermant le phlogistique du métal, d'après Cavendish
et Bergmann. Mais de Laplace, qui travaillait avec

Lavoisier en 1783[1] , fit observer qu'il convenait de transformer cette explication et de la mettre en harmonie avec la nouvelle théorie de la formation des chaux métalliques. Celles-ci devant être formées, avant de s'unir aux acides, elles ne pouvaient tirer leur oxygène : ni de l'air, lorsqu'on opérait dans des vases fermés ; ni de l'acide mis en présence, attendu que celui-ci se retrouvait et exigeait, pour être saturé après l'opération, la même quantité d'alcali qu'auparavant. L'oxygène est donc nécessairement emprunté à l'eau, qui se décompose en dégageant so n hydrogène à l'état de liberté, Lavoisier adopte et confirme ces opinions. Il explique en même temps pourquoi l'acide nitrique, seul parmi les acides, dissout les métaux sans en dégager l'hydrogène : ce qui vient de ce que l'acide nitrique ne subsiste pas dans le sel qu'il concourt à former, je dis intégralement et avec son état d'oxydation primitif. Enfin Lavoisier répète les expériences sur la précipitation des métaux les uns par les autres, précipitation qui n'est pas accompagnée en général par un dégagement d'hydrogène, c'est-à-dire par la décomposition de l'eau ; il en conclut que les poids des métaux qui se déplacent réciproquement sont unis nécessairement dans leurs oxydes à la même quantité d'oxygène.

Tous les phénomènes fondamentaux de la chimie d'alors se trouvaient ainsi expliqués. La théorie pneumatique était complète. Il ne restait plus à Lavoisier qu'à donner une réfutation définitive, et cette fois sans retour ni objection possible, du phlogistique.

Nous allons présenter le résumé de son argumentation.

(1) ŒUVRES *de Lavoisier*, t. II, p. 342.

CHAPITRE XI

ABANDON DE LA THÉORIE DU PHLOGISTIQUE

La découverte de la composition de l'eau et les conséquences de tout ordre que Lavoisier en avait déduites, avec tant de logique et de méthode, portèrent le dernier coup à la théorie du phlogistique, déjà si fortement ébranlée par ses travaux antérieurs sur la composition de l'air et sur le rôle de l'oxygène dans la formation des acides et des oxydes métalliques. Lavoisier avait commencé à l'attaquer depuis 1777 ; mais le rôle mal connu de l'hydrogène laissait subsister quelque obscurité dans sa démonstration. Aussi n'avait-il pas réussi à convaincre les esprits des chimistes, prévenus par une longue éducation en faveur de la doctrine de Stahl. Macquer écrivait le 1ᵉʳ janvier 1778 : « M. Lavoisier m'effrayait depuis longtemps par une grande découverte qu'il réservait *in petto* et qui n'allait pas moins qu'à renverser de fond en comble toute la théorie du phlogistique ou feu combiné ; son air de confiance me faisait mourir de peur. Où en aurions-nous été avec notre vieille chimie, s'il avait fallu se bâtir un édifice tout différent? Pour moi, je vous avoue que j'aurais abandonné la partie. Heureusement, M. Lavoisier vient de mettre sa découverte au jour;

je vous avoue que depuis ce temps j'ai un grand poids de moins sur l'estomac. » Suit un exposé tronqué et mal compris de la nouvelle doctrine. Puis les conclusions : « Jugez si j'avais raison d'avoir une si grande peur. » Ces paroles railleuses et cette façon de nier l'importance des idées nouvelles, sans même chercher à les comprendre, sont une pratique souvent reproduite dans l'histoire des sciences. Mais, si elles ralentissent le progrès en détournant les esprits indécis, elles ne sauraient l'arrêter définitivement.

Les nouvelles observations de Lavoisier sur la composition de l'eau et sur la formation de l'hydrogène éclaircirent les doutes qui subsistaient jusque-là et il s'empressa de s'appuyer sur elles pour présenter une réfutation plus complète du phlogistique [1].

Il débute par rappeler ses travaux sur la combustion et la calcination des métaux et il ajoute : « Si tout s'explique en chimie d'une manière satisfaisante, sans le secours du phlogistique, il est par cela seul infiniment probable que ce principe n'existe pas, que c'est une supposition gratuite. En effet, il est dans les principes d'une bonne logique de ne point multiplier les êtres sans nécessité. Peut-être aurai-je pu m'en tenir à ces preuves négatives; mais il est temps que je m'explique d'une manière plus précise et plus formelle sur une opinion que je regarde comme une erreur funeste en chimie et qui me paraît en avoir retardé considérablement les progrès, par la mauvaise manière de philosopher qu'elle y a introduite. »

(1) *Réflexions sur le phlogistique, pour servir de suite à la théorie de la combustion et de la respiration,* lu en 1777; inséré dans les Mémoires de l'Académie pour 1783, lesquels ont été imprimés vers 1786. Œuvres, t. II, p. 623.

Lavoisier expose ensuite le système de Stahl et les variations récentes que ce système avait éprouvées, dans les raisonnements des savants qui s'efforçaient de le plier aux faits nouveaux et aux développements successifs de la science. « Les chimistes, ajoute-t-il, ont fait du phlogistique un principe vague qui n'est pas régulièrement défini et qui par conséquent s'adapte à toutes les explications dans lesquelles on veut le faire entrer. Tantôt ce principe est pesant et tantôt il ne l'est pas; tantôt il est le feu libre; tantôt il est le feu combiné avec l'élément terreux; tantôt il passe au travers des pores des vaisseaux; tantôt ils sont impénétrables pour lui. Il explique à la fois la causticité et la non causticité, la diaphanéité et l'opacité, les couleurs et l'absence des couleurs: c'est un véritable Protée qui change de forme à chaque instant [1]. »

Nous avons cité ces paroles pour montrer l'abus que l'on avait fini par faire de la notion du phlogistique et la confusion où la science était jetée par ce mélange perpétuel et arbitraire entre la matière pondérable et la matière du feu, sur lequel reposait tout le système. Naguères Boerhaave se croyait fondé à écrire : « La chimie nous fait voir clairement qu'elle sait réduire le feu, qu'elle peut le fixer, le peser, l'unir aux corps, l'enchaîner. » Mais lorsqu'on était entré dans les détails, les contradictions avaient éclaté, surtout depuis la découverte des gaz; c'était pour les expliquer que chacun avait alors imaginé son phlogistique, comme chaque chimiste aujourd'hui, dans un ordre moins important, a sa formule hexagonale de la benzine. La critique de

(1) Voir ce volume, p. 54.

Lavoisier était peut-être trop violente dans la forme; mais elle était bien fondée quant au fond des choses.

Il est certain que l'objection tirée de l'accroissement du poids des corps dans toute combustion, jointe à la preuve que cet accroissement est dû exactement à la fixation d'un gaz particulier, l'oxygène; cette objection, dis-je, est accablante pour la théorie du phlogistique. Lavoisier développe ensuite sa propre théorie : théorie certaine et qui est restée, en ce qui touche les relations de poids des corps combinés; théorie contestable au contraire, en ce qui touche le rôle de la chaleur : par exemple, lorsqu'il compare à une éponge imbibée d'eau les corps de la nature imprégnés par la matière de la chaleur. Si cette partie de la doctrine de Lavoisier a vieilli, surtout depuis les nouvelles idées relatives à l'énergie et à la thermodynamique; au contraire les énoncés sur la matière pondérable sont devenus l'évangile même de la chimie.

Rappelons ici les sages paroles par lesquelles termine Lavoisier : « Je ne m'attends pas, dit-il, que mes idées soient adoptées tout à coup ; l'esprit humain se plie à une manière de voir et ceux qui ont envisagé la nature sous un certain point de vue, pendant une partie de leur carrière, ne reviennent qu'avec peine à des idées nouvelles; c'est donc au temps de confirmer ou de détruire les opinions que j'ai présentées. »

A ce moment la théorie pneumatique était devenue irrésistible et la révolution accomplie en principe. La clarté de la nouvelle doctrine, la précision de ses applications à toutes les branches de la physique, aussi bien qu'à l'explication des altérations et des changements chimiques des corps, soit dans les phénomènes de la nature, soit dans les opérations de l'art, entraînèrent peu à peu toutes les convictions.

Ce ne pouvait être l'œuvre d'un jour. Les géomètres de l'Académie des sciences, Laplace, Cousin, Van der Monde furent les premiers à défendre la théorie de Lavoisier, qu'ils avaient concouru à fonder par leurs conseils et leurs encouragements. Les chimistes furent plus longs à se rendre.

En 1782, Macquer reconnaît cependant « qu'il faut ajouter à la sublime théorie de Stahl ; que dans toute combustion, l'air pur (oxygène) peut seul dégager la matière du feu des liens de la combinaison ». La plupart des chimistes identifient dès lors le feu fixé ou phlogistique avec l'hydrogène. Mais les découvertes relatives à la nature de l'eau écartèrent cette conception et toute conciliation devint impossible. Aussi les chimistes et surtout les plus jeunes, non engagés encore dans les liens de la vieille école, se rendirent successivement.

Berthollet fut le premier ; il avait combattu pendant plusieurs années la doctrine pneumatique, se fondant sur ses propres expériences sur le nitre, corps dans lequel l'oxygène fixé conserve, contrairement aux idées primitives de Lavoisier, l'aptitude à dégager à peu près autant de chaleur que l'oxygène libre, en produisant des combustions. Mais cette objection n'avait rien de décisif et Berthollet finit par se ranger aux idées de Lavoisier, par une déclaration publique faite dans une séance de l'Académie du 6 avril 1785. Il y fut amené, chose singulière, par des expériences relatives à l'action du chlore sur l'eau, dont il dégage l'oxygène sous l'influence du soleil ; ainsi que sur les métaux, que l'eau de chlore dissout sans effervescence : expériences que Berthollet comprenait mal, car il regardait le chlore comme un corps composé, susceptible tantôt de céder son oxygène aux métaux, tantôt de le dégager à l'état libre. Ce n'est pas la première fois qu'une vérité réelle a été établie dans les sciences par une interprétation inexacte.

L'exemple de Berthollet fut suivi peu à peu par d'autres savants. Dans le tome I*er* du *Dictionnaire de chimie de l'Encyclopédie méthodique*, publié en 1786, la première partie du volume est rédigée d'après l'ancienne théorie ; mais à la page 625, Guyton de Morveau annonce, dans un « second avertissement », sa conversion au nouveau système et il expose son plan de nomenclature, fondé sur ce même système. Fourcroy se rallia en 1787 à la nouvelle doctrine et il l'introduisit pour la première fois dans l'enseignement public, parallèlement à celle du phlogistique. Laplace en était dès longtemps partisan. Monge, après quelque hésitation marquée dans son Mémoire sur l'eau, puis Meusnier et Chaptal suivirent ces exemples.

Mais les opposants n'en demeuraient pas moins nombreux. Il arriva alors une circonstance singulière, qui mérite d'être rappelée comme preuve de sincérité et parce qu'elle marque l'époque à laquelle le phlogistique fut généralement abandonné. Kirwan, célèbre chimiste anglais d'alors, avait réuni en 1784, dans un ouvrage méthodique intitulé « Essai sur le phlogistique et sur la constitution des acides, » les critiques et les difficultés présentées successivement par La Metherie, Priestley, Landriani, Sennebier, Baumé, Westrumb, Gren, etc. On voit quel était le nombre et la valeur des savants qui résistaient à la nouvelle théorie. Lavoisier fit traduire cet ouvrage en 1788 par M*me* Lavoisier, qui entendait mieux que lui la langue anglaise, en l'accompagnant article par article d'une réfutation suivie, dans laquelle les principaux chimistes français, les jeunes du moins, tels que Berthollet, Monge et Guyton, lui apportèrent leur concours.

En même temps, il répétait dans son laboratoire ses expériences essentielles, dans l'espoir de convaincre Landriani, l'un des principaux opposants. On en trouve l'indication de ce débat spécial dans l'un de ses Registres manuscrits, sous le titre de : *Expériences pour la conversion du chevalier Landriani.*

Kirwan examina les réponses à ses objections et il eut la loyauté rare de se déclarer vaincu. Il écrivit à Berthollet, en juin 1791 : « Enfin je mets bas les armes, et j'abandonne le phlogistique. Je vois clairement qu'il n'y a aucune expérience avérée qui atteste la production de l'air fixe par l'air inflammable pur, et cela étant, il est impossible de soutenir le système de la présence phlogistique dans les métaux, le soufre, etc. Sans des expériences décisives, nous ne pouvons soutenir un système contre des faits avérés. Je donnerai moi-même une réfutation de mon Essai sur le phlogistique. »

Presque au même moment que Kirwan, un chimiste plus illustre, Black, écrivit à Lavoisier qu'il était, lui aussi, convaincu et qu'il abandonnait la doctrine du phlogistique, après l'avoir enseignée pendant trente ans.

Cependant Cavendish ne donna jamais son adhésion aux nouvelles idées. Priestley et de la Métherie les combattirent jusqu'au bout ; mais ils demeurèrent seuls, et Lavoisier triompha, après une lutte soutenue pendant dix-sept ans.

La révolution qui s'accomplit alors est due principalement à son initiative personnelle. Mais les inventeurs obtiennent rarement une pleine justice auprès de leurs contemporains, et même de la postérité. Un sentiment inné de jalousie, entre les individus et entre les nations, les porte à contester l'originalité des découvertes. Sans doute un homme de génie ne peut exercer son action que lorsque les temps sont mûrs et la connaissance des faits suffisamment avancée. Avant la découverte des gaz les travaux de Lavoisier eussent été impossibles. Sans doute, dira-t-on encore, il n'est point d'homme supérieur indispensable, qui ne puisse être remplacé dans un temps plus ou moins long par une série de travailleurs plus modestes. Mais un homme de génie accomplit en peu de temps l'œuvre de plusieurs générations : il donne une impulsion et il communique aux idées une empreinte personnelle et durable, que les gens médiocres ne sauraient fournir.

Quoi qu'il en soit, dès que la théorie nouvelle eut triomphé, bien des gens en contestèrent le mérite à Lavoisier : c'est à eux qu'il répondait, en écrivant en 1792 : « Cette théorie n'est donc pas comme je l'entends dire ; la théorie des chimistes français, elle est la *mienne* et c'est une propriété que je réclame auprès de mes contemporains et de la postérité. » Et il réclame ainsi la théorie de l'oxydation et de la combustion, l'analyse et la décomposition de l'air par les métaux et corps combustibles, la théorie de la formation des acides, les premières idées sur la composition des matières végétales et animales, la théorie de la respiration. Mais, chose singulière et qui montre combien il est difficile, même à un inventeur, de concevoir la portée réelle de ses travaux, il ne parle ici ni de l'équation de poids entre les matières mises en expérience, ni de la séparation fondamentale entre les matières pondérables et les fluides de la chaleur et de la lumière : découvertes de Lavoisier que nous regardons aujourd'hui comme les plus caractéristiques et par lesquelles il a fondé la chimie moderne.

Les idées étant changées, la langue devait l'être également ; de là la création d'une nouvelle nomenclature chimique, entreprise par les chimistes français ralliés autour de Lavoisier. Mais avant de l'exposer, il est nécessaire d'insister sur quelques-unes des notions fondamentales qu'elle suppose, telles que la conservation ou équation de poids de la matière pondérable et même de chacun des corps simples, dont elle-ci est déclarée formée, et par suite le rôle et le caractère de la chimie, envisagée à cette époque comme fondée essentiellement sur l'analyse.

CHAPITRE XII

Les bases de la nomenclature actuelle reposent sur une conception nouvelle des éléments chimiques : c'est donc cette conception que nous devons exposer d'abord.

Jusqu'à la fin du xviiie siècle, on s'était attaché en chimie à remonter aux éléments philosophiques des choses, si j'ose me servir de cette expression, c'est-à-dire aux derniers éléments susceptibles d'être conçus par le raisonnement : soit les quatre éléments des anciens, feu, air, terre et eau ; soit les éléments plus rapprochés de l'expérience, mais non moins obscurs, des alchimistes, mercure, soufre, sel et terre. La discussion sur la composition des corps se maintint ainsi pendant longtemps dans des termes vagues, trop éloignés des faits pour que l'expérience parvînt à en déterminer complètement les données.

En 1785, par suite des travaux exécutés par Lavoisier et ses contemporains, un grand progrès venait d'être accompli : parmi les éléments admis par la science antique, deux l'air et l'eau, avaient été décomposés.

Quant à l'élément terre, personne ne le regardait plus

"

comme répondant à une notion simple et précise. La notion de la terre vierge, terre pure ou élémentaire, apte à recevoir toute sorte de modification, était une pure entité, comprenant les corps les plus divers sous les noms de terre vitrifiable, argileuse, alcaline, calcaire, gypseuse, etc. ; sans préjudice des chaux métalliques, qu'il fallait bien y rattacher aussi. C'était une sorte de *cuput mortuum*, embrassant les matières les plus hétérogènes.

Enfin l'élément feu venait d'être rejeté en dehors du cadre des matières susceptibles d'être pesées.

Le mercure et le soufre des philosophes alchimiques n'avaient pas réussi davantage à prendre corps et à sortir du domaine confus des abstractions. Dès lors les chimistes qui cherchaient une base solide à leur science étaient amenés par une logique fatale à écarter la vieille doctrine des éléments antiques, aussi bien que celle des éléments alchimiques, comme plus propres à soulever des discussions métaphysiques qu'à représenter des problèmes réels, accessibles à l'expérience. C'est ainsi qu'ils furent conduits à y substituer la doctrine plus modeste, mais plus solide des corps simples, c'est-à-dire des corps qui représentent la dernière limite expérimentale de leurs analyses et de leurs expériences effectives. Cette notion réaliste avait déjà été aperçue en chimie : elle formait le fonds des conceptions des alchimistes du moyen âge, alors qu'ils regardaient le soufre, le mercure, le sel, comme les vrais éléments des choses : Mais ces éléments n'étaient guères moins vagues que ceux des anciens, Lemery, à la fin du xviie siècle, disait plus nettement encore : « On n'entend par principes de chimie que des substances séparées et divisées autant que nos faibles efforts en sont capables. »

Une semblable notion était mieux fondée en principe ; mais en fait elle manquait de netteté : principalement faute d'une connaissance suffisamment précise des faits relatifs aux gaz, et à cause des idées fausses qui régnaient sur la nature de la chaleur. Ce furent les vues et les découvertes de Lavoisier qui conduisirent à la préciser suffisamment pour en faire la base de la science nouvelle.

Cette base, on vient de le rappeler, est purement expérimentale. « Si par le nom d'élément, nous entendons désigner les molécules simples et indivisibles qui composent les corps, dit Lavoisier, il est probable que nous ne les connaissons pas ; que si, au contraire, nous attachons au nom d'élément ou de principe des corps l'idée du dernier terme auquel parvient l'analyse, toutes les substances que nous n'avons pu décomposer par aucun moyen sont pour nous des éléments ; nous ne devons les supposer composés qu'au moment où l'expérience et l'observation nous en auraient fourni la preuve. »

Voilà comment Lavoisier fut conduit à envisager la chimie comme étant essentiellement la science de l'analyse. Le fond de ces idées ne lui est d'ailleurs pas absolument propre et elles faisaient partie du domaine courant de la science de son temps. Depuis plus d'un siècle en effet l'impossibilité reconnue de transformer les métaux les uns dans les autres avait obligé à reconnaître dans chacun d'eux une essence ou principe spécifique constant : que cette essence résidât d'ailleurs dans le métal, ou dans la chaux métallique qui en dérive. Cependant les combustibles, tels que le charbon, le soufre, le phosphore n'avaient point paru tout d'abord participer à cette invariabilité : il semblait qu'ils pussent être tour à tour changés en la matière de la chaleur et produits réciproquement par sa fixation. Mais les découvertes de Lavoisier venaient de renverser cette conception et de montrer que le charbon, le soufre, le phosphore possédaient eux aussi, au même titre que les métaux, des essences spécifiques et indécomposables par les moyens dont on disposait alors ; qu'ils pouvaient engendrer pareillement des séries déterminées de composés, des composés oxydés spécialement, qui étaient les acides.

La découverte de l'oxygène et de son rôle dans la composition des oxydes et des acides, celle de l'hydrogène et de son rôle dans la composition de l'eau et des matières organiques ; la découverte enfin de l'azote et de son rôle d'abord dans la composition de l'acide azotique, qui fut établie par Cavendish de 1785 à 1788, puis dans la composition de l'ammoniaque et des matières animales, qui fut reconnue par Berthollet en 1787 ; ces découvertes, dis-je, avaient complété les idées nouvelles, en substituant les corps gazeux, c'est-à-dire l'oxygène, l'hydrogène, l'azote, au rôle chimique attribué jusque-là à la matière de la chaleur. Dans la représentation des phénomènes, la notion réelle des corps simples et la connaissance des plus importants d'entre eux étaient ainsi mises à la place de la conception purement philosophique des anciens éléments comme base de la chimie.

Remarquons cependant que l'idée que nous nous faisons aujourd'hui des corps simples n'est pas tout à fait la même que celle de Lavoisier. Pour lui, cette notion était purement empirique et il y rangeait également et au même titre tous les corps non décomposés jusque-là :

la potasse et l'alumine, par exemple, aussi bien que les métaux, le carbone et l'oxygène. Quoique la force des analogies l'eut conduit à admettre la possibilité de décomposer la chaux, au même titre que les oxydes métalliques, et la potasse, au même titre que l'ammoniaque dont il la rapprochait ; cependant Lavoisier ne possédait aucun critérium précis, qui lui permît de distinguer et de spécifier un corps simple, non isolé, dans la série de ses combinaisons.

Ce critérium, nous le possédons aujourd'hui par la théorie des équivalents ou poids atomiques, qui nous permet de poursuivre l'identité et l'invariabilité de poids d'un même corps simple, à travers toute la suite de ses métamorphoses. Nous savons reconnaître comment il passe de réaction en réaction, sans que sa masse élémentaire éprouve de changement. C'est ainsi que l'existence du fluor a pu être établie et reconnue par tous les chimistes depuis quatre-vingts ans, bien que M. Moissan ait réussi seulement dans ces derniers temps à en donner la preuve définitive, en montrant le fluor à l'état isolé. Mais la découverte des poids atomiques n'était pas encore faite à l'époque de Lavoisier et l'ignorance où l'on était à cet égard ne permettait pas d'assigner à la théorie des corps simples son véritable caractère ; elle lui conservait une sorte d'apparence incomplète et négative. On doit ajouter, pour être tout à fait équitable, que sans la notion des corps simples, telle que Lavoisier l'a fixée, la recherche même de leurs équivalents eût été impossible. Il y a entre les découvertes d'une science une succession et une subordination que le génie même ne saurait intervertir.

En même temps que la notion des corps simples. était

aussi fondée celle de l'invariabilité du poids de la matière pondérable : je ne dis pas seulement en général, mais pour chaque corps simple en particulier, ce qui est une idée nouvelle et fort distincte. De là résulte l'existence d'une équation de poids entre ces divers corps simples dans les métamorphoses chimiques, équation sur laquelle reposent depuis cette époque toutes nos analyses et toutes nos interprétations. Cette équation est aussi l'œuvre de Lavoisier, qui l'a formulée, en 1785, dans son Mémoire sur la dissolution des métaux dans les acides, en l'accompagnant même d'une équation symbolique, première ébauche de nos formules actuelles.

« Rien ne se crée, dit-il[1], ni dans les opérations de l'art, ni dans celles de la nature, et l'on peut poser en principe que dans toute opération, il y a une égale quantité de matière avant et après l'opération ; que la qualité et la quantité des principes est la même et qu'il n'y a que des changements, que des modifications. C'est sur ce principe qu'est fondé tout l'art de faire des expériences en chimie ; on est obligé de supposer dans toutes une véritable égalité ou équation entre les principes des corps qu'on examine et ceux qu'on en retire par l'analyse. » Ajoutons à ces expressions si nettes, qu'elles impliquent la démonstration générale faite d'abord par Lavoisier, à savoir que le calorique n'intervient point dans cette équation des poids.

C'est en expliquant, par la production ou l'absorption des gaz, les irrégularités et les contradictions apparentes et jusque-là inintelligibles qu'il a trouvé le nœud jusque-là caché des phénomènes et qu'il a pu poser le prin-

(1) Œuvres *de Lavoisier*, t. I, p. 101.

cipe général de l'équation de poids. Aussi, ne l'a-t-il point formulée dès le début de ses expériences, quoique l'idée même en paraisse continuellement présente à son esprit. Ce n'est que douze ans après qu'il l'a exprimée d'une façon explicite. On cite à cet égard d'ordinaire les énoncés de Lavoisier dans son travail sur la fermentation vineuse, publiée dans son traité de chimie, en 1791.

Mais ses vues sur ce point essentiel étaient déjà formulées de la façon la plus nette dans l'un de ses mémoires antérieurs, sur l'oxydation du fer, où il dit : « Je puis considérer les matières mises en présence et les résultats obtenus comme une équation algébrique et en supposant successivement chacun des éléments de cette équation inconnu, j'en puis tirer une valeur et rectifier ainsi l'expérience par le calcul et le calcul par l'expérience. »

Il a même été plus loin dans un mémoire sur la dissolution des métaux dans les acides [1], publié en 1785, avant la découverte de la composition de l'acide nitrique par Cavendish. Il y formule une équation symbolique générale, qu'il particularise par des symboles particuliers pour l'oxygène, l'eau, l'acide nitrique, et pour les métaux, fer et mercure. Pour ces derniers, il prend les vieux symboles des alchimistes: mais pour l'oxygène et l'air nitreux (notre bioxyde d'azote), les symboles sont nouveaux.

Donnons simplement la formule de l'état initial.

$$(a\ \text{♂}') + (\epsilon ab\ \triangledown + \tfrac{ab}{g}\ \triangledown) + (\tfrac{ab}{g}\ \oplus + \tfrac{ab}{g}\ \triangle)$$

♂	△	▽	⊕ az +
Fer.	Air nitreux.	Eau.	Oxygène.

<hr>

[1] ŒUVRES, t. II, p. 516. — Mémoires de l'Académie en 1782, publiés en 1785.

Cette équation est analogue à nos équations modernes; mais elle ne repose pas sur la base définitivement adoptée aujourd'hui, celle des corps simples, et surtout elle n'exprime pas, comme on le fait maintenant, les poids équivalents ou atomiques, lesquels étaient inconnus à cette époque. Elle n'en est pas moins intéressante à rappeler, en tant que renfermant le germe de nos formules actuelles et appliquant, sous une forme particulière et précise, le principe général de l'équation de poids.

Ainsi les corps simples et l'analyse devinrent le but extrême des efforts de la chimie. Lavoisier revient sans cesse sur ce point de vue : « La chimie, dit-il, en soumettant à des expériences les divers corps de la nature, a pour objet de les décomposer et de se mettre en état d'examiner séparément les différentes substances qui entrent dans leur composition. » La chimie était pour lui, et par excellence, la science de l'analyse, dont la synthèse était regardée comme une simple contre-épreuve. C'est ainsi qu'il dit encore : « La chimie marche donc vers son but et vers sa perfection en divisant, subdivisant et resubdivisant encore et nous ignorons quel sera le terme de ses succès [1]. »

On voit par là que la chimie était par excellence, aux yeux de Lavoisier, la science de l'analyse [2]. Ce n'est certes pas à dire qu'il n'ait aussi eu recours à la synthèse, dans l'étude de la composition de l'eau, par exemple; mais il envisageait seulement la synthèse comme la contre-épreuve et la vérification de l'analyse, point de vue qui était demeuré jusqu'à notre temps la base des idées des

(1) *Traité de chimie*, t. II, p. 191-192, 2ᵉ éd., 1793.

(2) Dumas. *Annales de chimie et de physique*, 3ᵉ série, t. LV, p. 203, 1859.

chimistes. Mais ni Lavoisier ni ses successeurs n'avaient envisagé la vertu propre de la synthèse et son caractère philosophique, en tant que créatrice d'êtres nouveaux, formés méthodiquement en vertu des mêmes lois générales que les êtres naturels dont l'analyse a révélé la composition, c'est-à-dire réalisant en actes les conceptions abstraites de la science. C'est par cette conception nouvelle de la synthèse et comme application de ses principes, que la chimie organique a été placée de notre temps sur ses bases actuelles [1], qu'elle a pu former ses cadres définitifs et développer les séries indéfinies de ses combinaisons. Mais c'était là un lointain avenir que l'on ne pouvait même entrevoir, il y a un siècle. La question fondamentale alors, c'était de faire sortir la chimie des idées vagues et des systèmes mystiques où elle s'était complu pendant tant de siècles; de définir l'origine et le terme de ses transformations : c'est ce qu'a fait Lavoisier en définissant les corps simples et leur poids invariable comme le but et la limite de l'analyse chimique.

(1) Voir ma *Chimie organique fondée sur la Synthèse*, t. 1er, *Introduction*, et t. II, *Conclusion*, 1860. — Voir aussi ma *Synthèse chimique*, 6e édition.

CHAPITRE XIII

La notion purement empirique des corps simples, étant
ainsi fixée, devint la base d'une nomenclature nouvelle.
La réforme de la nomenclature était nécessaire. En effet
la langue des chimistes d'alors renfermait une multitude de vieux noms empiriques et traditionnels, tels que
poudre d'algaroth, sel alembroth, pompholyx, turbith
minéral, huile de vitriol, beurre d'arsenic, fleurs argen-
tines d'antimoine, huile de tartre par défaillance, qui
n'offraient aucun sens rationnel, ni aucun enchaînement.
Cependant il ne faudrait pas exagérer cette lacune ; car
déjà l'usage et la logique naturelle à l'esprit humain
avaient introduit certaines règles générales dans la nomenclature, particulièrement en ce qui concerne les
dérivés des métaux et des sels. La constatation pour
ainsi dire spontanée des analogies avait conduit à diverses époques à instituer des classes et groupes naturels, qui ont subsisté dans la science rationnelle de
nos jours. Tels étaient, dès le temps des vieux alchimistes, les rouilles, devenues plus tard les chaux métalliques, qui sont nos oxydes actuels ; les pyrites ou
marcassites, qui sont nos sulfures ; les vitriols, qui sont

nos sulfates; les nitres, qui sont nos azotates, etc. —
Dans la plupart des désignations cependant, il régnait
une extrême confusion, au grand détriment de l'enseignement de la science et de l'intelligence de ses lois
générales. Guyton de Morveau, chargé de rédiger en 1782
le *Dictionnaire de chimie*, dans la publication intitulée
Encyclopédie méthodique, entreprit de dissiper cette confusion par la création d'une nomenclature nouvelle. La
transformation rapide que les idées générales de la
science éprouvaient à ce moment facilita son œuvre;
elle eut d'autant plus de succès qu'elle était réclamée de
toutes parts par les hommes les plus considérables, tels
que Macquer et Bergmann. Guyton employa plusieurs
années à ce travail et, pour l'accomplir, il fut bientôt
obligé de s'adjoindre les principaux chimistes français,
Berthollet, Fourcroy et Lavoisier lui-même. Discutée dans
une suite de conférences et avec le concours non seulement des savants précédents, mais aussi de plusieurs
géomètres et autres membres de l'Académie, elle fut
annoncée, on pourrait dire promulguée, en séance de
l'Académie, le 18 avril 1787.

En raison de cette circonstance, cette œuvre put
être réputée à juste titre celle des chimistes français,
désignation étendue à tort par quelques-uns à toute la
chimie pneumatique. Celle-ci était due en réalité à
Lavoisier, au moins comme conception générale. La nouvelle nomenclature même, quoique projetée d'abord en
dehors de lui, reposait en somme sur les travaux de
Lavoisier. Ainsi elle tirait ses principales règles de la
distinction des composés binaires et surtout des composés oxygénés, en oxydes et acides, lesquels s'opposant
les uns aux autres suivant un mode dualistique, donnent

naissance aux composés ternaires, spécialement aux composés salins. Elle a fourni aux idées nouvelles et à leur adoption rapide dans toutes les parties du monde civilisé des facilités singulières. Aussi Lavoisier prend-il soin de nous expliquer, dans le discours préliminaire de son *Traité de chimie*, comment c'est l'exposition même de cette nomenclature qui l'a conduit à rédiger un ouvrage plus complet et plus étendu, comprenant l'ensemble même de la science. Dans son enthousiasme pour le nouveau langage, il va même jusqu'à subordonner en quelque sorte les nouvelles découvertes aux idées de Condillac, d'après lesquelles l'art de raisonner et la science elle-même se réduiraient à une langue bien faite.

Illusion singulière, qui confondait le contenu, c'est-à-dire la réalité, la science véritable universelle et durable, avec la forme particulière dont on s'est servi à une époque donnée pour l'exprimer! Lavoisier semble d'abord tomber dans cette confusion; mais il ne s'y est pas mépris longtemps, car il ajoute : « Toute science physique est nécessairement formée de trois choses; la vue des faits qui constitue la science, les idées qui les rappellent; les mots qui les expriment. »

En rappelant cette définition, nous pourrions observer que le mot idée est vague ; peut-être conviendrait-il de distinguer plus explicitement les lois générales, qui forment l'édifice réel et durable de la science, des symboles et des images représentatives ou idées, que l'on s'en forge. Ces images et symboles, exposés à changer plus ou moins vite, deviennent le plus souvent et d'une façon presque inévitable, les éléments actuels de la langue scientifique. Or c'est précisément par là que la langue de Lavoisier et de

ses contemporains a vieilli, et qu'elle en est arrivée à réclamer à son tour, de notre temps, une autre réforme.
Ainsi les auteurs de la langue nouvelle s'étaient trompés
en croyant établir leurs noms d'après des règles indé-
pendantes de tout système, et leur nomenclature a dû
éprouver depuis diverses modifications. Quelques portions relatives au rôle absolu attribué à l'oxygène et à la
constitution binaire des sels sont devenues surannées et
ont même péri. On pourra juger du mérite et du caractère de cette nomenclature par l'exposé suivant, que je
crois opportun de rappeler brièvement.

Les corps simples, disent les auteurs de la nomenclature nouvelle, en 1786[1], c'est-à-dire ceux qui n'ont pu
jusqu'à présent être décomposés, peuvent être divisés
en cinq classes différentes, savoir :

1° Les substances qui se rapprochent le plus de la simplicité, telles que la lumière, la matière de la chaleur ou
calorique, l'oxygène, l'hydrogène et l'azote. — On voit
que l'on persistait à assimiler entre eux les gaz et les
fluides impondérables.

2° Les bases acidifiables ou principes radicaux des
acides, tels que le carbone, le soufre, le phosphore,
l'azote.

3° Les substances métalliques, d'ordinaire oxydables,
et dont quelques-unes sont acidifiables.

4° Les terres, silice, alumine, chaux, baryte, magnésie ; — l'analogie conduisait dès lors Bergmann et
Lavoisier à les rapprocher des oxydes métalliques.

5° Les alcalis, potasse et soude, où l'on soupçonnait au
contraire à tort la présence de l'azote, en raison de la

(1) *Dictionnaire de Chimie* de l'*Encyclopédie méthodique*, t. I,
p. 638.

ressemblance de leurs propriétés avec celle de l'alcali volatil ou ammoniaque.

Quoi qu'il en soit, les corps simples étant ainsi définis, on procéda à la formation des noms de leurs combinaisons, d'après ce principe général qui consiste à fabriquer le nom d'un corps composé avec ceux de ses composants.

Tout d'abord les substances composées fondamentales sont réputées formées par l'union de l'oxygène avec les autres principes, les combinaisons binaires exemptes d'oxygène étant mises à part. C'est ainsi que l'oxygène, en se combinant avec les corps simples du second groupe, carbone, soufre, phosphore, azote, arsenic, forme les acides correspondants. Dans les noms de ces acides, acide carbonique, sulfurique, phosphorique, azotique, arsénique, etc., celui de l'oxygène n'a pas été inscrit d'une manière explicite. Quant au contraire l'oxygène se combine avec les substances métalliques, il forme des oxydes; le nom de l'oxygène étant ici mis en évidence à côté de celui du métal. Enfin les composés binaires ne renfermant pas d'oxygène ont des noms formés au moyen de leurs composants. L'un de ces noms, spécialement s'il appartient à la première ou à la seconde classe, est terminé en *ure* et suivi du nom du métal : sulfure de plomb, phosphure de cuivre, carbure de fer, etc.

Ces désignations sont simples et claires; mais une difficulté ne tarda pas à être signalée, celle de deux corps simples, formant plusieurs composés différents par leur association en proportions diverses. Les mots acide sulfureux, acide sulfurique, indiquent comment on résolut tout d'abord la difficulté. Plus tard la complication toujours croissante des faits obligea à varier davantage les règles de la nomenclature et à introduire des conventions nouvelles et plus confuses. Mais ce n'est pas ici le lieu d'entrer dans ces règles additionnelles, où intervinrent des idées inconnues du temps de Lavoisier et de Guyton de Morveau, et spécialement la loi des proportions multiples : elles appartiennent à l'histoire d'une époque ultérieure de la science.

Quoi qu'il en soit, le problème semblait alors résolu pour les combinaisons binaires.

Les composés plus compliqués, tels qu'ils étaient alors connus en chimie minérale, parurent pouvoir se réduire aux sels et on en forma les noms, en les regardant comme constitués à leur tour par voie de composition binaire, ou dualistique, ainsi que l'on a dit depuis. Tout sel fut réputé formé par la combinaison d'un acide et d'un oxyde, ou d'une base, dont les noms ajoutés constituèrent le nom même du sel. Seulement on fit disparaître le mot acide et on remplaça l'adjectif qui le spécifiait par un substantif terminé en *ate* : sulfate d'oxyde de cuivre, ou plus brièvement sulfate de cuivre, par exemple. Dans le cas où il y avait deux acides, on employa les finales *ate* et *ite* : sulfate; sulfite.

Les découvertes ultérieurement accomplies sur les bases terreuses, chaux, baryte, alumine, et sur les alcalis fixes, potasse et soude, firent rentrer plus complètement encore ces bases dans le cadre général de la nomenclature.

Au contraire, l'ammoniaque, en raison de son caractère composé, y échappa tout d'abord : elle a conservé jusqu'à nos jours son nom traditionnel dans la formation des noms de ses sels.

Les composés organiques également furent reconnus

trop complexes pour être assujettis à la nouvelle nomenclature; quoique l'on ne soupçonnât pas encore l'immen-
sité du domaine de la chimie organique.

On se borna, par une convention fort sage d'ailleurs, à
regarder les acides organiques comme engendrés tous
pareillement par l'oxygène, uni à des radicaux complexes
hydrocarbonés. Les noms des sels correspondants étaient
dès lors faciles à former.

Tel fut le système général de nomenclature, inauguré
en chimie en 1787. Il parut si clair et si propre à exprimer l'ensemble des faits connus qu'il excita une grande
admiration au moment de sa proclamation. « La chimie, disait-on, est devenue aussi facile à apprendre
que l'algèbre. » Cette nomenclature est demeurée,
même de nos jours après un siècle écoulé, la base de
nos dénominations.

Cependant certains des principes sur lesquels elle
reposait ont perdu leur solidité et l'on y a introduit des
idées nouvelles, exprimées par tout un ensemble de
signes et de symboles, fondés tout d'abord sur la notion
des équivalents ou poids atomiques; puis sur les notions
ultérieures des poids moléculaires et des valences inégales des éléments. Bornons-nous à signaler cette évolution ultérieure de la langue chimique pour caractériser
d'une façon plus complète la portée et les limites de
l'œuvre accomplie il y a cent ans; car il serait inop-
portun d'entrer ici dans l'exposition des langages et des
signes adoptés aujourd'hui. Mais sans aller aussi loin,
il paraît nécessaire de caractériser plus complètement
les imperfections de la nomenclature proposée par Lavoisier et ses contemporains. Elle reposait essentiellement sur deux principes : le rôle fondamental attribué

à l'oxygène, dans la formation des acides et des sels, et la constitution binaire de ceux-ci. Or, ces deux idées sont également tombées.

La première fut trouvée insuffisante, presque dès le premier jour. En effet, à peine la nomenclature nouvelle était-elle proclamée, que Berthollet établit le caractère acide de deux composés exempts d'oxygène, l'hydrogène sulfuré (notre acide sulfhydrique) et l'acide prussique (notre acide cyanhydrique). Mais ces faits furent d'abord mis à l'écart et négligés. La brèche du système ne devint définitive que lorsque H. Davy établit le rôle véritable du chlore, méconnu jusque-là, et la composition réelle de l'acide chlorhydrique. Au lieu d'être un oxyde de l'acide muriatique, comme le supposait le nom adopté pendant vingt ans d'acide muriatique oxygéné, le chlore en devenait ainsi le vrai radical, par une transposition d'idées analogue à celle qui avait eu lieu naguères dans la connaissance des relations entre des métaux et leurs oxydes. Il y a plus : le chlore lui-même, se trouva jouer dans la constitution de l'acide muriatique, un rôle analogue à celui de l'oxygène dans la constitution des autres acides : ce qui excita tout d'abord un grand étonnement.

Mais la nomenclature se plia cependant à ces nouvelles découvertes. Le nom nouveau des chlorures rentrait, après tout, dans son cadre.

Elle fut atteinte plus profondément dans son principe lorsque les idées dualistiques sur la composition des sels, en tant que formés d'acide et de bases, furent attaquées à leur tour. C'était, d'ailleurs, la conséquence logique de l'assimilation des chlorures aux sulfates, aux azotates, aux carbonates. On reconnut alors que les auteurs de la nomenclature s'étaient fait illusion, en prétendant l'établir sur une base indépendante de tout système relatif à la nature des combinaisons ternaires, et même de toute conception particulière de la combinaison chimique.

Ce n'est pas ici le lieu de raconter cette histoire, qui nous engagerait jusqu'au cœur des théories d'aujourd'hui. Mais il n'était pas possible de parler de la nomenclature, sans dire ce qu'elle est devenue avec le temps. Néanmoins, malgré tous ses défauts, elle a subsisté jusqu'à nos jours, parce qu'elle exprime avec clarté la notion des corps simples et celle des classes diverses de leurs composés : nous ne comprenons même pas comment on pourrait en ce moment réaliser un accord universel pour la modifier complètement.

Les signes symboliques, aujourd'hui en usage et que Lavoisier avait à peine entrevus, ont d'ailleurs diminué par leur emploi une partie des inconvénients de la nomenclature ancienne. Quoi qu'il en soit, celle-ci réalisait en 1787 un grand progrès : elle jetait une clarté soudaine sur toute la chimie.

La langue nouvelle fut présentée en détail dans le traité de Lavoisier, le premier ouvrage méthodique écrit dans le nouveau système, et elle fut aussitôt adoptée dans l'Europe entière, comme base de l'enseignement et de l'exposé des recherches scientifiques en chimie. La clarté de la langue influa, par un retour légitime, sur l'adoption de la théorie.

CHAPITRE XIV

COMMENCEMENTS DE LA CHIMIE ORGANIQUE

Le domaine de la chimie minérale a été renouvelé dans ses lignes les plus générales par Lavoisier. Jusque-là il avait opéré dans un domaine connu et qu'il avait pu embrasser tout entier par la force de ses conceptions. Mais à côté de ce domaine s'en étendait un autre plus vaste encore, sinon plus intéressant, celui de la chimie des êtres vivants, domaine à peine entrevu et dont la culture était réservée à l'avenir. Lavoisier essaya cependant de le comprendre dans le plan général de ses projets de recherches; mais il ne put qu'en entr'ouvrir l'entrée et en pressentir la grandeur. Il y fit cependant, sans sortir de l'ordre général de ses idées, des découvertes essentielles, tant au point de vue de la constitution élémentaire des êtres vivants, que sous celui de leurs relations avec l'oxygène, qui formait la base de son nouveau système. Mais il ne put guère aller au delà de la connaissance des corps simples qui les constituent, laquelle se rattachait de la façon la plus directe au problème du phlogistique et à celui de l'origine même des corps simples.

« La végétation, disait Baumé en 1772[1], est le premier instrument que le Créateur ait employé pour mettre toute la Nature en action... la fonction des végétaux est de combiner immédiatement les quatre éléments et de servir de pâture aux animaux. Les uns et les autres sont employés par la Nature à former toute la matière combustible qui existe... »

C'était donc dans la nature vivante que l'on croyait voir la source mystérieuse de la formation des substances minérales, au moyen des quatre éléments philosophiques. On avait compris tout d'abord cette vérité fondamentale que la matière organique emmagasine les énergies empruntées à l'action solaire. Mais on confondait, dans cet ordre comme dans tous les autres, la production de l'énergie avec la production de la matière pondérable elle-même. Là aussi Lavoisier a opéré une distinction fondamentale, en poursuivant les conséquences de sa théorie.

Dès 1774, ce problème le préoccupait : dans ses Registres de Laboratoire, à la suite d'un article daté du 20 novembre 1774, on lit des réflexions sur l'analyse végétale, qui montrent à la fois le degré d'avancement des connaissances d'alors, la direction des pensées de Lavoisier et son point de départ. « Nous ignorons, dit-il, quelle est la qualité de cette immense quantité d'air qui se dégage pendant la distillation : il y a probablement de l'air fixe (notre acide carbonique) et de l'air inflammable (notre hydrogène et nos carbures); ce que c'est que l'huile : il

(1) *Chymie*, t. I. Avertissement, p. x.

paraît que par la combustion on peut la réduire en air, mais nous ne savons rien au delà. »

Dix ans après, tous ces problèmes étaient résolus. Dès que Lavoisier eut reconnu la vraie nature de l'air, de l'eau et de l'acide carbonique, il en résulta aussitôt, comme nous l'avons expliqué plus haut, la découverte des éléments véritables et jusque-là ignorés des êtres vivants, carbone, hydrogène, oxygène. Bientôt, en 1787, Berthollet découvrit à son tour l'existence de l'azote, comme principe constituant de l'ammoniaque, de l'acide prussique et des matières animales : ce qui complétait la connaissance de la constitution des composés organiques, dans les deux règnes vivants. Les êtres vivants cessaient dès lors d'être les intermédiaires obscurs de l'union de l'air, de l'eau, de la terre et du feu et de la création de tous les corps de la chimie; c'était là un progrès immense, une clarté merveilleuse jetée sur leur constitution et leur mode de formation. Mais par là même apparurent de nouveaux mystères et de nouveaux problèmes, ceux de la statique chimique des êtres organisés. Ils sont résumés en ces termes, dans le programme d'un prix proposé par l'Académie en 1789, programme inspiré des idées de Lavoisier, sinon dû à sa plume personnelle.

« Les végétaux puisent dans l'atmosphère, l'eau; dans le règne minéral, les matériaux nécessaires à leur organisation.

« Les animaux se nourrissent, ou de végétaux ou d'autres animaux, nourris eux-mêmes de végétaux. En sorte que les matériaux qui les forment sont toujours tirés de l'air et du règne minéral.

« Enfin la fermentation, la putréfaction et la combustion

rendent perpétuellement à l'air et au règne minéral les principes que les végétaux et les animaux leur ont empruntés. Par quels procédés la nature opère-t-elle cette merveilleuse circulation entre les trois règnes? Comment parvient-elle à former des substances combustibles, fermentescibles et putrescibles, avec des matériaux qui n'avaient aucune de ces propriétés? Ce sont là jusqu'ici des mystères impénétrables. On entrevoit cependant que la végétation et l'animalisation doivent être des phénomènes inverses de la combustion et de la putréfaction. »

L'étude complète de ces problèmes ne pouvait alors être embrassée par personne; car elle exigeait la création de sciences nouvelles, que l'on soupçonnait à peine à cette époque : la chimie organique, tout d'abord.

Lavoisier qui en ouvrit les accès par la découverte des éléments fondamentaux, est à proprement parler le premier créateur de l'analyse organique élémentaire. En effet, il a déterminé la forme sous laquelle les éléments organiques peuvent être séparés les uns des autres et pesés; il a même essayé d'analyser les huiles et l'alcool, en les brûlant au moyen de l'oxyde de mercure. Quelle que soit l'imperfection de ces premiers essais, il n'en n'est pas moins certain que c'est lui qui a établi par ses expériences la composition élémentaire des produits généraux de la destruction des substances végétales par le feu, tels que l'eau, l'acide carbonique, le charbon, etc.; produits connus bien avant son temps, mais dont la nature et la préexistence dans les matières organiques avaient donné naissance pendant un siècle à tant de discussions, aujourd'hui oubliées. Elles n'ont point cependant été inutiles, ne fut-ce que pour établir la similitude de composition chimique de ces matières[1].

Non seulement Lavoisier reconnut ainsi quels sont les éléments qui forment les êtres vivants; mais il fit un premier pas dans la connaissance des composés résultant de l'association de ces mêmes éléments, par ses vues sur le rôle de l'oxygène, en tant que générateur des acides organiques. C'est ainsi qu'il constata la fixation de l'oxygène sur le sucre, dans la formation artificielle de l'acide oxalique au moyen de l'acide nitrique, tout en hésitant d'abord sur la question de savoir si le sucre y entre intégralement. Dans son *Traité de Chimie* il écrit encore, en regardant les problèmes de la chimie organique comme plus simples qu'ils ne sont en réalité : « Il n'est pas étonnant qu'on puisse convertir presque tous les acides végétaux les uns dans les autres; il ne s'agit, pour y parvenir, que de changer la proportion du carbone et de l'hydrogène, ou de l'oxygène. » Un premier degré d'oxydation devait fournir l'acide tartrique; un second, l'acide oxalique; et un degré plus avancé encore, l'acide acétique. Ces vues sur le rôle de l'oxygène pour la formation des acides organiques étaient exactes. du moins dans ce qu'elles avaient de plus général; mais elles étaient erronées dans leurs applications, parce que l'on ne soupçonnait pas alors la nature compliquée des réactions qui président à leur formation artificielle et à leurs métamorphoses réciproques. Quel que soit le génie d'un grand homme, il ne peut devancer son temps, au delà d'une certaine mesure. Aussi paraît-il superflu d'insister davantage sur les opinions émises à cette époque en chimie organique pure.

(1) Voir ma *Synthèse chimique*, p. 39. — 6e édition, chez Félix Alcan. 1887.

Au contraire, les vues et les expériences de Lavoisier sur la fermentation méritent une attention toute spéciale, parce qu'elles ont jeté une vive lumière, sinon sur la cause, du moins sur la nature des actions chimiques qui s'y accomplissent.

Les phénomènes des fermentations ont un caractère extraordinaire et qui a frappé les hommes dès l'antiquité, par leur développement en apparence spontané, et à la température ordinaire; par la manifestation frappante des phénomènes d'ébullition et de dégagement de corps volatils, qui les caractérisent; par le rôle enfin que les fermentations et leurs produits jouent dans l'alimentation et dans l'hygiène. Cependant pendant bien des siècles ces phénomènes ont résisté à tous les efforts faits pour les comprendre; plus on cherchait à approfondir les problèmes qui s'y rapportent, plus ils devenaient obscurs et presque désespérés. Le seul fait clairement établi, c'était la production de l'acide carbonique dans la fermentation vineuse. Tel était l'état des choses, lorsque la découverte des véritables éléments organiques vint les éclairer d'une lumière soudaine.

Lavoisier, avec son esprit éveillé de tous côtés, ne manqua pas d'appliquer les nouvelles idées et les nouvelles méthodes à l'étude de la fermentation vineuse, et il constata que cette fermentation consiste dans la séparation du sucre en deux parties, par le seul partage de l'oxygène entre ces deux bases oxydables, le carbone et l'hydrogène. Une portion du carbone prend plus d'oxygène et se convertit en gaz acide carbonique, qui se dégage; tandis que l'hydrogène, privé de cet oxygène et uni à une autre portion de carbone et à l'eau ajoutée, constitue l'alcool. C'était là des relations essentielles.

Lavoisier chercha en même temps à préciser davantage et à établir par ses expériences l'équation de poids qui relie ces diverses quantités, sans pourtant y parvenir exactement. Il montra encore qu'un partage analogue des éléments et une simplification pareille des composés préexistants ont lieu pendant la putréfaction. L'hydrogène, le carbone, l'azote, le soufre, le phosphore, précédemment unis en différentes proportions à l'oxygène, se dégagent peu à peu à l'état de gaz carbonique, gaz azote, gaz ammoniac, eau, et de gaz hydrogènes sulfuré, carboné, phosphoré. La fermentation acéteuse, d'autre part, ne consiste, disait-il, que dans l'absorption de l'oxygène, qui y porte une plus forte dose de principe acidifiant.

Mais ce sont surtout les découvertes de Lavoisier sur la respiration et sur la chaleur animale qui ont fait époque dans la science et commencé en physiologie une révolution presque aussi importante que celle qu'il a accompli en chimie. L'une est d'ailleurs la conséquence de l'autre et les vues générales qui y président sont étroitement liées.

CHAPITRE XV

RESPIRATION ET CHALEUR ANIMALE

La respiration de l'homme et des animaux supérieurs donne lieu à des phénomènes trop manifestes et trop importants pour ne pas avoir attiré l'attention dès les temps les plus reculés. Les rapports secrets qui existent entre la combustion, la respiration des animaux et l'entretien de la chaleur propre à ceux-ci, ont frappé de bonne heure l'esprit des hommes, qui ont traduit leurs premiers sentiments sous la forme mystique des images bien connues relatives au flambeau de la vie[1], avant même que les philosophes aient fait intervenir leurs systèmes. La nécessité de l'air pour la respiration, aussi bien que pour la combustion, est attestée par l'expérience la plus vulgaire : « *Aer salutarem spiritum præbet animantibus,* » dit Cicéron. Mais l'explication véritable de cette nécessité n'avait pas été présentée avant Lavoisier.

Les vues des anciens sur ce point demeurèrent toujours vagues et obscures, parce qu'elles étaient privées de toute base scientifique, et elles donnèrent lieu à des

(1) Et quasi cursores vital lampada traduut (Lucrèce).

négations absolues de la part d'esprits aussi philosophiques que celui d'Aristote : il n'entrevoyait aucun
lien logique entre les deux ordres de phénomènes. « Il
est absurde, dit-il, de penser que la respiration soit une
source de chaleur; l'on ne doit pas croire que le feu
intérieur soit nourri par l'air inspiré et que l'homme
en respirant fournisse un élément apte à la combustion
intérieure. » ... « C'est plutôt des aliments que la chaleur
est tirée [1].» On entrevoit les idées qui guidaient ici
Aristote; le feu, exigeant, d'après son opinion, un support propre qui ne pouvait être fourni par l'air. Au contraire, il pensait que l'air inspiré rafraîchissait le sang,
par son passage à travers les poumons.

L'utilité de l'air pour entretenir la vie, aussi bien que
la flamme, est un fait d'observation courante. Les savants du xviii⁰ siècle, tels que Boyle et les académiciens
de Florence, ne crurent pas moins nécessaire d'en faire
l'objet d'innombrables expériences, destinées à le constater avec précision. Ces expériences sont aujourd'hui
tombées dans l'oubli; mais elles ont eu leur rôle et leur
intérêt pour fixer les idées : il serait ingrat de le méconnaître.

On expliquait alors l'impossibilité de vivre des animaux maintenus dans un air confiné, par cette circonstance que l'air est souillé par les exhalaisons des
poumons et perd une partie de son élasticité; ce qui le
rend, disait-on, incapable de dilater les vésicules pul-
monaires. Par suite le sang resterait stationnaire, en
raison de la compression des tissus qui entourent les
vaisseaux capillaires : ce qui montrerait pourquoi la

____

[1] Aristote, *de Respiratione*, ch. iii.

circulation s'arrête. On citait à l'appui une prétendue expérience de Drebbel qui, dans un bateau sous-marin, aurait restitué à l'air ses propriétés respirables, à l'aide d'une fiole renfermant un esprit volatil[1]. On citait encore Hales qui avait observé, en opérant sur l'eau, que le volume de l'air diminuait par suite de la respiration prolongée des animaux.

D'autres admettaient que l'air retenait, par sa pression, la matière du feu à la surface des corps combustibles : opinion moins absurde qu'elle ne paraît à première vue, car elle est semblable à celle que nous admettons aujourd'hui pour l'électricité. En 1774[2], Lavoisier lui-même, imbu encore à ce moment des vieux préjugés, attribuait la mort des animaux dans le fluide élastique des effervescences (acide carbonique), à ce motif qu'un tel fluide ne peut enfler les poumons des animaux, comme l'air que nous respirons, en raison de la facilité avec laquelle il est absorbé et dissous par l'eau. « On éprouverait, dit-il, presque un même effet avec un soufflet dont l'intérieur serait humecté d'eau, et dont on voudrait entretenir le jeu avec un fluide élastique fixable. » Si je rappelle ces anciennes opinions, c'est afin de mieux marquer quels préjugés s'opposaient à la manifestation de la vérité, combien a été subite l'évolution des idées à partir de 1775, et quelle est la grandeur de la découverte que Lavoisier allait accomplir.

Cependant l'explication tirée de l'élasticité de l'air ne pouvait guère être soutenue, en présence des expériences faites sur des animaux maintenus dans de l'air comprimé,

(1) Tentamina experimentorum naturalium captorum in Academia del Cimento; avec commentaires de Musschenbroek, 1731, p. 118.

(2) Opuscules, p. 304.

où ils finissent également par périr, quoique plus lentement. Il ne restait plus qu'à admettre que l'air expiré contient quelque chose de nuisible, qui empoisonne l'homme ; opinion en partie fondée en effet, mais insuffisante.

C'est ainsi que les disciples de Stahl supposaient que l'air est phlogistiqué par la respiration, précisément comme par la combustion vive et par l'oxydation des métaux : d'où ils concluaient que le phlogistique est identique dans les trois règnes de la nature. Il est frappant de voir comment la force des analogies observées conduisait dès lors à rapprocher ces trois ordres de phénomènes : combustion vraie, oxydation lente, respiration, dans une explication commune, à la vérité erronée.

Boerhaave ajoutait même ces paroles profondes, pressentiment de la vérité : « Qui pourra dire s'il n'existe pas dans l'air une vertu cachée pour y entretenir la vie que les animaux et les végétaux y puisent ; si elle n'est pas susceptible de s'épuiser ; si ce n'est pas à cet épuisement qu'est due la mort des animaux qui n'en trouvent plus ? Plusieurs chimistes ont annoncé l'existence d'un élément vital dans l'air : mais ils n'ont dit ni ce que c'était, ni comment il agissait ; heureux qui pourra le découvrir ! » Boërhaave faisait ici allusion aux vues et aux essais de Mayow, chimiste anglais mort un siècle auparavant, sur l'*esprit nitro-aérien*, générateur supposé du nitre aérien, esprit contenu dans l'air, dont il était censé produire l'élasticité. Mayow lui attribuait la propriété de servir d'aliment au feu, de produire la rouille et les acides, enfin d'entretenir la respiration des animaux et de changer le sang noir et veineux en sang rouge et artériel ; non sans un certain développement de chaleur, comparable à celui qui se produit dans la pyrite exposée à l'air. Mais ces vues extraordinaires et presque divinatoires, n'étaient de simples intuitions, dénuées de démonstrations et prématurées. Elles n'étaient pas mieux établies que tel système absurde, proposé au même moment par les contemporains ; aussi demeurèrent-t-elles sans écho et furent bientôt oubliées. Cependant on voit que Boerhaave y pensait encore, au milieu du xviii° siècle.

Black fit un pas plus décisif pour la connaissance des phénomènes. En 1757, dans son grand travail sur l'air fixe (acide carbonique), il reconnut que ce gaz se forme sous l'influence de la respiration, par la transformation d'une partie de l'air ordinaire : il ne pouvait aller plus loin, l'oxygène étant inconnu à ce moment.

Ce fut encore Priestley qui eut l'initiative à cet égard, par les expériences sur la respiration qu'il ne manqua pas de faire avec son air déphlogistiqué (oxygène). Au moment où il le découvrit, on savait déjà, depuis le temps de Hauksbee, et même auparavant, que l'air où l'on a porté au rouge des métaux, tels que le fer ou le cuivre, est devenu impropre à entretenir la vie animale : ce qu'on expliquait par les exhalaisons sorties de ces métaux. C'était, comme dans l'histoire de la plupart des théories de ce temps, attribuer à un phénomène positif, tel que l'introduction d'un agent nouveau, un effet dû en réalité à un phénomène négatif, la soustraction de l'oxygène, agent préexistant. Priestley reconnut d'abord que l'oxygène est plus propre que l'air ordinaire à entretenir la respiration, tout aussi bien que la combustion ; car les animaux y conservent plus longtemps leur activité.

« La respiration, ajoute-t-il se conformant aux opinions régnantes, phlogistique l'air et le rend ainsi irrespirable, et elle y forme en même temps de l'air fixe. »
A ce moment deux gaz très différents étaient confondus par Priestley : notre azote, préparé par l'action des métaux sur l'air ordinaire, aussi bien que ce même azote souillé d'acide carbonique par la respiration animale, sont réunis par le savant anglais sous la dénomination commune d'air phlogistiqué ; confusion qui rend fort difficile la lecture et l'intelligence exacte des écrits de Priestley. Quand au phlogistique, dont l'air se trouverait ainsi chargé d'après lui, il était réputé fourni par le sang noir ; la perte de ce phlogistique produirait le sang rouge. Les relations véritables qui existent entre le sang artériel et le sang veineux étaient ainsi renversées ; car nous savons maintenant que c'est au contraire le gain de l'oxygène qui fait le sang artériel rouge, et sa perte qui fait le sang veineux noir. Crawford, appuyé sur les expériences de Priestley, crut même pouvoir expliquer, en 1779, la chaleur animale par la différence entre les chaleurs spécifiques du sang veineux et du sang artériel, jointe à l'infériorité de celle de l'acide carbonique par rapport à la chaleur spécifique de l'oxygène : hypothèses erronées en fait et dont il est superflu de montrer aujourd'hui l'insuffisance. Cependant on a cru parfois devoir attribuer quelque rôle à Crawford dans la découverte des causes de la chaleur animale, en se fondant sur une seconde édition de son livre, publiée en 1788, et dans laquelle il a modifié ses idées, pour se rapprocher de celles de Lavoisier. Mais la découverte était faite à ce moment et la théorie éclaircie.

C'est Lavoisier qui en est le véritable auteur. Elle était liée d'une façon trop directe avec ses recherches sur l'oxydation des métaux et sur la combustion, pour que la suite logique de ses idées ne l'y conduisît pas. Voici comment il procéda. Dans un mémoire lu à l'Académie des Sciences le 3 mai 1777 [1], il reprend les faits observés par Priestley. Suivant son usage, il en ajoute de nouveaux et plus précis ; mais il y a dans son travail quelque chose de plus inattendu. En effet Priestley n'avait pas bien compris la signification de ses découvertes. Lavoisier, qui en saisit le véritable sens, en tire, comme il l'a fait souvent dans le cours de ses recherches, des conséquences opposées à celles de Priestley. Il constate d'abord que l'air dépouillé d'oxygène par la formation du précipité *per se* — c'est-à-dire par l'ébullition du mercure transformé graduellement en oxyde, — est devenu méphitique ; de même que l'air altéré par la respiration d'un oiseau. Mais ce dernier air renferme en outre de l'acide carbonique, qui n'existe point dans le premier. Lavoisier prend soin de rendre les deux airs résiduels identiques, en absorbant l'acide carbonique par la potasse ; ce qui doit n'y laisser en principe subsister que de l'azote [2]. Cette identité des deux *moffettes*, pour appliquer aux deux gaz résiduels le langage du temps, fut un moment contestée par Priestley, qui ne tarda pas, très loyalement d'ailleurs, à reconnaître son erreur. Pour

(1) *Expériences sur la respiration des animaux et sur les changements qui arrivent à l'air en passant par leur poumon.* Œuvres, t. II, p. 174 — imprimé dans les Mémoires de l'Académie pour 1777, publiés en 1780.

(2) En supposant que la totalité de l'oxygène ait été consommée, ce qui n'a d'ailleurs point lieu en fait ; mais les conclusions demeurent les mêmes.

faire la contre-épreuve et compléter la démonstration, il suffit de reconstituer l'air primitif, en lui rendant l'oxygène perdu. A cet effet, Lavoisier ajoute soit à la seconde moffette provenant de la respiration animale, soit à la première provenant de l'oxydation des métaux, l'oxygène même obtenu par la calcination de l'oxyde de mercure qui a servi à préparer l'une d'elles; et il reproduit ainsi l'air naturel, avec son aptitude à entretenir tant la combustion que la vie animale.

La démonstration des relations véritables entre l'air, l'oxygène et l'acide carbonique, dans la respiration, était ainsi claire et complète. Il restait à comprendre la véritable action de l'oxygène sur l'être vivant et l'origine même de l'acide carbonique.

Deux explications pouvaient en être données : ou bien l'oxygène est changé effectivement en acide carbonique dans le poumon, par une véritable combustion locale; ou bien il s'y combine au sang, lequel restitue en même temps à l'air un volume presque égal d'acide carbonique. Sans se prononcer tout d'abord, Lavoisier incline vers la première hypothèse, qui assimilerait la respiration elle-même à une combustion directe. Il cherche à établir que la coloration rouge du sang artériel est due à l'absorption de l'oxygène, et il l'assimile à la couleur de certains oxydes métalliques, tels que ceux du mercure et du plomb. Ce dernier rapprochement est fondé sur des apparences vagues, plutôt que sur un principe exact : il tendait à faire de l'oxygène le générateur des matières colorées, comme on le supposait naguère du phlogistique.

Quoi qu'il en soit, Lavoisier ne tarda pas à pousser plus loin ses déductions, en comparant la chaleur animale à la chaleur des combustions vives : l'une et l'autre sont dues, d'après lui, à la fixation de l'oxygène, ou plus exactement de la matière du feu combinée dans l'oxygène. Pour Lavoisier, l'air fournit l'oxygène et la chaleur ; tandis que le sang fournit le combustible, que les aliments restituent incessamment.; en même temps que de son côté l'air se renouvelle sans cesse. Par suite, la chaleur est entretenue dans le corps humain suivant le même procédé que dans nos foyers. C'était là une vue toute nouvelle, une découverte fondamentale.

Mais Lavoisier ne s'arrêta pas à ces premiers aperçus généraux. Il reprit la question par des mesures précises et l'approfondit avec Laplace, en 1783. Les deux savants osèrent assimiler un être vivant à un composé chimique, en étudier l'oxydation par la même méthode et le soumettre à des mesures semblables, au point de vue de l'évaluation des gaz et de la calorimétrie. C'était retourner en quelque sorte la vieille conception des alchimistes, qui, eux aussi, assimilaient la vie et les phénomènes chimiques, mais pour chercher dans ceux-ci les caractères mystérieux de génération et d'évolution, qui caractérisent les êtres organisés.

Lavoisier et Laplace, au contraire, mesurent les effets de la respiration de l'animal, comparés à ceux de la combustion d'une bougie, à l'aide de la balance et du calorimètre. Ils pesèrent d'abord la quantité d'acide carbonique produite par un cochon d'Inde, respirant librement à l'air pendant un temps donné. Puis ils placèrent l'animal au sein de leur calorimètre et mesurèrent la quantité de chaleur développée par lui, durant l'espace de dix heures. L'oxygène consumé simultanément répondait à peu près au volume de l'acide carbonique produit, et ils

arrivèrent à ce résultat : « Lorsqu'un animal est dans
un état permanent et tranquille, de telle sorte qu'après
plusieurs heures le système animal n'éprouve point de
variation sensible, la conservation de la chaleur animale
est due, au moins en grande partie, à la chaleur que produit la combinaison de l'oxygène respiré, avec la base
de l'air fixe que le sang lui fournit. » Conclusion conçue
dans des termes assez généraux pour avoir conservé sa
rigueur, malgré les changements survenus depuis dans
les théories chimiques et physiologiques.

Le phénomène véritable était, en réalité, plus compliqué que ne le supposait Lavoisier, qui croyait toute la
chaleur tirée de l'oxygène gazeux : elle est tirée à la fois
de l'oxygène et du corps qu'elle concourt à brûler. En
outre, on se tromperait en cherchant à évaluer la chaleur produite par les oxydations animales, d'après le
poids du carbone élémentaire, contenue dans l'acide
carbonique exhalé ; même en y joignant l'hydrogène
renfermé dans l'eau susceptible de prendre naissance
simultanément. En effet, l'oxydation effectuée dans un
être vivant ne porte pas sur le carbone libre, mais en
réalité sur les composés complexes hydrocarbonés,
fournis par les aliments, et qui renferment cet élément
déjà associé à l'hydrogène, à l'oxygène et l'azote : or
ces derniers en modifient le pouvoir calorique, en raison
de la chaleur dégagée dans une première combinaison.

Enfin la combustion n'est point la seule source de la
chaleur animale, nous le savons aujourd'hui : il y concourt
aussi, comme je l'ai montré, des phénomènes de fixation
d'eau, c'est-à-dire d'hydratation, accomplis dans le cours
des métamorphoses des principes immédiats des aliments, tels que sucres, fécule et hydrates de carbone, prin-

cipes albuminoïdes et autres composés amidés. Mais si ces faits n'ont été aperçus que depuis — et quelques-uns même assez récemment, — la vérité fondamentale découverte par Lavoisier n'en subsiste pas moins : « La respiration est l'origine d'une combustion lente, analogue à celle du charbon. »

Quant au lieu même où s'opère cette combustion, Lavoisier, après avoir hésité d'abord, se prononce, dans son travail avec Laplace, pour l'hypothèse qui suppose que cette combustion a lieu dans le poumon : la chaleur développée au sein de cet organe se communiquant au sang qui le traverse, pour se répandre delà dans le système animal. Mais ici le désir de simplifier l'a entraîné trop loin ; car l'opinion qui place dans le poumon le siège de la combustion est aujourd'hui abandonnée. La combustion due à l'oxygène se produit en réalité dans tout l'ensemble de l'organisation, bien que la fixation de l'oxygène dans le poumon donne lieu à un premier dégagement de chaleur. J'ai moi-même réussi à faire la part de ces deux actions successives et à mesurer séparément la chaleur dégagée par la première fixation de l'oxygène sur le sang : laquelle est distincte de la chaleur qui est développée ensuite dans toute l'économie par l'ensemble des réactions chimiques, susceptibles d'aboutir à la formation de l'acide carbonique expiré. La chaleur produite tout d'abord dans le poumon par l'oxygène, au moment de l'action directe de l'air, forme environ la septième partie de la chaleur totale ; le surplus résulte des oxydations et réactions accomplies dans la masse entière des organes. Ainsi c'est la seconde opinion, émise par Lavoisier, puis écartée par lui, puis reprise encore dans son dernier travail avec Seguin, qui a triomphé. Le poumon est regardé aujourd'hui comme étant seulement le siège de la fixation de l'oxygène, laquelle a lieu sur les globules du sang; tandis que l'acide carbonique, présent dans le sang, s'échange au même moment contre l'oxygène et se dégage au dehors.

La découverte de ces mécanismes a été l'œuvre de plus d'un siècle, et elle a donné à la question de la chaleur animale des développements inconnus de Lavoisier. On a reconnu par là que la combustion admise par lui est réelle; mais la production de l'acide carbonique et celle des autres composés oxydés a lieu, je le répète, dans toute l'organisation, par des voies et des intermédiaires divers, aux dépens de principes multiples; elles s'accomplissent corrélativement avec l'exercice des autres fonctions et au milieu de phénomènes dont Lavoisier ne pouvait soupçonner ni l'importance, ni la complexité.

Tout cela ne diminue point le mérite et l'importance de sa découverte : la science ne se construit pas en un jour, et c'est Lavoisier qui a établi ici la base fondamentale de nos théories modernes sur la chaleur animale, je veux dire l'assimilation entre la combustion et la respiration. « On dirait, s'écrie-t-il dans son enthousiasme, que cette analogie n'avait point échappé aux poètes, ou plutôt aux philosophes de l'antiquité, dont ils étaient les interprètes et les organes. »

Après avoir rappelé les mythes relatifs « au feu dérobé du ciel, au flambeau de Prométhée »; il ajoute : « On peut donc dire avec les anciens que le flambeau de la vie s'allume au moment où l'enfant respire pour la première fois, et qu'il ne s'éteint qu'à sa mort. »

L'importance de ces problèmes l'avait tellement frappé qu'il ne cessa de s'en préoccuper. Lorsqu'il connut la composition de l'eau, il soupçonna, dès 1785, que la combustion de l'hydrogène et la formation de l'eau devaient aussi jouer un rôle dans la production de la chaleur animale, ce qui est vrai ; mais il n'arriva cependant point à concevoir complètement le phénomène : l'ignorance qui régnait alors sur les lois de chimie organique et la nature de ses composés ne permettait pas, même à un génie aussi pénétrant que le sien, d'aller au fond des choses. Pendant les dernières années de sa vie, il y revient sans cesse ; il cherche à serrer toujours de plus près le problème et à l'embrasser en quelque sorte de toutes parts. C'est ainsi qu'il y rattacha d'abord les mesures qu'il avait faites de la chaleur de combustion du carbone et de l'hydrogène, mesures imparfaites d'ailleurs. Attentif à tirer des découvertes scientifiques les conséquences qui intéressent les sociétés humaines, il étudie aussi avec soin les altérations de l'air respiré dans les réunions publiques et dans les hôpitaux.

A partir de 1789, il reprend avec Seguin la question tout entière. L'un des deux collaborateurs, Seguin, se dévoue pour rendre les résultats applicables directement à l'homme. Dans des appareils ingénieusement combinés, ils prennent soin d'absorber à mesure l'acide carbonique expiré et de restituer l'oxygène, afin de rendre invariable la composition de l'air. Ils constatent qu'il n'y a ni dégagement ni absorption d'azote : ils osent même répéter l'expérience avec un mélange d'oxygène et d'hydrogène, substitué à l'azote. Ils analysent et discutent les conditions qui maintiennent presque invariable la température du corps humain, placé dans les conditions extérieures les plus diverses ; ce qui les conduit à instituer une longue suite d'observations

méthodiques sur la transpiration. Ils distinguent
avec soin la perte de vapeur d'eau qui s'effectue par
les poumons, de celle qui a lieu par la surface de la
peau : c'est par cette double transpiration que la chaleur perdue éprouve son règlement. Enfin, embrassant
la question sous les points de vue les plus divers, ils
étudient l'influence des conditions physiologiques essentielles, celle de la digestion, du travail mécanique, des
variations de la température extérieure, etc. Cette étude
fut l'objet d'une série de lectures de Lavoisier, faites à
l'Académie en 1791 ; dernier témoignage de son génie.
Elle a été rédigée après sa mort par Séguin seul et l'objet de diverses publications faites par ce dernier, dans
les *Annales de Chimie*, en 1814.

C'est au cours du travail publié par les deux auteurs dans
les Mémoires de l'Académie pour 1789 (publiés en 1793),
que se trouve pour la première fois, je crois, énoncée [1]
l'assimilation, si souvent reproduite depuis, entre les effets
physiques et mécaniques produits par le travail d'un
homme de peine et les mêmes effets produits par le
travail de l'homme qui récite un discours, du musicien
qui joue d'un instrument, ou même qui compose, aussi
bien que par le travail du philosophe qui réfléchit. « Ce
n'est pas sans quelque justesse, ajoute Lavoisier, que la
langue française a confondu sous la dénomination com
mune de travail les efforts de l'esprit, comme ceux du
corps, le travail du cabinet et le travail de l'ouvrier. »
Sans s'arrêter davantage à ces aperçus de génie, que
les théories modernes sur l'équivalence des forces
naturelles nous ont permis d'approfondir davantage,

(1) ŒUVRES, t. II, p. 697.

les auteurs du Mémoire se reportent aussitôt à l'histoire et aux sentiments de leurs contemporains — on était alors aux premières années de la Révolution française. — Ils relèvent l'injuste inégalité des conditions, l'espérance que les institutions sociales pourront y porter quelque remède, jointe à la crainte «que les passions humaines, qui entraînent la multitude si souvent contre son propre intérêt et qui comprennent dans leur tourbillon le sage et le philosophe, comme les autres hommes, ne renversent un ouvrage entrepris dans de si belles vues et ne détruisent l'espérance de la patrie. »

C'est la première fois que Lavoisier, dans l'exposé de ses idées et de ses expériences, sort du domaine serein de la science pour aborder les régions agitées de la politique. A ce moment, il se sentait déjà malgré lui entraîné dans le fatal tourbillon des passions publiques, dont il ne devait pas tarder à être victime. Quoique le Mémoire que j'analyse ne soit pas tout à fait le dernier de Lavoisier, les paroles par lesquelles il le termine peuvent être regardées comme son testament scientifique.

« Il n'est pas indispensable, dit-il, pour bien mériter de l'humanité et pour payer son tribut à la patrie, d'être appelé aux fonctions publiques qui concourent à l'organisation et à la régénération des empires. Le physicien peut aussi, dans le silence de son laboratoire, exercer des fonctions patriotiques ; il peut espérer par ses travaux, diminuer la masse des maux qui affligent l'espèce humaine augmenter ses jouissances et son bonheur, et aspirer ainsi au titre glorieux de bienfaiteur de l'humanité. »

Certes nul plus que Lavoisier ne fut digne de ce titre ; mais, loin de lui valoir les récompenses et les honneurs dus à ses découvertes, ses services devaient être méconnus au dernier jour. Sa vie, jusque-là glorieuse et respectée, allait aboutir à une condamnation capitale et imméritée ! Si la fin de Lavoisier ne fut pas, comme la condamnation de Socrate, la conséquence directe de son amour pour la vérité, elle n'en reste pas moins le témoignage douloureux de l'ingratitude de ses contemporains. Elle ne fait par là que relever davantage la noblesse des paroles par lesquelles Lavoisier marquait à la science, à côté de son but idéal, qui est la recherche de la vérité pure, le but positif et humain des travaux qu'elle poursuit pour le bien des hommes et le développement de la civilisation.

C'est cette dernière période de la vie de Lavoisier qu'il convient de retracer maintenant.

CHAPITRE XVI

DERNIÈRES ANNÉES DE LAVOISIER. — SES MALHEURS ET SA MORT

Au moment où éclata la Révolution française, Lavoisier avait réalisé les rêves de bonheur et de gloire conçus au début de sa carrière. Il était riche, estimé, entouré d'amis, investi de fonctions élevées, regardé comme l'un des premiers savants de la France et du monde ; l'honneur de l'Académie des sciences, dont il avait été à son jour le directeur. Son laboratoire de l'Arsenal était le centre de sa vie et celui de la science française ; les théories qui en étaient sorties avaient, après dix-sept ans de luttes, transformé la chimie, dont Lavoisier était devenu, d'un accord presque unanime, le nouveau créateur. Dans l'ordre même des affaires publiques, sa compétence financière et administrative, reconnue de tous, semblait devoir l'appeler à remplir les offices les plus élevés ; on lui proposa même d'être Ministre dans les premières années de la Révolution. Tel est le comble d'honneur et de félicité dont il allait être précipité : quelques années après, tout se brisait entre ses mains. Privé successivement de toutes ses fonctions publiques, chassé de son laboratoire, enveloppé d'abord dans la ruine collective de l'Académie, puis dans celle des fermiers généraux, dépouillé de tous ses biens, qui furent mis sous le séquestre, poursuivi d'accusations injustes, emprisonné condamné, il était conduit au dernier supplice!

C'est cette dernière et tragique période de la vie de Lavoisier qu'il me reste à raconter. Si elle n'a rien ajouté à sa grandeur scientifique, elle lui a donné au moins cette auréole morale qui couronne les grandes infortunes.

En 1787, il commença, comme membre de l'assemblée provinciale de l'Orléanais, à être entraîné dans le tourbillon général où la vieille société française allait être engloutie d'abord, pour en sortir bientôt transformée. Il était, comme tous les esprits élevés de son temps, sympathique aux causes populaires. Il débuta dans cette assemblée par proposer l'abolition de la corvée, réclamer l'institution de règlements favorables à la liberté et au commerce, ainsi que celle d'une caisse d'assurance destinée à garantir le peuple contre les atteintes de la misère et de la vieillesse : Programme généreux des économistes du temps, qui est demeuré celui de notre époque, tant ces problèmes sont difficiles à résoudre !

Mais à Orléans comme ailleurs, tout échoua devant l'opposition des privilégiés et les états généraux durent être convoqués en 1789, pour briser les résistances et accomplir les réformes attendues. Lavoisier n'en fit pas partie, ayant été seulement nommé député suppléant; mais il n'en poursuivit pas moins ses études sur la transformation de l'impôt, études appuyées par un grand travail *Sur la richesse territoriale de la France*, dont l'Assemblée nationale ordonna l'impression en 1791.

Cependant Lavoisier se trouvait mêlé de plus en plus au mouvement général qui entraînait tout. En septembre

1789, les électeurs du district Sainte-Catherine le nommèrent membre de l'Assemblée des représentants de la commune de Paris. Le mois précédent, il avait failli, comme régisseur des poudres, être victime d'une émeute, à l'occasion d'un transport de poudre, effectué au port Saint-Paul et mal compris par une multitude soupçonneuse. Chaque jour des charges nouvelles lui étaient imposées et le détournaient de plus en plus de son laboratoire.

Administrateur de la Caisse d'escompte, dont il présenta le compte rendu le 21 novembre 1789 à l'Assemblée nationale, adjoint à la Commission des monnaies et au Comité de salubrité, nommé commissaire de Trésorerie en 1791, chargé d'un autre côté de faire des expériences sur l'hygiène des hôpitaux et d'assister à la fonte des canons, son temps se trouvait absorbé par les occupations les plus multiples. Son zèle et sa facilité de travail suffisaient à tout ; mais l'ère des grandes découvertes était close pour lui, car il n'avait plus le loisir de réfléchir et de travailler pour la science pure.

Il n'était pas jusqu'aux sujets à la mode du temps, pour lesquels on ne crût opportun de s'adresser à lui. C'est ainsi que la marquise de Créquy[1] raconte qu'elle s'était adressée à lui pour analyser l'élixir vital de Cagliostro. Lavoisier était devenu, par la force des choses et de sa réputation, ce savant officiel auquel, suivant un usage immémorial en France, on se croit obligé de faire appel en toute occasion.

Dans un ordre plus fructueux pour la science, on doit citer la part active prise par Lavoisier aux travaux de

____

(1) *Souvenirs*, t. V, p. 472.

la Commission instituée en 1790 pour la fondation du nouveau système des poids et mesures, l'une des œuvres immortelles de la Révolution. C'était là une besogne collective des savants français. Mais la part personnelle de Lavoisier y fut considérable. Non seulement il était le trésorier de la Commission ; mais il exécutait pour elle la triangulation de la base de la nouvelle méridienne entre Lieusaint et Melun.

Trésorier également de l'Académie, il eut la charge douloureuse et qu'il remplit avec dévouement, d'en défendre les intérêts collectifs et privés jusqu'au jour de sa suppression.

Au milieu de toutes ces occupations, il ne restait pas étranger aux devoirs de la politique ; il fut l'un des membres importants et le secrétaire (en 1791) du club appelé « la Société de 1789 », avec Bailly, Monge, Condorcet, Brisson, André Chénier, Sieyès, Dupont de Nemours, le duc de La Rochefoucauld, Mirabeau, Rœderer ; société composée d'hommes éclairés du temps, dans l'ordre scientifique et économique. C'était, comme on dirait aujourd'hui, une sorte de centre gauche, dont les opinions modérées ne tardèrent pas à être dépassées par l'énergique propagande du club des Jacobins.

Au même moment, Lavoisier était dénoncé par Marat, dans son journal l'*Ami du Peuple*, avec ce débordement d'injures et de calomnies ordinaires au pamphlétaire, doublé de la rancune du prétendu savant méconnu par l'Académie :

« Je vous dénonce le coryphée, le charlatan sieur Lavoisier, apprenti chimiste, fermier général, régisseur des poudres et salpêtres, qui a mis Paris en prison et interrompu la circulation de l'air par une muraille.....

le père putatif de toutes les découvertes, etc. Plût au ciel qu'il eût été lanterné le 6 août ! »

La haine grandissait contre tout ce qui avait marqué dans l'ancien régime. Les mesures qui atteignirent d'abord Lavoisier n'étaient pas dirigées contre lui individuellement. La ferme générale, à laquelle il appartenait depuis vingt-deux ans, était devenue particulièrement odieuse, et incompatible avec les nouvelles idées sur l'impôt; elle fut supprimée le 20 mars 1791, par une loi compliquée d'effets rétroactifs sur la reddition des comptes, loi qui devait, en raison des exigences qui en furent la suite, entraîner bientôt le procès et la mort des fermiers généraux. Presque au même moment Lavoisier dut abandonner le poste de régisseur du service des poudres, par suite de la réorganisation de ce service : on l'autorisa seulement à conserver son logement et son laboratoire à l'Arsenal. En ce moment, il remplissait les fonctions de commissaire de la trésorerie nationale, fonction qu'il ne conserva pas. Le 17 juin 1792, le roi lui offrit, en raison de ses aptitudes reconnues, le ministère des contributions publiques, qu'il refusa d'ailleurs. On touchait à la chute de la royauté.

Après le 10 août, Lavoisier, toujours menacé davantage, donna sa démission définitive, et, à la suite de diverses péripéties, quitta précipitamment l'Arsenal et son laboratoire, le 17 août 1792, pour aller demeurer au boulevard de la Madeleine. Il était temps : trois jours après, les régisseurs des poudres demeurés en place furent arrêtés par les commissaires de la section et conduits en prison. Lavoisier échappa ainsi à une première arrestation. Mais ses fonctions publiques lui avaient été successivement retirées et il avait été précipité chaque jour dans un malheur plus profond.

De nouveaux coups l'atteignirent aussitôt, qui lui furent communs avec la science elle-même, ou plutôt avec son organe jusque-là révéré, l'Académie des Sciences. Les académies et les sociétés savantes, en effet, étaient entraînées dans la ruine commune de toutes les institutions de l'ancien régime; la Révolution faisait table rase, avant de tout renouveler. Des vues subversives de toute hiérarchie se mêlaient à la poursuite d'une transformation nécessaire.

En effet, pour beaucoup des hommes de ce temps, toute supériorité, fût-elle d'ordre intellectuel et acquise par le travail, était réputée une aristocratie, toute aristocratie un danger public. « La République, disait Jean-Bon Saint-André, n'est pas obligée de faire des savants. De quel droit demanderait-elle pour eux un privilège? » — « Plus d'universités, ni d'Académies des Sciences et des Arts, disait un autre. Il n'est tracé ni marche ni forme au génie; il s'élève de lui-même aux arts et aux sciences par la route et les moyens qu'il se choisit. » C'est toujours la prétention de récolter sans avoir semé. Fourcroy, qui était pourtant un savant, excité par un vieux levain de jalousie et par le souvenir des premières difficultés de sa carrière, fulminait contre les «gothiques Universités et les aristocratiques Académies», dans un rapport adressé au Comité de Salut public. Bouquier, fougueux proscripteur de toute idée de corps académiques, de sociétés scientifiques, de hiérarchie pédagogique, s'écriait devant la Convention : « Est-ce que les nations libres ont besoin d'une caste de savants égoïstes et spéculatifs, dont l'esprit voyage constamment par des sentiers perdus dans la région des songes et des chimères ? » — Nous aussi, nous avons entendu de nos jours ce langage menaçant et l'écho s'en retrouve dans des publications quotidiennes.

Si les services rendus par la science sont admirés de tous les esprits éclairés, si le changement dans les conditions matérielles des sociétés humaines est dû aux découvertes des savants, si ce sont elles qui ont produit et qui produisent chaque jour l'amélioration continue du sort du plrs grand nombre et la diminution progressive de l'antique misère; si la nécessité de hautes connaissances théoriques est proclamée d'un aveu unanime pour le développement des industries qui emploient la force de la vapeur, la force des matières explosives, pour les arts qui utilisent les lois de la mécanique et celles de l'électricité, aussi bien que les propriétés des métaux, et qui enseignent comment on augmente la fertilité du sol; si la science, en un mot, crée et dirige les industries qui font la richesse et la prospérité des nations, en général, et celles de chacun des individus qui les composent; cependant il existe un certain nombre d'esprits ingrats et jaloux, prêts à sacrifier toutes ces richesses, tout ce progrès, tout cet avenir de l'humanité au sentiment aveugle de l'égalité !

Les conséquences extrêmes de ces idées étroites furent tirées en 1793. Dès la fin du mois de novembre 1792, un décret interdisait à l'Académie des Sciences de procéder jusqu'à nouvel ordre à des nominations aux places vacantes. Les fonds nécessaires aux traitements des académiciens avaient cessé d'être ordonnancés; les receveurs des rentes constituées par des particuliers en faveur de l'Académie refusaient le paiement, en invoquant les décrets qui avaient supprimé les corporations. Lavoisier, demeuré le trésorier de l'Académie pendant cette cruelle époque, s'efforçait à grand'peine de trouver les ressources indispensables à la poursuite des travaux et des expériences de ses membres. Il s'adresse le 28 août 1793 à Lakanal, chargé par le comité de l'instruction publique d'examiner les réclamations des Académies. Il lui rappelle que les ministres de la guerre, de la marine, des finances lui envoient demandes sur demandes : jamais elle n'a été chargée de travaux plus nombreux et plus importants pour la chose publique; « le temps presse, les académiciens souffrent, plusieurs ont déjà quitté Paris; les sciences, si on ne vient à leur secours, tomberont dans un état de décadence dont il sera difficile de les relever. »

Ainsi, au moment même où on dépouillait l'Académie de ses ressources, où on allait supprimer complètement l'institution, on reconnaissait plus que jamais la nécessité de ses services. Mais ce n'étaient pas les mêmes hommes : les uns voulaient la faire disparaître par jalousie, tandis que les autres, poussés par les nécessités pratiques de chaque jour, en réclamaient incessamment le concours.

Lakanal s'associa avec un empressement généreux à ces réclamations. Il obtint deux décrets de la Convention, dont l'un, rendu le 7 mai, permettait à l'Académie de nommer aux places vacantes : l'autre, le 25, ordonnait de payer les traitements des académiciens. Lavoisier dut cependant en faire l'avance sur sa fortune personnelle.

Vains efforts! les menaces devenaient de plus en plus pressantes. La conduite des pouvoirs publics, partagés entre deux tendances opposées, celle de Lakanal, jeune et enthousiaste de tous les progrès, et celle de Fourcroy, prépondérant au Comité d'instruction publique et ennemi acharné de l'Académie, était contradictoire. Tandis que la Convention, le 1er août 1793, décrétait l'uniformité des poids et mesures, félicitait l'Académie de ses travaux sur la question et la chargeait d'en surveiller l'exécution; le 8 août, cette même Convention ordonnait la suppression de toutes les académies et sociétés littéraires « patentées et dotées par la Nation ». Grégoire avait essayé de maintenir à titre provisoire l'Académie des Sciences, en invoquant les travaux dont elle était chargée officiellement. Mais une déclaration fanatique du peintre David, académicien lui-même et l'un des grands noms de son art, contre les « funestes académies qui ne peuvent subsister sous un régime libre », l'avait emporté. Le 10 août 1793, l'Académie tint sa dernière séance; elle ne se réunit plus désormais.

Rien n'honore plus Lavoisier que les efforts persévérants que, menacé lui-même personnellement, il fit pour sauver l'Académie et, après sa suppression, pour faire au moins poursuivre l'œuvre scientifique, en invoquant les services qu'elle ne cessait de rendre à la République; services reconnus par tous les historiens et que les hommes officiels de l'époque réclamaient chaque jour. Mais on prétendait employer les savants sans avoir aucune reconnaissance pour leurs services et même sans leur laisser les moyens de vivre et de travailler. Lavoisier s'efforça vainement de faire conserver les traitements, ou tout au moins les retraites dues à ses confrères, réduits à la plus grande gêne : « C'est sur la foi publique qu'ils ont suivi une carrière honorable sans doute, mais peu lucrative; plusieurs sont octogénaires, infirmes; plusieurs ont épuisé leurs forces et leur santé par des travaux entrepris gratuitement pour le gouvernement... Citoyens, le temps presse... l'organisation des sciences sera détruite et un demi-siècle ne suffira pas à reformer une génération de savants. »

« De grâce, pour l'honneur national, écrivait-il à Lakanal, pour l'intérêt de la société, pour l'opinion des nations étrangères qui vous contemplent, obtenez un provisoire qui prévienne la chute des arts, qui serait la suite nécessaire de l'anéantissement des sciences. » Lakanal, toujours sur la brèche, obtint en effet, le 14 août un décret autorisant les membres de la ci-devant Académie à se réunir dans le lieu ordinaire de leurs séances et maintenant leurs attributions annuelles. Mais ce décret demeura inutile : le 17 août les académiciens trouvèrent les scellés apposés sur toutes leurs salles, et ils ne se réunirent plus désormais, pas même en société libre; craignant de paraître se mettre en lutte avec l'opinion dominante du comité d'instruction publique. C'est qu'en effet ce comité était dirigé par une influence absolument opposée à Lakanal, celle de Fourcroy, qui s'opposa à l'exécution du décret du 14 août. Il fit adopter le 9 septembre un autre décret, organisant à sa place une Commission temporaire des poids et mesures.

Lavoisier, toujours prêt à fournir ses services, prit une part importante aux travaux de cette nouvelle Commission, aussi bien qu'à ceux du bureau de consultation des arts et métiers, qu'il présida à partir du 2 octobre. En même temps il s'associait aux efforts des savants qui essayaient de reconstituer un centre scientifique dans une société libre, la Société philomathique. Dès le 14 septembre il s'y faisait inscrire avec Berthollet, Vicq d'Azir, Ventenat, Lefèvre-Gineau, suivis bientôt de Lamarck, Fourcroy, Hallé, puis Monge, Prony, Laplace, etc... J'ai rappelé ailleurs[1] cette tentative pour maintenir la culture scientifique, au milieu de la tempête révolutionnaire.

C'était le dernier effort de Lavoisier, car sa personne même allait être atteinte. Dès le 14 septembre 1793, on pratiquait chez lui des visites domiciliaires. Le 28 novembre, il était emprisonné, et le 8 mai 1794, sa tête tombait sur l'échafaud. Cependant, disons-le, il ne fut pas victime de sa supériorité scientifique, mais de son ancien titre de fermier général.

La suppression du bail des fermiers généraux en 1791 ne l'avait pas mis hors de cause : il fallait encore opérer la liquidation de cette vaste entreprise, liquidation longue, difficile et compliquée par une opinion chimérique qui supposait aux fermiers généraux une fortune totale de 300 à 400 millions de livres, indûment acquise et qu'il était possible et urgent, disait-on, de faire rentrer dans les caisses de l'Etat.

La liquidation était loin d'être terminée le 1er janvier 1793. Le 6 juin, au lendemain de la chute des Girondins, elle fut suspendue par un décret qui ordonnait de mettre sous sequestre les fonds en caisse. Bientôt on prescrivit l'apposition des scellés sur les papiers particuliers des anciens fermiers généraux : sans se préoccuper de savoir si on ne rendait pas impossible par de

(1) *Notice sur les origines et l'histoire de la Société Philomatique*, p. IX, 1889; dans le volume publié à l'occasion du centenaire de cette Société.

telles mesures la reddition de leurs comptes, que l'on réclamait chaque jour d'une façon plus impérieuse. Lavoisier subit l'effet de ce décret, qui donna lieu à des perquisitions pratiquées chez lui les 10 et 11 septembre.

Le 24 novembre, sur la proposition de Bourdon de l'Oise, la Convention décréta l'arrestation des fermiers généraux. Ni les services rendus à la nation par Lavoisier, ni la gloire de ses découvertes ne le protégèrent. En vain s'adressa-t-il au comité de Sûreté générale pour être autorisé à continuer son concours aux travaux de la Commission des poids et mesures. Le 28, il dut se constituer prisonnier, à la prison de Port-Libre (Port-Royal); le même jour que son beau-père Paulze. Il fut enveloppé dans la proscription commune. Il était déjà en butte à l'hostilité de quelques-uns de ses anciens collègues : toutes les envies cachées et les jalousies sourdes s'éveillent contre celui que la destinée abandonne!

Un premier signe de ces haines s'était déjà manifesté. Le Lycée était une société scientifique, à la fondation de laquelle Lavoisier avait généreusement concouru. Dans la séance du Lycée du 4 novembre, c'est-à-dire trois semaines avant l'arrestation de Lavoisier, Fourcroy provoqua la nomination d'un comité régénérateur chargé de procéder à l'épuration, et Lavoisier fut rayé par le comité avec soixante-seize autres membres des listes de la société.

Mais si Lavoisier avait des ennemis, on doit ajouter que dans cette situation douloureuse il ne fut pas abandonné de tous ses collègues, malgré le danger auquel ils s'exposaient. Le 18 décembre la Commission des poids et mesures, sous l'impulsion de Borda et de Haüy, réclama sa mise en liberté auprès du comité de Sûreté générale. Mais cette réclamation n'eût d'autre résultat que d'amener deux jours après l'épuration de la Commission : on en raya Borda, Laplace, Coulomb, Brisson et Delambre.

Bientôt les biens de Lavoisier furent mis sous sequestre et il fut transféré avec ses collègues à l'hôtel des fermes, changé en prison. Il paraît superflu d'entrer ici dans le détail des accusations dirigées contre les fermiers généraux : leur sort était fixé dès lors par des préjugés trop puissants pour que rien pût en triompher.

Cependant Lavoisier ne s'abandonna pas un seul instant. Avec l'énergie d'un homme sûr de son innocence, il lutta jusqu'au bout. Il réfuta à titre collectif, dans un mémoire d'ensemble, les accusations dirigées contre sa corporation et, en son nom personnel, il rédigea une notice sur les services qu'il avait rendus à la Révolution.

Le bureau de consultation des arts et métiers, sur le rapport de Hallé et sous la présidence de Lagrange, lui décerna un témoignage et un certificat public d'estime. Baumé, le vieil adversaire de ses théories, tint à honneur de l'appuyer. Pendant ce temps, Mme Lavoisier essayait aussi, avec peu de succès, de fléchir ses ennemis.

Les temps d'ailleurs devenaient de plus en plus sombres et sanglants. On était en pleine Terreur. Les Girondins, Danton, Camille Desmoulins, avaient péri sur l'échafaud. Les haines publiques n'étaient pas apaisées et les ressentiments privés veillaient avec une ténacité implacable, attentifs à tirer profit pour leur vengeance des préjugés populaires. Le plus dangereux ennemi des fermiers généraux était, comme il arrive d'ordinaire, l'un de leurs anciens agents, Antoine Dupin, naguère contrôleur général surnuméraire des fermiers, envoyé à

la Convention par le département de l'Aisne. Impatient
des délais prolongés que subissait l'affaire des fermiers
généraux et craignant peut-être qu'ils n'échappassent
par oubli, il présenta, le lundi 9 mai 1794 (5 floréa an II),
un long réquisitoire et provoqua sans discussion le décret fatal qui les envoyait au Tribunal révolutionnaire,
c'est-à-dire à la mort. Son acharnement était tel que
sous son impulsion, le jour même, trois heures après,
Fouquier-Tinville, devançant les délais légaux, signait
un acte d'accusation préparé à l'avance et qui reproduisait le rapport de Dupin. Il fit aussitôt transférer les
prisonniers à la Conciergerie, où ils furent écroués à
onze heures du soir. C'est à ce moment sans doute que
Lavoisier écrit à son ami Augez de Villers une lettre où
se manifestent ses dernières pensées.

« J'ai obtenu une carrière passablement longue, surtout fort heureuse et je crois que ma mémoire sera accompagnée de quelques regrets, peut-être de quelque
gloire.

« Qu'aurais-je pu désirer de plus? Les événements
dans lesquels je me trouve enveloppé vont probablement
m'éviter les inconvénients de la vieillesse. Je mour-
rai tout entier; c'est encore un avantage que je dois
compter au nombre de ceux dont j'ai joui. Si j'éprouve
quelques sentiments pénibles, c'est de n'avoir pas fait
plus de bien; c'est de n'avoir pas fait tout celui que je
projetais pour ma famille; c'est d'être dénué de tout et
de ne pouvoir lui donner, ni à elle, ni à vous, aucun gage
de mon attachement et de ma reconnaissance.

« Il est donc vrai que l'exercice de toutes les vertus sociales, des services importants rendus à la patrie, une
longue carrière utilement employée pour le progrès des

arts et des connaissances humaines, pour le bonheur de l'humanité, ne suffisent pas pour préserver d'une fin sinistre et pour éviter de périr en coupable. Je vous écris aujourd'hui, parce que demain il ne me sera peut-être plus permis de le faire et que c'est une douce con-solation pour moi de m'occuper de vous et des per-sonnes qui me sont chères dans ces derniers moments. Ne m'oubliez pas auprès de ceux qui s'intéressent à moi; que cette lettre leur soit commune... C'est vraisembla-blement la dernière que je vous écrirai.

« (Signé) LAVOISIER. »

On s'est demandé depuis si Lavoisier aurait pu être sauvé, et quels efforts ses amis et ses élèves avaient es-sayés pour le soustraire à sa destinée. Ces efforts, disons-le à l'honneur de la nature humaine, furent faits par quelques-uns, malgré le danger auquel ils s'exposaient. J'ai rappelé plus haut les tentatives de Borda et de Haüy, au nom de la Commission des poids et mesures, tenta-tives qui avaient amené l'épuration de la Commission. Jusque dans l'intérieur de la prison de la Conciergerie, e Lycée des Arts envoya, dit-on, à Lavoisier, une dépu-tation, qui lui aurait présenté une couronne, en signe d'admiration. Si le fait est exact, nous ne saurions trop louer ce témoignage, même impuissant, de courage civique et de sympathie. Le médecin Hallé osa davan-tage : il fit mettre sous les yeux du Tribunal révolution-naire, au moment même du jugement, un rapport qu'il avait rédigé, au nom du bureau de consultation des Arts et Métiers, sur les services rendus par Lavoisier.

Mais ni le bureau ni Hallé n'avaient aucune autorité politique. C'est aux hommes qui étaient alors au pouvoir, c'est à Monge, c'est à Hassenfratz, c'est à Guyton de Morveau, les amis des jours prospères, c'est à Fourcroy surtout qui se déclarait avant et qui se posa depuis en admirateur de Lavoisier que ce blâme doit être adressé. Par crainte ou par indifférence, ceux-là ne tentèrent rien pendant les cinq mois de sa détention, et ce silence pèse sur la mémoire de Fourcroy. S'il n'a pas demandé la mort de son maître par jalousie, comme il en a été formellement accusé, sans preuve d'ailleurs; il est cependant établi que Fourcroy a exigé l'épuration du Lycée des Arts, épuration qui a eu pour effet la radiation de Lavoisier sur la liste de ses fondateurs. Il a fait davantage : les procès-verbaux de l'Académie des sciences attestent que Fourcroy, quelques jours après la révolution du 10 août et la chute de la royauté, réclama et voulut imposer à ses propres collègues, dans la séance du 25 août 1792, l'épuration de l'Académie.

Voici le texte authentique, tiré des Registres de l'Académie, séance du 25 août 1793 : « M. Fourcroy annonce à l'Académie que la Société de médecine a rayé de sa liste plusieurs membres émigrés et notamment connus comme contre-révolutionnaires. Il propose à l'Académie d'en user pareillement envers certains de ses membres connus pour leur incivisme et qu'en conséquence lecture soit faite de la liste de l'Académie pour prononcer leur radiation après discussion. » La motion fut écartée pour cette raison que l'Académie n'a le droit d'exclure aucun de ses membres et ne doit point prendre connaissance de leur conduite et de leurs opinions politiques, « le progrès des sciences étant sa seule occupation ». Dans la séance suivante, Fourcroy, obstiné contre ses confrères, revient à la charge; il insiste, il propose d'en référer au ministre de l'intérieur, c'est-à-dire au ministre intronisé violemment par la révolution du 10 août. Quelques mois encore, et Fourcroy provoquait la destruction même du corps scientifique auquel il appartenait. Cette insistance a été passée sous silence plus tard, alors que Fourcroy était devenu un grand personnage, courtisan d'un despote militaire, après avoir été le flatteur d'une démocratie terroriste. Mais il ne pouvait guère venir proclamer le génie et les services de Lavoisier, au moment même où il le faisait rayer des corps auxquels il appartenait, et demandait la suppression des académies.

Il est difficile de dire ce que les efforts des savants dévoués à la République auraient pu obtenir, s'ils avaient réuni le poids de leurs influences en faveur de Lavoisier; mais il est à craindre qu'ils n'eussent trouvé difficilement accès auprès de politiciens, peu disposés par nature et par profession à s'incliner devant les supériorités intellectuelles, et engagés d'ailleurs dans des luttes implacables, où chacun d'eux jouait sa tête et avait pris l'habitude de ne tenir aucun compte des individus étrangers au combat. C'est ce qu'exprime avec vérité le mot légendaire attribué à Coffinhal, qui présidait l'audience du Tribunal révolutionnaire le jour de la condamnation de Lavoisier : « La République n'a pas besoin de savants; il faut que la justice suive son cours. » Le décret qui avait mis en cause les fermiers généraux avait un caractère collectif, qui ne souffrait guère d'exception individuelle : ils étaient en quelque sorte un symbole jeté en pâture aux passions populaires, exaspérées par l'oppression financière de l'ancien régime. Dans ces conditions, le jugement du Tribunal révolutionnaire n'était plus qu'une atroce et inique formalité.

L'arrêt de mort fut prononcé le 19 floréal an II (8 mai 1794) et exécuté le jour même. Lavoisier mourut avec calme et résignation philosophique, comme on mourait alors. Il périssait comme son confrère Condorcet, en ayant l'amertume d'avoir assisté à la ruine de l'Académie, de la culture scientifique et des hautes idées auxquelles il avait consacré son existence.

Ainsi tomba la tête de Lavoisier. Il était âgé de cinquante ans et huit mois. Le génie de la victime et l'ingratitude des bourreaux augmentaient l'horreur tragique de l'événement. « Il ne leur a fallu qu'un moment, disait le lendemain Lagrange à un ami, pour faire tomber cette tête, et cent ans peut-être ne suffiront pas pour en produire une semblable. »

Quelque douloureuse qu'ait été une telle perte pour la science et pour la patrie, la gloire personnelle de Lavoisier n'en a pas souffert. Peut-être au contraire a-t-elle profité de ce qu'y ont ajouté le prestige d'une fin tragique et le sentiment de la pitié, si puissant parmi les hommes. Il s'est formé autour de son nom une sorte de légende, ajoutant à l'éclat des découvertes accomplies le vague illimité des espérances, et l'opinion qu'il aurait sans doute devancé, en ce qui touche l'étude de la vie, les progrès réservés aux générations suivantes. On ne sait : s'il n'était plus à l'âge des grandes initiatives, et s'il avait été détourné depuis plusieurs années des recherches personnelles par des travaux collectifs et des besognes administratives, cependant son génie pouvait le ramener encore et produire de nouvelles créations. Mais ce sont là des conjectures et des espérances stériles : nul ne saurait préjuger un avenir qui n'a jamais existé. Ce qui subsiste, ce que nous avons le droit d'admirer, ce que le jugement universel du monde civilisé consacre chaque jour davantage, c'est l'œuvre positive qu'il a accomplie; c'est la constitution décisive de l'une des sciences fondamentales, la chimie, fixée sur ses bases définitives. Nulle œuvre n'est plus grande dans l'histoire de la civilisation et c'est par là que le nom de Lavoisier vivra éternellement dans la mémoire de l'humanité.

ÉTUDE

DES

REGISTRES INÉDITS DE LABORATOIRE

DE LAVOISIER

AVEC NOTICES ET EXTRAITS DE CES REGISTRES

OBJET ET CARACTÈRE GÉNÉRAL DE CETTE ÉTUDE

Nous possédons treize grands Registres de laboratoire inédits de Lavoisier, déposés actuellement par M. de Chazelles, son héritier, dans les Archives de l'Institut. Ces Registres décrivent une partie des expériences qu'il a faites entre les années 1772 et 1788; ils offrent un grand intérêt, parce qu'ils nous font connaître les procédés de travail de Lavoisier et la marche de son esprit, je veux dire les degrés progressifs de l'évolution de sa pensée intérieure : ils fournissent en même temps des renseignements intéressants sur l'état des connaissances et la nature des appareils employés à cette époque. Tels sont les motifs qui m'ont décidé à faire une étude intrinsèque de ces Registres.

Une remarque essentielle doit être présentée d'abord, afin de bien marquer le caractère du travail que j'entreprends et de prévenir toute fausse interprétation. En général nous ne connaissons la pensée d'un savant que sous sa forme arrêtée et définitive, au moment où l'auteur a cru pouvoir la mettre sous les yeux du public. C'est dans ces conditions que nous la comparons avec celle des autres savants contemporains, et il n'est pas utile pour les hommes ordinaires qu'il en soit autrement. Cependant quand il s'agit d'hommes de l'ordre de Lavoisier, il peut être intéressant de pénétrer dans les développements, essais et tâtonnements successifs de leur pensée intime. Mais il serait fort injuste de prétendre tirer de ces tâtonnements mêmes des critiques contre la méthode, ou contre l'œuvre définitive : nous mettons ici à nu une phase dans le développement de leurs idées, qui reste voilée dans la biographie des autres savants; elle intéresse surtout l'histoire de la psychologie scientifique, plus que celle des découvertes accomplies.

Je décrirai d'abord l'état actuel des Registres, leurs dispositions matérielles et leur distribution générale; puis je ferai l'analyse spéciale de chaque Registre, analyse qui pourra leur servir de table méthodique. J'en rapprocherai dans l'occasion les résultats de ceux des Mémoires imprimés et j'y relèverai principalement les indications de vues personnelles qui s'y trouvent signalées de temps en temps, en les commentant d'après nos connaissances présentes.

Les grands Registres constituent, je le répète, treize volumes petit in-folio, dont douze reliés et un cartonné. Il existe, en outre, dix-sept petits Registres, antérieurs pour la plupart, savoir : quatre Registres in-8°, recouverts en parchemin vert, six Registres vert in-12, quatre Registres in-12, recouverts en bleu, tous antérieurs aux grands Registres; enfin trois petits Registres in-18, reliés en veau, datés au contraire de 1787 et 1788.

Mais ces dix-sept petits Registres sont beaucoup moins importants : j'en parlerai plus loin.

Attachons nous donc surtout aux treize grands Registres. Douze sont reliés en veau couleur marron, avec tranche rouge. Du premier jusqu'au neuvième inclusivement (le second manque), le dos est couvert de fleurons dorés, soigneusement dessinés et qui rappellent la fleur du chardon. Les fleurons des divers Registres sont analogues entre eux, mais non identiques ; ce qui montre que les Registres n'ont pas été reliés simultanément et avec les mêmes fers, mais probablement fabriqués chaque année. Les dessins dorés de la tranche des couvertures offrent également de légères variantes.

Les trois volumes suivants (X, XI, XII), portent, au lieu de cette fleur, des dessins en forme de petits arcs, dont le dos est tourné vers le haut et qui sont soutenus par des figures triangulaires ; le dernier (XIII) seul, plus négligé, n'a pas de dorures. Les fleurs ont la tête en haut dans les Registres, sauf les tomes V et VII, où la tête est en bas ; peut-être parce que le Registre, commencé dans un sens, puis abandonné, a été repris plus tard par l'autre bout.

Il en a été ainsi assurément pour le Registre VII consacré dans sa partie principale à des expériences de calorimétrie, mais qui avait été commencé de l'autre côté, en vue d'expériences sur la tension des vapeurs. Ces détails ne sont pas sans intérêt, pour l'intelligence de l'emploi qui a été fait de ces Registres, ainsi que des conditions où ils ont été écrits et conservés.

Les reliures actuelles existaient déjà au moment de l'achat des Registres, et avant qu'ils eussent servi : comme on peut s'en assurer par l'examen des écritures qu'ils renferment. En effet aucune ligne écrite n'est coupée ; contrairement à ce qui arrive d'une façon à peu près inévitable, dans les reliures faites après coup. En général l'écriture s'arrête un peu avant la tranche qui en marque la limite ; cependant, par accident, quelques mots trop prolongés ont dû être achevés en inclinant l'écriture, qui s'abaisse vers l'extrémité de la ligne. La chose arrive de temps en temps pour le mot *grains*, ajouté au-dessus des chiffres qui expriment les pesées (t. XII, f. 181, 183 et *passim*). Je citerai encore (t. XI, f. 110) le mot *ramollissement*, et (t. XII, f. 133), le mot *fermentation*. Une autre preuve peut être tirée des mots inachevés, dont la dernière syllabe est transcrite soit au-dessus de la même ligne, par exemple *rever* ^bère (t. IV, f. 118) ; soit au commencement de la ligne suivante, par exemple : *inflamma-ble* (t. IV, f. 150). Mais ces sortes de renvois de syllabes sont excessivement rares dans les Registres.

Le nom du papetier figure une seule fois, sur une étiquette intérieure apposée à la couverture du dernier volume, qui porte : « Chaulin, m^d papetier des Bureaux du Roi, successeur de M. Dubois, rue Saint-Honoré, au coin de celle d'Orléans.

Le premier volume renferme à l'intérieur de la couverture, au centre, sur un petit carré de papier blanc imprimé et collé, les armes de Lavoisier. La gravure est signée « de la Gardette *fecit* ». Sauf en ce dernier point et en ceci qu'elle ne porte pas les mots : *Ex libris de Lavoisier*, elle est conforme à la gravure donnée par M. Grimaux (*Lavoisier*, p. 194). J'ai eu occasion d'en voir d'autres exemplaires, dans des ouvrages provenant de la bibliothèque de Lavoisier et qui appartiennent aujourd'hui à des amateurs.

Cette gravure était recouverte d'une feuille de papier ordinaire collée, que j'ai dû détacher avec précaution pour faire reparaître la gravure. L'encollage de ce papier superposé a été fait probablement par la même personne inconnue, dont la main avait tracé tout autour, au canif et à la règle, des entailles; à ce qu'il semble, afin d'essayer de détacher la gravure des armes et de s'en emparer. Ces armes n'existent dans aucun autre des registres. Mais dans l'un d'eux, la feuille de papier coloré qui recouvre l'intérieur de la couverture, est enlevée et usée dans la partie centrale; comme si quelque chose en avait été arraché.

Passons à l'examen des titres et des dates des Registres :

Tous, à l'exception de celui qui est cartonné, portent au verso de la feuille de garde des indications de nombre et d'année; par exemple : « Tome troisième, du 23 mars 1774 au 13 février 1776. » — Un des treize volumes qui répondent à ces indications de nombre manque, le second. Le volume cartonné est en plus, non numéroté. Le second volume existait encore, il y a une quarantaine d'années ; il est dit en effet, dans le *Rapport sur le projet de publication des œuvres de Lavoisier*, rédigé par Dumas, en 1846 (*Œuvres de Lavoisier*, t. Ier, p. viii), que « *quatorze* registres relatifs à ses expériences, sont déposés entre les mains de M. Arago ». Aujourd'hui sur ces quatorze registres il en est un, le second, qui a disparu : je n'ai pu avoir de renseignements certains sur l'époque de cette disparition, antérieure, paraît-il, à celle où les volumes ont été transportés dans les Archives de l'Institut. D'après une tradition, dont je ne saurais garantir l'authenticité, le volume perdu ne se serait pas retrouvé dans les papiers d'Arago. Quoi qu'il en soit, toutes ces indications de nombre et de date générale n'ont qu'une valeur relative; elles ont été ajoutées après coup, et probablement postérieurement à la mort de Lavoisier, sur ce qui a été retrouvé de ses papiers et de ses instruments; à la suite des transports, sequestres et aventures divers auxquels ils ont été exposés et lorsqu'ils ont été restitués à sa veuve. Ce qui montre qu'il en est ainsi, c'est ce que les indications de nombre et de dates sont faites par à peu près : pour certains volumes, les tomes VII et XII par exemple, elles ne répondent pas fidèlement au contenu même du volume. Il est difficile d'admettre que de telles inexactitudes aient été commises par Lavoisier lui-même, ou sous sa dictée.

Plusieurs Registres contiennent des expériences faites la même année et à des époques simultanées; ce qui se remarque particulièrement pour l'année 1776, qui figure dans les Registres IV, V, VII, VIII, IX; comme si ces Registres avaient été écrits dans des lieux différents. Le fait est même incontestable pour Paris (IV) et Montigny (VIII). Dans d'autres cas, il semble que certaines séries d'expériences aient été consignées sur un Registre à part : ce qui est évident pour les essais relatifs à la formation du salpêtre (Registre cartonné); pour les expériences faites sur les poudres (IX); pour les préparations du cours de Bucquet (V); pour la description des machines destinées à déterminer la composition de l'eau (X). Un Registre, consacré au début à une série d'expériences, a servi fréquemment à en inscrire d'autres (IX par exemple). Dans certains cas, une ancienne série a été complétée par des essais faits sept ou huit ans après, sur les versos restés blancs et sur le bas des pages. Des tables générales pour la réduction des mesures vulgaires en décimales et pour la composition de l'eau ont été intercalées dans le tome I, qui est consacré à l'année 1773 : or les dernières sont datées expressément de 1784.

L'intercalation des tables précédentes en 1784, sur le Registre de 1773, et divers faits analogues, montrent que la plupart des Registres demeurèrent sous la main de Lavoisier, dans son laboratoire ou dans son cabinet de travail, pendant toute la durée de sa vie ; autrement on ne comprendrait pas qu'il eût inséré ainsi sur un ancien volume des tables d'usage courant.

Tous ces incidents seront notés plus loin en détail. Ils répondent aux pratiques courantes d'un savant, rédigèant pour lui-même les expériences faites chaque jour, et le faisant dans un Registre de notes, qu'il se réserve de classer et de débrouiller plus tard, lorsqu'il se décidera à imprimer ses résultats définitifs.

Occupons-nous maintenant des procédés de rédaction des Registres.

Une première rédaction était faite d'abord par Lavoisier, suivant l'usage ordinaire des chimistes, en utilisant des indications extemporanées, prises pendant le cours même des expériences sur des feuilles volantes : beaucoup de ces feuilles se retrouvent, en effet, intercalées entre les pages mêmes du Registre correspondant. Ces feuilles volantes sont de toute grandeur et dimension ; parfois on a utilisé des bouts de papier, le verso blanc de lettres commencées, ou bien des lettres écrites par d'autres personnes, des fragments de cartes à jouer, etc. On sait que ces dernières ont été employées autrefois, et jusque de notre temps, dans les laboratoires, à cause de leur rigidité et de leur poli, pour opérer certains mélanges et projections. Lavoisier utilisait donc, pour prendre des notes et exécuter des calculs, tout ce qu'il avait sous la main. Ces brouillons volants sont écrits d'ordinaire à l'encre, rarement au crayon.

Revenons maintenant aux Registres eux-mêmes et à leur composition générale. Un seul, le premier, renferme une table méthodique des sujets qui y sont traités; table inscrite sur les premiers folios, qui avaient été réservés à dessein. Il semble qu'elle ait été exécutée en vue d'une impression.

Presque tous les Registres sont numérotés par folios, à l'exception des tomes VIII et XII, qui le sont par pages. En général, l'expérience, avec sa date et son titre, est inscrite au recto, et les calculs et déductions, faits après coup, au verso vis-à-vis; quelques-uns de ces calculs ont été ajoutés plusieurs années après, comme je le signalerai bientôt. — La description de l'expérience même continue d'ordinaire, de recto à recto, en ménageant les verso; quoiqu'il y ait plusieurs cas où elle est décrite à la suite, de recto à verso, suivant l'usage courant des écritures ordinaires.

Les titres particuliers des expériences donnent lieu à des remarques très dignes d'intérêt. En effet, ils sont inscrits dans les premiers volumes conformément au langage chimique du temps. Puis, à une époque postérieure de douze à quinze ans, la main de Lavoisier, ou celle d'un inconnu, a transcrit a côté les titres des mêmes sujets, dans le langage de la nouvelle nomenclature chimique. Par exemple, à côté des mots *huile de vitriol* ou *acide vitriolique*, dont Lavoisier s'est servi jusqu'en 1787, on a inscrit *acide sulfurique*. Parfois le premier titre a été rayé et on a mis le nouveau au-dessus; d'autres fois cette radiation a été partielle. Ainsi, au t. IV, f. 128, figure le titre « *Sucre et acide nitreux* »; or les lettres *eux* du dernier mot ont été rayées et remplacées par *ique*, ce qui ne peut être que postérieur à l'époque (vers 1787 ou 1788) où l'on distingua les deux acides nitrique et nitreux, jusque-là confondus sous une même dénomination. De même, à côté du titre « *air déphlogistiqué* » qui a été employé jusqu'en 1784, la même main a inscrit *oxigène*, ou parfois *oxygène*; les deux orthographes de ce mot se trouvent dans les Registres, mais chacune employée ce semble d'une façon systématique, de façon peut-être à indiquer que les nouveaux titres auraient été inscrits par deux personnes distinctes. A côté du titre *Esprit-de-vin*, seul employé dans les premières années, on trouve plus tard *alkool*, dénomination ancienne d'ailleurs, mais qui a présenté longtemps une signification beaucoup plus générale, celle de matière très divisée, très atténuée, etc., etc.

Ces titres spéciaux donnent lieu à une autre remarque : ils sont souvent répétés deux fois, en intervertissant l'ordre des substances mises en réaction; usage que certains des titres primitifs paraissent devoir faire remonter à Lavoisier. Pour citer un exemple de ces répétitions de titre, on trouvera des indications triples, telles que les suivantes :

Acide vitriolique et alkali végétal crayeux (titre ancien).
Acide sulfurique et carbonate de potasse ⎫ (titres nouveaux
Carbonate de potasse et acide sulfurique ⎭ surajoutés).

Les titres ainsi ajoutés ne sont pas toujours la répétition

des titres anciens; ils désignent parfois ou prétendent désigner des expériences demeurées d'abord sans titre, et ces désignations n'ont pas toujours été faites par une personne qui comprit suffisamment le texte lui-même; elles sont souvent approximatives, quelquefois même tout à fait fausses. D'autres attribuent après coup aux expériences un sens qu'elles n'avaient pas au moment où elles ont été faites : par exemple en ce qui touche la coloration rouge que la teinture de tournesol acquiert en présence de l'air traversé par une série d'étincelles électriques. Cette observation, due à Priestley et répétée par Lavoisier en 1774, a été mise par une surcharge, sous un titre qui l'attribue à la formation de l'acide nitrique : or cette surcharge est nécessairement postérieure à 1784, époque de la découverte de ladite formation par Cavendish.

Les variations de langage que ces titres accusent se retrouvent dans certaines notations, rares d'ailleurs, mais qui rappellent les signes abrégés dont se servaient les alchimistes, et dont la tradition s'est perpétuée, sous une forme plus rationnelle, dans nos notations modernes. Je remarque seulement le signe alchimique du mercure (IV, f. 14) :

Air de la calcination du ☿

Le signe de l'argent ☽

Ailleurs on lit le signe ⩔, pour l'esprit-de-vin.

⊖⩔ pour l'alcali (V, f. 106).

⧨, pour la potasse; ⧨⌣, pour le carbonate de potasse.

Les Registres renferment plusieurs écritures différentes : celle de Lavoisier d'abord, fort peu régulière, mais facile à distinguer dans tous ; celle de Bucquet, dans le Registre des « produits de son cours » c'est-à-dire des préparations ; celle de Laplace, avec calculs par logarithmes, différentiations, etc., dans les portions relatives à la décomposition de l'eau ; celle de Mme Lavoisier, régulière, grosse, un peu lourde et presque masculine ; enfin celles de diverses personnes inconnues.

Quelques tableaux relatifs soit à l'analyse des poudres, soit aux expériences sur le salpêtre, soit aux machines destinées à la mesure des gaz pour l'étude de la composition de l'eau, sont préparés et écrits avec la perfection calligraphique, ordinaire aux employés de bureau.

L'orthographe même de ces Registres donnerait lieu à des remarques nombreuses. La ponctuation, les accents et les apostrophes y font très souvent défaut ; l'auteur écrit *souphre, huile, thérébentine, litarge, vuide, absorbtion,* etc. ; mais ce sujet a trop peu d'intérêt chimique pour y insister.

Il sera plus intéressant de comparer le contenu des Registres avec celui des mémoires et ouvrages imprimés de Lavoisier ; car nous y retrouvons la date exacte des essais et mesures successifs [1] qui l'ont conduit à ses découvertes : c'est ce que permettront de faire avec précision les analyses que je vais présenter. Toutefois deux remarques essentielles doivent dominer cette comparaison : l'une est relative aux travaux dont nous pouvons préciser l'indication exacte et parallèle, dans les Registres et dans les Mémoires imprimés.

---

(1) Pourvu qu'on tienne compte des intercalations de texte et des additions de titres signalées plus haut ; ce qui est en général facile avec un peu d'attention.

Pour quelques-uns d'entre eux, nous possédons à la fois le brouillon original du laboratoire et la rédaction définitive du Mémoire imprimé ; comme il arrive par exemple pour certaines des expériences faites sur le diamant en 1772 et en 1773 avec le verre ardent [1].

Dans le registre IV en effet, se trouve une feuille volante intercalaire, qui renferme le brouillon d'une expérience faite le 22 octobre 1773, sur la calcination du diamant dans une atmosphère d'air fixe (acide carbonique), expérience décrite au tome II, page 80, des *Œuvres de Lavoisier*. Il s'agit de l'expérience dont il a conclu que le diamant ne s'évapore pas, s'il n'éprouve une combustion.

Cette lecture comparative montre d'abord que certaines données numériques du Mémoire imprimé ne figurent pas sur le brouillon ; probablement parce qu'elles étaient transcrites sur des feuilles volantes, ou sur d'autres Registres, qui ne nous sont point parvenus. En outre le Mémoire renferme des séries entières d'expériences que nous ne retrouvons aujourd'hui dans aucun Registre. La comparaison, dans quelques autres cas où nous avons à la fois le premier brouillon, le récit manuscrit du Registre et le Mémoire imprimé, peut même être poussée plus loin encore (p. 237 du présent volume). Elle montre alors, par des preuves décisives, que nous ne possédons qu'une partie des données à l'aide desquelles ont été rédigés les mémoires imprimés, même lorsqu'il s'agit d'expériences décrites dans les Registres.

Avant 1772, il avait publié déjà des travaux assez nombreux, mais dont les notes complètes ne nous sont point

(1) ŒUVRES *de Lavoisier*, t. II, p. 65 ; t. III, p. 337 à 342.

parvenues. Nous possédons seulement pour la période de 1767 à 1772 :

Quatre petits Registres verts, in-12; quatre Registres bleus, in-12, et deux Registres verts, in-8°, relatant ses *voyages* en Lorraine, Alsace, Allemagne, Suisse, Champagne, Flandre, etc.;

Puis, en 1787 et 1788, trois Registres in-18, reliés en veau marron, sur ses *voyages* à Cherbourg, en Bourgogne et à Orléans (assemblée provinciale);

Un Registre vert, in-8°, d'*observations météorologiques et minéralogiques*, et d'*analyses de différentes eaux* (1771-1772);

Un Registre vert, in-12, d'*expériences sur les eaux-de-vie et l'esprit-de-vin*;

Un volume vert, in-12, sur les *analyses* de *diverses eaux*, faites en 1768.

Enfin un volume vert, in-8, intitulé *Physique et Géométrie*, daté de 1771 : c'est un cahier d'étude.

Les cinq derniers volumes portent la trace de quelques expériences chimiques d'ordre théorique. Dans l'un d'entre eux, le cahier in-12, qui renferme les *analyses de diverses eaux*, se trouvent relatées les expériences faites en 1768 et 1769 sur la prétendue conversion de l'eau en terre, et les distillations au Pélican, relatées au tome II, page 11, des Œuvres de Lavoisier. Ces expériences ont été faites du 12 août au 20 novembre 1768, continuées jusqu'en mars 1769, puis reprises le 5 mai 1771, dans un autre cahier in-12 (intitulé *Physique et Géométrie*).

Dans un cahier in-8° sur les *analyses de différentes eaux*, on trouve une page barrée, intitulée *Expériences sur le Phosphore : du 10 septembre 1772*. Lavoisier vérifie

d'abord que le phosphore fume et devient lumineux;
puis il continue :

« *Enhardi par ce succès, j'ai voulu par le même appareil vérifier si le phosphore absorbe de l'air dans sa combustion.* »

Suivent les préparatifs de l'expérience, dont la description est brusquement interrompue. Ceci nous donne une date capitale, celle du début de ses essais sur l'absorption de l'air dans les oxydations, ainsi que la première forme assez imparfaite de ses cahiers d'expériences, à cette époque. La plus grande partie en est perdue.

Ce n'est qu'à partir de 1773, que Lavoisier a substitué a ces petits cahiers de divers formats la forme magistrale des grands Registres reliés, que je vais analyser et qui représentent sa vie scientifique de 1773 à 1788. Ils cessent à ce moment. Après 1788, Lavoisier eut cependant en 1791 une dernière période d'activité scientifique, attestée par des lectures relatées dans les Registres des séances de l'Académie et qui concernent les recherches qu'il exécutait en commun avec Séguin sur la respiration et la transpiration; mais elles ne sont représentées par aucune note manuscrite ou cahier conservé.

C'est donc la période comprise entre 1773 et 1788 qui répond aux grands Registres conservés et qui doit nous intéresser principalement; car c'est l'époque de ses grandes découvertes.

Nous ne possédons cependant point, je le répète, tous les Registres compris dans cet intervalle. Les recherches de Lavoisier sur la formation de l'eau, exécutées en 1783, n'ont laissé d'autre trace que quelques lignes incomplètes. Je me suis livré à une comparaison analogue pour ses principales expériences, et j'ai reconnu ainsi que les Registres venus jusqu'à nous ne renferment qu'une portion des expériences dont il a publié les résultats. Les expériences antérieures à 1773 n'y figurent point, ainsi que je l'ai dit plus haut, non plus que celles postérieures à 1788.

Dans l'intervalle même compris entre ces deux années 1773 et 1788, les Registres d'ailleurs ne forment pas une série continue, ni comme dates, ni comme matières; à l'exception des tomes III et IV, qui se suivent et qui semblent avoir fait suite eux-mêmes au tome I et au tome II (ce dernier perdu).

Les autres Registres appartiennent à des groupes d'essais différents; ils sont souvent même enchevêtrés par leur date et leur contenu (les tomes VI, VII et VIII, notamment).

Autant qu'on peut l'induire des Registres que nous possédons, le travail scientifique de Lavoisier dans son laboratoire ne paraît avoir été à peu près continu que de 1772 à 1777. Il semble avoir subi alors quelques interruptions; sans doute en raison de ses occupations techniques et financières, d'une part, et de la rédaction de ses Mémoires, d'autre part. Il est cependant attesté par divers rapports, lus à l'Académie, dans chacune des années qui ont suivi jusqu'en 1782, ainsi que par le contenu du Registre VI; mais il n'a donné naissance à aucune grande œuvre originale. Le travail personnel de Lavoisier dans son laboratoire ne recommence avec activité que vers 1782, comme le montrent les dates de ses Mémoires imprimés.

Les Registres sont très significatifs à cet égard.

En effet, les expériences sur la chaleur débutent au mois de novembre 1777 (t. V, f. 187) par des mesures de chaleurs spécifiques ; puis elles sont interrompues, sauf trois essais isolés, tentés en décembre 1781, pour reprendre presque au même point en juillet 1782. Les expériences sur la respiration des animaux dans l'oxygène offrent la même solution de continuité, de 1777 au mois de mai 1782.

De 1782 à 1788 nous possédons des groupes d'expériences, qui ne sont pas distribués en séries de Registres consécutifs. Puis la trace des recherches personnelles de Lavoisier disparaît; ou, pour mieux dire, elle n'est plus attestée que dans la publication des travaux collectifs, tels que ceux effectués avec Seguin sur la respiration, et avec les membres de la Commission des poids et mesures.

Quoi qu'il en soit de ces inductions, il est certain qu'il a dû exister plusieurs autres Registres, et il paraît probable que nous possédons seulement ce qui a été recueilli et classé par Mme Lavoisier, après les catastrophes finales.

Tels qu'ils sont, ces Registres nous conservent la trace des expériences de Lavoisier sur des points touchant tantôt à la plus haute théorie, comme ses recherches sur la composition de l'air, sur la combustion et sur la chaleur; tantôt à la pratique des fonctions dont il était chargé, telles que les essais sur les poudres et sur la formation du salpêtre; ou bien enfin à des objets spéciaux soumis à son examen par l'Académie (analyse de l'eau du lac Asphaltite), ou par les Ministres (analyse du girofle de Cayenne). On y trouve la preuve de cette activité extrême que Lavoisier portait sur les sujets les plus divers.

Donnons maintenant l'analyse de chacun des Registres, tels que nous les possédons.

I

Tome premier. — *Du 20 février au 28 aoust* 1773 (sur le verso de la feuille de garde).

Cette inscription répond au contenu du Registre, sauf les additions de tableaux numériques qui seront signalées tout à l'heure.

Ce volume débute par une Introduction générale, datée du 20 février 1772, dans laquelle Lavoisier se trace à l'avance le plan de ses recherches. Cette Introduction a été reproduite *in extenso* dans le présent volume (p. 48-51); elle montre que Lavoisier avait aperçu tout d'abord la portée de son entreprise.

Les expériences mêmes contenues dans le Registre répondent à une partie de celles qui figurent dans les *Opuscules physiques et chimiques* de Lavoisier, ouvrage publié à Paris en 1774, et reproduit dans le tome Ier des Œuvres *de Lavoisier*, in-4°.

Elles roulent surtout sur les sujets suivants :

Sur la calcination des métaux en vase clos et celle de leurs oxydes en présence du charbon, originé de toutes les découvertes de Lavoisier;

Sur la transformation des alcalis carbonatés en alcalis caustiques, conformément aux expériences de Black;

Sur la formation de l'alcali volatil et de son carbonate;

Sur l'ébullition des liquides dans le vide, étudiée au point de vue de la génération supposée des divers gaz, par le mélange de l'air ordinaire avec les vapeurs des corps volatils ;

Sur la dissolution du fer, du mercure, de la craie dans l'acide nitrique ;

Sur la combustion du phosphore ;

Sur la détonation du nitre ;

Sur l'extinction de la chaux ;

Sur les essais de combustion du phosphore et de détonation de la poudre à canon et de l'or fulminant, dans le vide ;

Sur la respiration des animaux dans l'air modifié de diverses manières, etc.

On voit que les principales questions que Lavosier doit éclaircir plus tard s'y trouvent traitées dès le début.

Ce volume se distingue des autres parce qu'il contient au commencement une table alphabétique des matières, analogue à celle des *Opuscules* et occupant les folios non cotés ; c'est le seul qui ait une table. Nous donnerons d'abord le résumé général du Registre ; puis son analyse détaillée.

Le véritable début du Registre, c'est l'Introduction générale aux expériences, datée du 20 février 1772, que j'ai reproduite dans le corps du présent ouvrage : « *Avant de commencer*, etc., jusqu'à : *c'est par ces expériences que j'ai cru devoir commencer*. » (Ce volume, p. 49-51.)

Mais le récit même des expériences, faites en vertu du plan exposé dans cette introduction, se trouve précédé dans le Registre par des intercalations inscrites à diverses époques et relatives au calcul des expériences. En effet, Lavoisier y a inséré, tant sur les premières feuilles que dans diverses autres parties du cahier, des tables d'usage courant pour la réduction des fractions vulgaires de livre en décimales; pour le calcul de la capacité des cloches employées dans les expériences; pour les indications d'un aréomètre d'argent à volume constant, souvent employé dans les essais de l'auteur; enfin des tables relatives à la composition de l'eau : ces dernières ajoutées spécialement douze ans après, le 1er mai 1784. L'existence de ces tables montre que le Registre renferme les données courantes du calcul des expériences faites pendant la durée de la vie scientifique de Lavoisier.

Poursuivons notre résumé général.

En décrivant ses expériences, Lavoisier transcrit au cours de la plume quelques réflexions intéressantes, parce qu'elles marquent le cours progressif de ses idées. Je me borne à en signaler ici l'objet, le texte même étant donné plus loin *in extenso*.

Au folio 12, il se demande si l'ammoniaque est un gaz en soi; ou bien si c'est un corps volatil, réduit en vapeur dans l'air, ou dans un autre gaz qui lui servirait de support. On discutait alors la question de savoir s'il n'y a qu'un gaz unique, subsistant par lui-même, l'air ordinaire; ou bien s'il existe plusieurs gaz spécifiquement distincts : l'expérience de Lavoisier portait sur cette question.

Un peu plus loin, il s'étonne que le minium puisse décomposer le sel ammoniac, comme le fait la chaux, en formant également un alcali exempt d'air (c'est-à-dire non carbonaté) ; le motif de sa surprise, c'est que le minium renferme un air fixé sur le plomb, de même que la craie contient un air fixé sur la chaux. A les assimiler entièrement, on eût été conduit à toutes sortes de confusions, qui suscitaient de grands doutes dans l'esprit de Lavoisier ; car il commençait à soupçonner que le gaz fixé sur le minium, c'est-à-dire l'oxygène (confondu lui-même avec l'air ordinaire) n'est pas identique avec le gaz fixé sur la chaux, c'est-à-dire avec l'acide carbonique. La confusion qui éveillait ses doutes allait même plus loin : car elle s'étendait jusqu'au gaz qui était supposé servir de support à l'alcali volatil ; notre ammoniaque n'étant pas regardée à ce moment comme un gaz doué d'une existence propre, mais comme une matière liquide, volatilisée au sein de l'air dégagé du minium. Enfin on voit dans ce morceau que Lavoisier à ce moment admettait encore le phlogistique, comme existant dans les gaz et susceptible d'en produire la diversité, par sa proportion inégale.

Il revient plus loin sur ces doutes, au folio 29 (avril 1773). Quelques observateurs prétendaient qu'il suffit de refroidir fortement l'air fixe (acide carbonique), ou de l'agiter avec de l'eau, pour le ramener à l'état d'air ordinaire. Lavoisier discute ces expériences, sans pénétrer encore la cause des erreurs commises par les auteurs, lesquelles étaient dues aux échanges gazeux qui se font entre l'atmosphère extérieure et l'atmosphère confinée des vases, par l'intermédiaire de l'eau. Par suite, tout l'acide carbonique finissait par disparaître, étant remplacé par un certain volume d'air. Mais on ne s'en aperçut que plus tard.

Tout ceci montre quelles difficultés présentaient alors l'expérimentation et surtout l'interprétation des expériences ; dans quelles obscurités on se débattait ; quels tâtonnements on a dû traverser ; combien enfin il fallait avoir l'esprit libre et dégagé de tout préjugé pour sortir de cette confusion, et combien a été grande la révolution opérée par le génie de Lavoisier.

Au folio 13-17, il examine par quelles épreuves d'élasticité et de dilatabilité, etc., on pourra établir que l'air sorti des corps [1] est un véritable gaz, doué des propriétés physiques fondamentales de l'air ordinaire.

C'est le 29 mars 1773 qu'on trouve le premier soupçon de la composition de l'air atmosphérique, comme conséquence de ce fait qu'il n'est absorbé que partiellement par les métaux.

Ces résultats généraux étant présentés, passons à l'analyse détaillée du Registre premier.

Ce que nous rencontrons d'abord, ce sont les tables numériques de données courantes, intercalées à différentes époques sur les feuilles et espaces restés blancs, tables curieuses comme conservant des traces de la manière de travailler de Lavoisier.

A la suite de la table alphabétique, on lit ainsi, sur deux folios non cotés, des tables pour le calcul de la capacité des cloches destinées à la mesure des gaz, et pour traduire les indications d'un aréomètre. — Lavoisier avait un aréomètre-étalon d'argent, à volume constant et à poids variable, dont il est souvent question dans ses Registres.

Puis vient une table pour réduire les fractions vulgaires de livre en décimales. Il n'est pas sûr que ces diverses tables soient contemporaines de la première rédaction du Registre : elles paraissent ajoutées après coup, sur les feuilles blanches du commencement.

---

(1) C'est-à-dire les gaz dégagés par des réactions chimiques, ou par la chaleur.

Elles sont suivies par l'Introduction générale, datée de 1872, déjà citée plusieurs fois dans ce volume (p. 48-51 et p. 226) et inscrite sur les premières feuilles (f. 1 à 4).

Avant le récit même des expériences faites en 1773, on a intercalé en 1784 des tables relatives à la composition de l'eau. En effet, au verso de la feuille 4 et sur la feuille 5 se trouve un tableau ajouté le 1er may (*sic*) 1784, sous le titre de : « Quantités d'air inflammable en poids et en volume correspondantes à une quantité donnée d'air vital ». Il s'agit des expériences exécutées en commun avec Meusnier.

Au verso de la cinquième feuille, on lit :

Suitte (*sic*) de la table de la composition de l'eau ; puis sur cinq colonnes.

QUANTITÉ D'EAU	QUANTITÉ EN POIDS		QUANTITÉ EN VOLUME	
	d'air vital	d'air inflammable	d'air vital	d'air inflammable
(En grains.)	(Pour un grain le rapport est celui de : 0,8687 air vital à 0,131 air inflammable.)		(Ces deux colonnes sont restées en blanc.)	

Au recto de la 6e feuille (non marquée) : « table des quantités d'air vital et d'air inflammable, contenues dans une quantité donnée d'eau ». Puis cinq colonnes pareilles aux précédentes. Les quantités d'eau sont exprimées en livres, onces, gros. Les volumes marqués sont, pour 1 once : 1057,44 air vital, et 2020,07 air inflammable.

On remarquera que le rapport en poids des éléments de l'eau est ici : 0,869 à 0,131 ; au lieu de 0,888 à 0,1111 ; c'est-à-dire 1 à 6 1/2 au lieu de 1 à 9. Dans la 2e édition de son *Traité de chimie*, en 1793, Lavoisier adopte un rapport encore moins exact, celui de 85 : 15. Ces erreurs proviennent de la grande difficulté qu'il y avait alors à peser exactement les gaz, dans des conditions de pression, de température, d'état hygrométrique définies, et surtout à les obtenir sous un état de pureté convenable.

Le rapport en volume est plus voisin de la réalité; celui qui est indiqué ici étant le rapport de 1 : 1,9103 au lieu de 1 : 2. Plus tard, en 1788, Lavoisier avait adopté définitivement dans les calculs de ses Registres le rapport exact des volumes 1 : 2, probablement pour simplifier.

Les tables n'ont pas été continuées immédiatement à la suite, faute de place sans doute, mais plus loin, sur les feuilles non numérotées qui suivent la table des matières; une portion est même rejetée au verso du folio 56.

D'après l'ensemble de ces observations, il paraîtrait que le Registre premier aurait été celui dont plus tard on consultait de préférence les données générales pour le calcul des expériences quotidiennes; ou bien encore celui qui se trouvait le plus en évidence dans le laboratoire, au moment des expériences faites en 1784 sur la composition de l'eau.

Venons aux expériences transcrites dès le début sur le Registre, à la suite de l'Introduction; j'en reproduirai l'indication initiale, avec quelques détails caractéristiques, s'il y a lieu.

F. 7. Du 23 février 1773[1]. Le chiffre 23 est rayé et remplacé par « commencement de ». L'auteur décrit une expérience pour faire de l'alkali caustique fixe.

---

(1) La différence de cette date avec celle de l'Introduction (2 février 1773) est singulière. Elle paraît indiquer que l'Introduction précédente aurait été transcrite sur le Registre seulement en 1773.

7 verso. Capacité des divisions de mon eudiomètre en pouces cubiques et en poids d'eau [1].

8. Suite de l'expérience du f. 7.

Au bas de la page, on lit : 15 mesures corrigées valent...

1 mesure...

ce qui se rapporte au tableau 7 verso et n'a aucun rapport avec l'expérience décrite.

En haut de cette même page, on trouve les indications suivante : $\frac{1}{4}$; 1/2 ; $\frac{3}{4}$; 1 (mesures) avec leur valeur.

$$\frac{1}{3} ; \frac{2}{3} ;$$

C'est aussi une addition ultérieure, simultanée avec le tableau et faite en surcharge sur la page, indépendamment de l'expérience qui y est décrite.

9. Suite de l'expérience du f. 7.

Calcination du charbon.

10. Du 22 février 1773. Calcination du plomb à la cornue. (Ces mots semblent ajoutés après la rédaction et à côté.)

La cornue de grès employée dans l'expérience a été cassée deux fois.

11. Du 23 février. Calcination du plomb à la cornue.

[3° cornue cassée.

Cornue de verre avec étain : elle se déforme.]

12. Du 26 février (1773). Ebullition des fluides sous la machine pneumatique.

Sous le récipient : 1° Alkali fixe ordinaire en *deliquium* ;

2° — fondu et dissous ensuite ;

3° Une solution faible de soude ;

4° De la lessive des savonniers « de ma première opération [2] » ;

5° De l'alkali lessivé imprégné de sang de bœuf [3].

(1) Table ajoutée ultérieurement (Voir plus haut), à l'époque où Lavoisier faisait des mesures de gaz. Le mot même « eudiomètre » est postérieur de quatre ou cinq ans à l'année 1773.

(2) Ceci fait suite à l'expérience du folio 7.

(3) Obtenu par calcination et contenant du cyanure, ce qui lui communiquait la propreté de précipiter en bleu les sels de fer; il en est question dans les auteurs du temps. Cet alcali mêlé de cyanure est celui qui est désigné ensuite sous le nom d'alcali phogistique (*sic*), pour phlogistiqué.

Il se répand une odeur d'alkali volatil due à l'alkali phogistique *(sic)*.

Donc les alcalis volatils s'évaporent dans le vuide (sic) ; donc ce n'est pas l'air qui opère leur volatilisation, mais une (sic) autre fluide que nous ne voyons pas [1].

Puis vient en addition, d'une encre plus noire et sur laquelle on a mis à l'origine une poudre brillante, qui n'existe pas dans la partie supérieure de la page : une autre expérience analogue, faite avec l'alkali volatil préparé par le minium (et le sel ammoniac). — *Il y a eu dans cette expérience un refroidissement considérable.*
[Le récit de l'expérience continue et occupe le f. 12 verso tout entier; ce qui montre qu'elle a été transcrite sur le Registre après celle du folio 13].

Je ne puis m'empêcher de remarquer icy que cet alkali a tous les caractères de la causticité. Cependant il est fluide, comme celui retiré par la chaux ... il semblerait donc qu'il est privé d'air [2]. *Comment accorder cet état avec celui où je suppose qu'est le minium. Cette dernière substance est suivant moi une combinaison d'air et de plomb. Cet air devrait passer dans l'alkali volatil, avec lequel il a une prodigieuse affinité. Cependant il se dissipe et s'échappe pendant l'opération.*

Cette difficulté est embarrassante et je crois qu'on doit en conclure que l'air combiné avec le plomb dans le minium n'est point cet air fixé, qui a tant d'aptitudes à se combiner avec les alkalis. C'est sans doute l'air même de l'atmosphère. Peut-être aussi cet air qui se dégage du plomb n'est-il pas assez chargé de phlogistique pour se combiner avec les alcalis ; car suivant le système de quelques-uns l'air fixé

---

(1) Ceci semble indiquer que Lavoisier n'admettait pas alors que l'alcali volatil fût un gaz à existence propre — contrairement à ce qui fut établi vers la même époque par Priestley.

(2) C'est-à-dire d'air fixé, d'acide carbonique.

est un air combiné avec le phlogistique; mais j'avoue que tout cecy présente beaucoup d'incertitude.

Ainsi Lavoisier doutait à ce moment si l'on devait confondre l'acide carbonique, que la chaux sépare de l'ammoniaque carbonatée, avec l'oxygène contenu dans le minium, aussi bien qu'avec l'air ordinaire, et en outre avec une portion de gaz ammoniac même, dont il le regarde comme le support gazeux; en outre, il ne rejette pas encore la notion du phlogistique : j'ai insisté plus haut (p. 227-228) sur ces divers points.

13. Du 1er mars.
Appareil pour combiner l'air fixe avec les liquides de différentes espèces. — Dessin grossier. — Le même appareil servira pour la vapeur de charbon. 2e dessin.
14, 15. Suite.

Il faut déterminer son poids; s'il est élastique, compressible; le laver avec différentes matières pour observer ensuite son action sur les animaux.

Figure et disposition pour peser l'air sans balance [1].
(Ballon vide, équilibré avec l'eau, et pourvu à sa partie supérieure d'un robinet surmonté d'un plateau, comme l'aréomètre à volume constant; on y ajoute des poids jusqu'à équilibre). — 2e disposition [2].

16. Disposition pour la force élastique. Manière de mesurer la compressibilité de l'air fixe. — Dessin.
Une feuille volante annexée à cette page, d'un papier resté

____

(1) C'est un projet.

(2) Elle est impraticable comme précision, le ballon étant d'abord rempli d'eau, et Lavoisier s'en aperçoit; car il ajoute au bas : « La difficulté sera de bien sécher le ballon. » A ce moment, Lavoisier paraît avoir encore peu d'expérience des appareils pneumatiques. Après avoir dit qu'on peut employer l'appareil ordinaire à comprimer l'air, il observe que la difficulté est de pouvoir introduire l'air fixe et

plus blanc et de plus petite dimension : « Choses à acheter et à faire faire : un tuyau de tolle *(sic)*, une bouteille tubulée, etc. »

17. Suite.

Les machines pour éprouver les effets de l'air par les animaux sont commandées et presque achevées. Il est inutile de les décrire icy, etc.

Il est encore un article, c'est de déterminer si l'air sorti des corps est dilatable par le chaud et par le froid, de la même manière que celui de l'atmosphère.

Dans les expériences sur les animaux, ne pas obmettre(sic) *les grenouilles.*

On voit que Lavoisier se préoccupe continuellement de la question de l'action physiologique des gaz préparés par diverses réactions et s'occupe de la comparer à celle de l'air ordinaire. Il comprend aussi la nécessité d'étudier les propriétés physiques, dilatation, compressibilité, etc., de ces gaz, avec celles de l'air ordinaire, que l'on avait cru jusque-là caractérisé par ces propriétés mêmes.

Il ajoute ces détails personnels :

18. Du 28 (30 rayé) mars 1873.
Appareil pour les calcinations au verre ardent (ceci d'une autre écriture que celle du reste de la page).

Les différentes machines cy-dessus indiquées ne sont point encore finies pour la lenteur des ouvriers. Une maladie d'ailleurs de quinze jours et différentes affaires m'ont obligé

ajoute : Je crois qu'on ne pourra se dispenser d'employer un tuyau ouvert par les deux bouts, etc. On voit qu'il ne savait pas encore tirer parti du vide, ou des procédés de déplacement d'un gaz par un autre, pour remplir son ballon. — Les appareils à recueillir et à mesurer les gaz ont été fort perfectionnés vers cette époque par Priestley. Mais les procédés pour remplir les grands ballons n'ont été vraiment rendus pratiques qu'à l'époque des mesures relatives à la recomposition de l'eau, vers 1784.

d'interrompre mes expériences. Cependant, comme je voudrais pouvoir annoncer quelque chose à la rentrée et que le temps presse, etc.

Ici une feuille volante portant 3 lignes, et ces mots :
« L'abbé Rosier est très sincèrement obligé à... » [1].
Dessin d'une cloche sur l'eau.
19, 20. Suite.

Je n'entre pas dans le détail des petites difficultés que j'ai trouvées; je les ay levées facilement.

Du 29 mars (1773). Calcination du plomb (d'une autre écriture). Il décrit l'expérience.

J'ai vu avec surprise que le plomb ne se calcinait pas davantage. J'ai commencé dès lors à soupçonner que le contact d'un air circulant est nécessaire à la formation de la chaux métallique ; que peut-être même la totalité de l'air que nous respirons n'entrait pas dans les métaux que l'on calcine, mais seulement une portion, qui ne se trouve pas bien abondamment dans une masse donnée d'air ; peut-être encore la couche de chaux qui couvrait la surface du métal empêchait-elle le contact direct de l'air et arrêtait les progrès de la calcination. — Température de l'air ambiant non prise, c'est une opération à recommencer [2].

Le plomb ayant été retiré n'avait pas acquis de poids : il avait au contraire perdu environ un demi grain, ce qui vient sans doute des vapeurs qui s'en étaient exhalées.

---

(1) Ces feuilles sont des moitiés de lettres, restées blanches et utilisées, après coup, comme nous le faisons souvent aujourd'hui, en les pliant en deux. La ligne relative à Rozier indique que c'est un commencement de lettre qui n'a pas servi : il s'agit de l'abbé Rozier, du *Journal de Physique*.

(2) Voir dans les *Opuscules*, p. 282 et suivantes, édition de 1774. Le Registre contient les données des expériences, dont les *Opuscules* donnent la rédaction définitive.

Fleurs jaunâtres au dôme de la cloche [1].

19 v. Dimensions de la cloche et tableau des volumes répondant à chaque ligne de hauteur.

21. Calcination du plomb (ce titre est inexact, car il s'agit du zinc dans l'article correspondant).

Réduction du plomb au verre ardent.

Minium et poudre de charbon placés sous la cloche. — Réduction partielle; air dégagé. — Il craint que le charbon n'y ait contribué.

20 v. Dimensions de la cloche et tableau des volumes correspondant.

22. Du 30 mars. Calcination de l'étain (tous ces titres ont été ajoutés plus tard).

Mêmes incertitudes qu'avec le plomb [2].

Alkali fixe et charbon en poudre. — Ne prouve rien.

23. Du 31 mars. Réduction du plomb au verre ardent.

Cette chaux ainsi volatilisée a probablement absorbé de l'air.

La matière examinée (la suite reste en blanc).

22 v. Dimensions de la cloche et tableau des volumes.

Calcination du plomb et de l'étain (mêlés).

24. Suite. Calcination du zinc. — Toujours douteux.

Du 30 mars. Double feuille volante intercalée : 2 gros d'étain calcinés. C'est le brouillon de l'expérience de la feuille 22.

Il y a en outre : « Alcali et sable au foyer, a fondu; il n'y a eu ni air absorbé ni produit. »

Cette feuille volante est d'une écriture plus négligée.

L'existence de cette feuille intercalaire éclaircit la manière de travailler et de rédiger de Lavoisier; car nous possédons ici à la fois les notes prises au cours même de l'expérience, la rédaction immédiate du Registre et la rédaction définitive avec commentaires, imprimée dans les *Opuscules*.

---

(1) L'appareil de cette expérience, exécutée au moyen du verre ardent, était disposé, dit le Registre, dans l'appartement de la Reine; aux Tuileries sans doute.

(2) Ces incertitudes étaient inévitables, attendu que l'opération avait lieu dans une cloche pleine d'air, placée sur l'eau qui absorbait une partie de l'acide carbonique.

25. Calcination du charbon. — Elle produit du gaz : (au verre ardent. — On a opéré dans l'air).

24 v. Tableau des volumes de la cloche.

26. Observations sur le volume des matières exposées au miroir ardent [2].

Calcul du volume du plomb et de la litharge employés.

27. d° De l'étain, du zinc.

28-29. Du 6 avril 1773. Alkali combiné avec les chaux métalliques [3].

Je me suis fait bien des fois une objection contre mon sistème (sic) de la réduction métallique et voicy en quoi elle consiste : la chaux suivant moi est une terre calcaire privée d'air ; les chaux métalliques au contraire sont des métaux saturés d'air. Cependant les uns et les autres produisent un effet semblable sur les alcalis, ils les rendent caustiques [4].

Puis vient une expérience, où le minium bouilli avec des cristaux de soude ne les a pas rendus caustiques : ce qui contredit l'assertion. Lavoisier ne fait aucune remarque à cet égard ; mais il exécute l'expérience suivante.

Précipitation du mercure (titre ajouté après coup).

Une dissolution de mercure dans l'acide nitreux est précipitée en gris verdâtre par la solution de soude, en noir plus foncé par l'alcali qui a passé sur le minium.

Tout cecy me porterait à croire que l'alkali qui a passé sur le minium contient plus d'air que l'autre, bien loin d'en être privé et d'être caustique.

L'objection me paraît complètement détruite pour ce

(1) C'est de l'oxyde de carbone probablement ; car l'acide carbonique n'augmente pas le volume de l'air, aux dépens duquel il se forme, et le volume des gaz de la décomposition propre du charbon est minime.

(2) Titre de la même écriture et date que le sous-texte.

(3) Le titre est d'une écriture plus pâle et ajouté après coup.

(4) Ceci montre que la confusion entre l'oxygène et l'acide carbonique persistait dans l'esprit de Lavoisier. (V. p. 234.)

qui regarde l'alkali fixe; mais elle subsiste en entier pour l'alkali volatil. — En effet, l'alkali volatil qu'on obtient de la combinaison du sel ammoniac et du minium est dans un état de causticité. Comment expliquer ce phénomène? J'avoue que je n'en sçais (sic) rien encore.

30. Du 24 avril. Or fulminant dans le vuide (titre ajouté).
Il détonne, mais sans bruit (par le verre ardent); ce qui prouve, etc.

Combustion du phosphore dans le vuide. (Se sublime sans s'enflammer, ni rendre l'eau acide.)

Poudre à canon dans le vuide.

Le soufre se sublime; la poudre ne détonne pas; la rentrée préalable d'un peu d'air sous la cloche fait détonner la poudre[1].

31. Du 4 may. Acide vitriolique et charbon (chauffé au verre ardent) : l'eau a baissé de   [2], sur un diamètre de   .

Je suivrai dans un autre temps cette expérience.

Le phosphore sous une couche d'esprit-de-vin ne peut être enflammé au verre ardent, faute du contact de l'air.

32. Du 6 mai. Dissolution du fer par l'acide nitreux. — Expérience avec pesées.

33. Du 7 may 1773. Manière d'obtenir de l'air fixe sans vessie et par un appareil qui ne laisse aucun doute sur sa pureté[3]. (C'est un appareil à entonnoir, tubes, robinets, etc., pour recueillir le gaz dans un flacon renversé sur l'eau.)

Deux figures tracées à la règle[4].

34. Fin de l'article précédent.

Manière de conserver l'air fixe en bouteilles. (C'est de mettre dans la bouteille une couche d'eau et une couche d'huile[5].)

Figure tracée à la règle.

(1) C'est la reproduction d'expériences déjà connues à cette époque.

(2) Les mesures ne paraissent pas avoir été prises.

(3) Titre de la même écriture que la suite.

(4) « A noter la bouteille A, que je nommerai d'après M. Bucquet bouteille des mélanges, et la bouteille P que je nommerai avec lui bouteille de réception. »

(5) Lavoisier emploie fréquemment ce moyen pour préserver les gaz de l'action dissolvante de l'eau. C'est un procédé abandonné aujourd'hui, tant parce qu'il n'est pas propre, que parce que la solubilité des gaz dans l'huile n'est pas moindre que dans l'eau : au contraire. Mais elle s'opère plus lentement, ainsi que la diffusion du gaz dissous par l'huile dans l'eau sous-jacente.

35. Expérience sur l'effet d'un refroidissement très grand sur l'air fixe.

On refroidit le gaz dans un flacon sur l'eau, au moyen d'un mélange de glace et de sel marin, à — 15° Réaumur. Il s'aperçoit que l'eau l'absorbe lentement : ce qui jette du doute sur les résultats, dit-il.

Il s'agissait d'examiner cet air fixe et de voir si, comme le prétend M. de Saluce, il était devenu air ordinaire [1], etc.

37. Appareil pour faire passer l'air qu'on veut soumettre à l'examen, soit à travers l'eau de chaux, soit à travers elle autre liqueur qu'on voudra. (C'est une pompe aspirante et foulante, avec robinet.)

Figures tracées à la règle.

Suitte de l'air reffroidi (*sic*).

On le fait passer dans l'eau de chaux, qui est précipitée.

On vérifie, d'autre part, que l'air ordinaire ne la précipite pas et que le précipité précédent fait effervescence avec l'acide nitreux.

38-40. Du 10 may 1773. Ebullition de l'alkali volatil sous la machine pneumatique (titre ajouté).

L'alkali volatil tiré du sel ammoniac par le minium est vraiment un alkali caustique ; je l'ay éprouvé avec l'eau de chaux et il ne la précipite aucunement. Ce fait est extrêmement singulier et me paraît tout à fait inexplicable dans le principe de la fixation de l'air dans les chaux métalliques [2].

Ebullition sous la machine ; le baromètre redescend pendant la production des bulles, au lieu de remonter. — Lavoi-

---

(1) Cette prétendue conversion de l'air fixe en air ordinaire se trouve invoquée dans un certain nombre des expériences de cette époque : en réalité, c'était une apparence, résultant de la dissolution de l'acide carbonique dans l'eau et du dégagement simultané au sein de l'espace vide superposé, de l'air précédemment dissous dans l'eau. V. *Opuscules*, p. 45 (1774).

(2) Toujours la confusion entre le gaz fixé sur les métaux (oxygène), et le gaz fixé sur les alcalis (acide carbonique).

sier vérifie que cet effet est accompagné par le refroidissement d'un thermomètre intérieur.

Ebullition de l'esprit-de-vin. — Lavoisier observe qu'il bout mal dans le vide.

Que l'esprit de vin ne bout pas d'autant plus vite, comme l'eau, qu'il est chargé d'une moindre colonne de l'atmosphère. Je crois entrevoir aussy (sic) qu'il bout aussy aisément à froid qu'à chaud sous la machine pneumatique[1].

Ebullition de l'huile de thérébenthine (sic). *L'huile de thérébentine jette des bulles sans faire rémonter le mercure. La surface de l'huile devient opaque et comme figée ; mais lorsqu'elle a été quelque temps exposée à l'air, elle recouvre sa transparence[2].*

Ebullition de l'esprit-de-vin.

Le 20 du même mois[3], etc. Le mercure descend aussi bas que quand il n'y a pas d'esprit-de-vin. — Refroidissement.

41. Du 13 may. Dessiccation du nitre et de la craye[4].

« Eguilles » du nitre.

Est-ce que la craye calcinée à un feu doux reprendrait de l'air fixe ?

42 v. Du 17 may. Extinction de la chaux (titre ajouté).

Il détermine le poids de l'eau absorbée par l'extinction de la chaux, en la recalcinant.

45. Dissolution de la chaux dans l'esprit-de-nitre (titre ajouté), — avec pesées.

---

(1) Ceci tenait sans doute au retard d'ébullition, qui se produit dans un liquide purgé d'air. Expériences mal faites et tâtonnement d'idées, dans ces essais de généralisation.

(2) L'opacité vient de ce que l'ébullition dégage la vapeur d'eau dissoute dans toute la masse de l'huile, eau qui se recondense en partie, en même temps que l'huile distillée. On observe des effets analogues en général lorsqu'on distille les huiles essentielles, les premières parties condensées étant troublées par l'eau qui est volatisée d'abord.

(3) Addition postérieure, faite sur l'espace blanc laissé au bas de la page.

(4) Je rappellerai que tous ces titres, sauf remarque spéciale, ont été ajoutés après coup.

Perte de poids ; d'où il calcule le poids du fluide élastique contenu dans la chaux.

46 suite. Du 20 may. Extinction de la chaux dans le vuide (titre ajouté).

Je ne me suis pas aperçu qu'il y eût de production ni d'absorbtion (sic) d'air dans cette opération ; mais comme le recipient lutté (sic) à la machine pneumatique laissait introduire de l'air, cette expérience est à recommencer. »

47. Du 20 may 1773 [1]. Chaux combinée avec un alkali (titre ajouté). Elle fait effervescence avec les acides.

J'avais lieu de croire d'après la théorie que c'était une terre calcaire et non une chaux [2].

Cependant elle se dissolvait dans l'eau.

Ce fait est singulier... et demande à être éclairci.

Expériences sur la précipitation de la terre calcaire dissoute dans l'acide nitreux.

— On la met dans plusieurs verres. Dans l'un, on verse de l'alcali phlogistiqué ; il se fait un précipité bleu assez abondant [3]. Mais la terre calcaire n'a pas été précipitée.

Avec l'alkali caustique, il se fait un précipité blanc, un peu jaunâtre. — De même avec l'alkali de la soude.

— De même avec un alkali de la soude, qui avait bouilli sur une quantité énorme de minium.

48. L'alkali volatil fluor [4] caustique, tiré du sel ammoniac préparé par l'intermède du minium, a louchi un peu (le nitrate de chaux), sans le précipiter. Après quelques heures, précipité jaunâtre ; pellicule de crème de chaux formée pendant la nuit [5].

(1) Suite de l'expérience du folio 7.

(2) Incertitudes des expériences imparfaites.

(3) Le bleu dérivait-il d'un cyanoferrure, préexistant dans l'alcali phlogistiqué ? ou bien plutôt celui-ci contenait-il du cyanure alcalin, et la chaux ou l'acide nitrique, du fer ?

(4) Fluor veut dire volatil.

(5) Par l'action de l'acide carbonique de l'air, auquel l'on ne prenait pas garde à ce moment.

Opération faite pendant le cours de may sur la fermentation (titre de même date).

Le 16 may « phiole à médecine » — farine de froment + eau. On recueille les gaz, etc.

Dans une 2ᵉ bouteille, l'eau ne devient pas acide.

47 verso. (vis-à-vis) volume des gaz notés le 20, le 21.

                  addition le 28, — les gaz recueillis
                                 diminuent.

          2ᵉ addition ; le 28 juillet, — idem, davantage[1].

Le haut de la page est blanc (réservé pour la suite de l'expérience précédente).

Son et eau : expérience analogue ; mesure des gaz, le 28 mai : le 28 juillet.

50. Vin, id. expérience analogue. Il y a absorption d'air. — Mesures : 21 mai, 28 juillet.

51. Du 22 may. Détonation du nitre et du souphre (*sic*).

C'est une expérience faite le 9 avril[2] ; résultats assez confus.

52. Extinction des lumières.

L'air produit (par l'opération précédente) éteint la lumière ; l'air de l'atmosphère rentre dans le vase ouvert en peu de temps.

Du 23 may 1773. Réduction du plomb (titre ajouté).

53-54. Minium et charbon chauffés dans une cornue de fer. Il conclut :

Le plomb en se convertissant en minium se charge de 388 fois son volume d'air à peu près [3].

53 v. Table des volumes d'air répondant à un certain poids d'eau, vériffié (*sic.*) le 4 août 1772.

54 v. Table des quantités de pouces cubiques correspondant à une once [4].

55. Du 24 may. Expériences sur l'air dégagé par la réduction du plomb (titre ajouté).

Il pompe cet air à travers des bouteilles contenant de l'eau de chaux.

Cet air ne contenait pas tout air fixe ou combinable.....

(1) C'est un effet de la solubilité de l'acide carbonique dans l'eau.

(2 Non relatée plus haut à sa date.

(3) Confusion entre l'oxygène du minium et l'acide carbonique dégagé de cet oxyde au moyen du charbon.

(4) La table est d'une écriture beaucoup plus récente, qui semble la même que du f. 4, verso, datée du 1ᵉʳ mai 1784.

— En supposant l'air fixe de même pesanteur que celui de l'atmosphère[1]

56. Suite des calculs du gaz dégagé.

56 v. Table des quantités d'air déphlogistiqué correspondant dans l'eau à une quantité d'air inflammable[2].

58. Du 27 may. Alkali volatil caustique dégagé par la chaux (titre ajouté).

Il distille avec de l'eau; il ajoute à la liqueur de la chaux éteinte et s'en sert pour précipiter une solution d'or dans l'eau régale.

59. Or fulminant (préparé à la page précédente).

60-61. Du 4 juin 1873. Diminution de pesanteur spécifique occasionnée par la chaux dans une lessive alkaline (titre ajouté).

Pour décider tout d'un coup et de manière à ne laisser aucune équivoque si la chaux donnait quelque chose à l'alkali caustique à la façon de Meyer[3]; *ou si au contraire la chaux lui enlevait quelque chose suivant l'hipothèse (sic) anglaise, j'ay fait l'expérience suivante.*

Aréomètre d'argent (à volume constant, avec poids ajoutés).

Il prend la chaux vive, éteinte et séchée le 17 may précédent[4]; il en ajoute une once, passée au tamis de soie, dans la lessive du carbonate alcalin; et il constate la perte de densité. Puis il ajoute une nouvelle once de craye[5].

Puis une 3e once de chaux, qui est sans action[6].

La liqueur ne faisait plus à ce moment qu'une très légère effervescence avec l'acide nitreux.

62. Du 7 juin 1773. Mesurer l'air dégagé de la chaux par la dissolution dans l'acide nitreux (titre ajouté).

(1) Erreur.

(2) Ceci est une addition faite en mai 1784. V. plus haut, p. 225, 227, 230.

(3) Théorie de l'*acidum pingue*, opposée à celle de Black sur la transformation des alcalis carbonatés en alcalis caustiques. Ainsi Lavoisier, à ce moment, n'avait pas encore fixé son opinion sur la théorie de Black.

(4) F. 42. Elle a reperdu son eau.

(5) Par erreur, au lieu de chaux.

(6) Il y a deux lignes intercalées d'une écriture postérieure : l'une indique la température et le poids total de l'aréomètre chargé ; l'autre le poids total. L'espace n'ayant pas été réservé, elles sont écrites dans les entrelignes.

Il opère en plaçant la chaux éteinte et séchée le 17 mai [1], dans un bocal, sous une grande cloche de verre ; il y verse « au moyen dé ma bascule », àpeu près ce qu'il fallait d'acide nitreux pour la saturer [2].

Il y a effervescence ; il mesure le gaz dégagé.

— Addition : le soir il fait une nouvelle mesure, qu'il évalue en poids l'appareil étant refroidi.

63. Mesurer la quantité d'air dégagé de la craye par la dissolution dans l'acide nitreux. Il l'évalue en poids et soupçonne que l'air fixe est plus pesant que l'air ordinaire. Évaluations diverses [3].

64. Du 8 juin 1773. Précipitation de la terre calcaire dissoute dans l'acide nitreux, par un alkali ; l'eau qui passe (à travers le filtre) ne précipite plus par un excès.

— Terre restée sur le filtré, décompose le sel ammoniac.

65. Déterminer la pesanteur spécifique des acides, par l'aréomètre. Esprit de nitre : 1,23898 [4].

66. Du juin 1773. Pesanteur spécifique de l'eau de chaux, avant et après l'action de l'air fixe. Par l'aréomètre [5].

67. Du 19 juin. Diminution de pesanteur de l'alkali fixe par sa combinaison avec la chaux (titre ajouté).

Mesure par l'aréomètre.

68. Du 19 juin. Mesurer l'air d'une dissolution de craye par l'acide nitreux (titre ajouté).

D'où il suit que l'air fixe est à peu près équipondérable (sic) à l'air commun que nous respirons [6].

67 v. Pesée de la chaux de l'expérience du folio 68.

69. Du 27 juin 1773. Combustion du phosphore.

Pesées et mesure.

70. Du 28 juin. Réduction de la chaux de plomb.

J'ay fait pour M. de Trudaine.... une réduction métallique.

Minium et charbon ; pesées. Mesure du gaz. Il y a de l'eau produite.

71. Du 1ᵉʳ juillet. Air dans lequel on a brûlé du phosphore.

(1) F. 42.

(2) Voir *Opuscules*, publiés en 1774, planche I, fig. 1ʳᵉ.

(3) Lorsqu'il y a plusieurs alinéas dans le manuscrit, la largeur des marges va croissant de l'un à l'autre, ou plutôt pour chacun d'eux en formant une sorte d'escalier.

(4) Cet acide était assez étendu.

(5) Les calculs sont restés en blanc.

(6) Erreur.

Eteint bougie. N'asphyxie pas un oiseau. Ne trouble pas l'eau de chaux.

Le résultat est évidemment erroné et dû à quelque mélange d'air accidentel ; car nous savons que l'oiseau est asphyxié dans l'azote, aussi bien que la bougie s'y éteint. Mais cette erreur a passé dans la publication imprimée des *Opuscules* (p. 350, 1774).

Persuadé que la combustion du phosphore absorbe l'air fixe contenu dans l'air, ou plutôt le soupçonnant, j'ay pensé qu'en rendant de l'air fixe à cet air, on pourrait peut-être le rendre air commun.

J'ai fait le mélange, mais j'ay introduit trop d'air fixe, etc. — Le mélange éteignait une petite bougie, etc. [1].

73. Du 30 juin. Combustion du phosphore sur du mercure (titre ajouté), au verre ardent.

74. Du 30 juin. Absorption d'air [2]. Terre foliée de tartre sous une cloche (titre ajouté) : essai continué jusqu'au 28 juillet.

75. Augmentation de poids de la chaux vive (titre ajouté). Placée sur une planche, à l'air libre. Suite les 3, 14, 28 juillet.

77. Chaux vive sous une cloche (le 30 juin); expérience continuée le 28 juillet.

78. Du 1ᵉʳ juillet. Dissolution des cristaux de soude.

Du 2 juillet. Chaux éteinte sous une cloche.

79. Suite du 2 juillet. Dissolution de la soude dans l'acide nitreux.

Perte pendant l'effervescence, pesée. Mesurer la quantité d'air fixe contenue dans la soude.

80, 81. Du 3 juillet 1773. Faire passer l'air [3] de la soude dans la chaux.

82. Du samedi matin..... juillet.

L'eau du puits de la Motte-Tilly, près Nogent. Ce puits est creusé dans une masse de craye.

(1) La confusion entre l'acide carbonique et de l'oxygène est ici complète.

(2) Qu'est-ce-que cela veut dire ? S'agit-il de l'absorption de la vapeur d'eau lorsqu'on opère sur le mercure, ce qui est dit ailleurs

(3) L'acide carbonique du carbonate de soude.

83. Du 14 juillet. Dissolution du mercure dans l'acide nitreux.

84. Précipitation du mercure par la craye, par la chaux, par la soude. Pesées.

85. Précipitation du mercure par la soude rendue caustique (titre ajouté).

Précipitation du mercure par la craye (titre ajouté).

85. v. Table pour la machine B[1] — continue au f. 86 r. (même date).

87. Du   juillet. Supplément. Augmentation du poids de la chaux éteinte avant le 14 juillet jusqu'au 28.

88, 89. 17 juillet. Dissolution de fer du 6 mai[2]. Précipitation par la craye, la chaux, par l'alcali caustique; pesées — par la soude.

89, 90. Du 17 juillet. Détonation du nitre (par le verre ardent).

Du 9 avril 1773. Expérience oubliée[3]. Autre détonation du nitre.

La suite avec renvoi, au verso 89.

91, 92. Du 19 juillet. Diminution du poids de l'alkali volatil par l'addition de la chaux (titre ajouté) — avec l'aréomètre.

Augmentation de poids de la chaux.

93. Du 20 juillet. Combustion du phosphore. Pesées.

92 v. Calcul de la capacité de cette cloche.

94. Augmentation de poids de l'acide du phosphore.

Du 22 juillet. Combinaison de l'eau avec l'air dans lequel on a brûlé du phosphore.

95. Expérience. Il se demande « si la diminution de volume de l'air ne serait pas due à la seule humidité; l'air ainsi privé de son humidité ne diminuant pas de volume. La *présence* ou *l'absence* de l'eau[4] n'augmente donc ni ne diminue l'absorption de l'air ».

96. Précipitation de la terre calcaire dissoute dans l'acide nitreux, par l'alcali volatil concret, — caustique.

97. Précipitation du mercure par l'alcali volatil non caustique, — par l'alcali de la soude.

Du 22 juillet. Réduction du mercure précipité (par craye).

98. Réduction de la chaux de plomb (avec charbon).

(1) Ceci paraît se rapporter aux expériences sur la composition de l'eau, faites en 1784.

(2) F. 32.

(3) Ceci est caractéristique de la surcharge.

(4) V. f. 72.

Ce registre a été extrait par moi jusqu'à cet endroit.

99. Du 26 juillet. Comparaison d'acide nitreux — son degré d'acidité. Quantité de chaux éteinte nécessaire.

Je répéterai encore cette expérience.

100. Eau imprégnée d'air fixe. Densité à l'aréomètre.

101. Mélange de l'eau imprégnée d'air fixe avec l'eau de chaux. Densité.

100 v. Table des différences en millionièmes d'après l'expérience ci-contre.

102. Du 31 juillet. Rapport de poids du plomb au minium (titre ajouté).

103. Nouvelle réduction du minium ou chaux de plomb.

104. *Cette expérience mérite d'être recommencée.*

103 à 105 v. Jaugeage du bocal.

106. Passage de l'air dégagé du minium à travers l'eau de chaux.

107, 108. Du 3 juillet. Réduction du minium (titre ajouté) par le charbon. — Rat placé dans le gaz.

Résidu de la réduction (d'une autre écriture postérieure).

109. Combinaison de l'air fixe avec l'esprit-de-vin.

(La densité de l'esprit-de-vin ne change pas sensiblement.)

Combinaison de l'acide nitreux avec la chaux. Pesées.

110. Précipitation de la terre calcaire par les alcalis fixes.

111. Combinaison de l'acide nitreux avec l'alcali volatil. Pesées.

Dégagement de l'air fixe de l'alcali volatil.

113. Combustion du phosphore. Absorption d'eau et d'air.

114. Du 7 août. Combustion du phosphore (renvoi au 20 juillet). Il opère sur le mercure.

115. Petit lait sous une cloche

116. Faire passer l'air de l'alkali volatil dans la chaux. — Dissolution de la chaux dans l'eau.

119. Id. (Air dégagé d'une chaux de plomb).

118. Dissolution de la terre calcaire par l'air fixe.

117 v. Densités des liqueurs correspondantes.

119. Enlever l'air à l'alkali volatil par la chaux.

Combiner le charbon en poudre avec de la chaux éteinte.

118 v. Du   août 1773. Déterminer le rapport du poids du plomb au minium.

120. Verso. Faire passer l'air fixe de la craie à travers l'eau de chaux.

121. En blanc.

En somme, ce Registre répond sensiblement aux expériences contenues dans les *Opuscules* et permet de comprendre les obscurités au milieu desquelles se débattait Lavoisier, et les tâtonnements successifs de sa pensée.

II

Le second Registre est cité au folio 3 du troisième, qui s'en réfère à la page 116 du tome II de 1773. Ce Registre est perdu; mais nous pouvons en déterminer à peu près le contenu.

A première vue, il semble qu'il aurait dû renfermer les expériences exécutées entre le 28 août 1773 et le 23 mars 1774, dates indiquées à la fin du premier Registre et au début du troisième. Mais Lavoisier ne paraît pas avoir travaillé d'une manière suivie dans son laboratoire pendant cette période. C'est en effet l'époque où il a rédigé le volume imprimé des *Opuscules*, dont le contenu répond précisément au premier Registre. Or, ce volume, présenté d'abord en manuscrit à l'Académie des sciences, a été l'objet d'un rapport lu le 7 décembre 1773, par MM. de Trudaine, Macquer, Cadet et Le Roy, rapporteur, et destiné à lui donner l'approbation de l'Académie, nécessaire alors pour l'impression. La rédaction de ce volume a dû occuper les mois qui ont précédé et l'impression du même volume, paru en 1774, a dû également prendre le temps de Lavoisier pendant le commencement de l'année 1774.

Le Registre II a dû renfermer la suite des expériences contenues dans les *Opuscules*, suite relatée dans le Mémoire *Sur la calcination de l'étain dans des vases fermés*, lu à l'Académie à la rentrée publique de la Saint-Martin 1774 (11 novembre) ; Mémoire analysé dans *l'Histoire de l'Académie des Sciences*, pour 1774 (ŒUVRES *de Lavoisier*, t. II, p. 97 et 105), mais il a été remis seulement le 18 mai 1777 à l'impression. Or, il n'existe dans les Registres actuels de laboratoire, autres que le numéro II, aucune trace de ce groupe d'expériences.

Cependant, une feuille volante, annexée au Registre IV, et qui porte la date du 22 octobre 1773, expose divers résultats relatifs à la calcination du diamant, qui ne figurent pas dans ce Registre IV. Le Registre qui renfermait la rédaction de ces détails est donc perdu : ce devait être aussi le numéro II. Son existence réelle est attestée encore par des citations relatives à une préparation d'acide nitreux, faite le 15 mars 1774, et à une préparation antérieure du même acide qui a servi dans le Registre II, faite à la f. 3 et à la f. 20 du Registre III, citation rapportée à la date du 20 mars 1774.

Ce sont les seules données connues, en dehors desquelles il n'y a pas lieu aujourd'hui de parler davantage de ce Registre II.

III

Sur la feuille de garde on lit :

TOME TROISIÈME *du 23 mars 1774 au 13 février 1776.*

Ces dates concordent en effet avec le contenu du Registre. Lavoisier s'y propose surtout de répéter les expériences de Priestley sur les différentes espèces d'airs (c'est-à-dire de gaz) que celui-ci venait de decouvrir. Il cherche à en découvrir de nouvelles; il étudie la composition du nitre et de l'acide nitreux (nitrique), ainsi que les propriétés de l'air vital (oxygène). Ces essais, exécutés au début sur l'annonce de ceux publiés par Priestley, ont été suivis ensuite parallèlement à ceux du savant anglais, ce qui fait comprendre l'assertion de Lavoisier réclamant une part dans la découverte de l'oxygène. Il le soupçonnait en effet depuis mars 1773, d'après la phrase relevée plus haut (p. 236).

Les premières idées de Lavoisier sur l'analyse végétale et sur la nature des acides en général sont consignées dans le présent Registre. Il renferme à la fois des experiences faites à Paris, dans le laboratoire de Lavoisier, et des expériences faites à Montigny, dans le laboratoire de M. Trudaine; ce qui montre la manière de travailler de Lavoisier. On voit, en outre, qu'il n'y avait pas à ce moment un Registre de rédaction particulier pour chacune de ces deux localités.

Au début du Registre III (f. 2), on rencontre les premiers essais de Lavoisier pour déterminer la nature du produit de la combustion de l'hydrogène, produit dont l'identité avec l'eau ne fut constatée que neuf ans plus tard.

« J'étais persuadé que l'inflammation de l'air inflammable n'était autre chose qu'une fixation d'une portion de l'air de l'atmosphère... et que dans toute inflammation d'air, il devrait y avoir augmentation de poids. » — A ce moment, Lavoisier supposait que le principe de l'inflammabilité résidait dans l'air, et non dans l'hydrogène, et il ne répudiait pas la théorie du phlogistique. Mais il se tenait fermement à son principe directeur ; à

savoir que dans toute combustion, il doit y avoir fixation
d'air et augmentation de poids. Malheureusement, une
expérience mal conçue lui donna précisément le résultat
contraire. En effet, il dégagea l'hydrogène au moyen de
l'acide sulfurique étendu et du fer, contenus dans un
matras, et il enflamma le gaz à l'orifice du col du matras.
Or, quand la dissolution fut achevée, il constata une
diminution de poids de 39 grains, perte due à ce que
l'eau, produit ignoré de la combustion, s'était dissipée
à mesure dans l'air extérieur, sous forme de vapeur.

Un peu plus loin (f. 86, avril 1775), Lavoisier essaie de
brûler l'hydrogène dans les vaisseaux fermés, et, se
demande ce qui resterait après la combustion complète.
Mais comme il opérait sur l'eau, il ne put reconnaître
le produit de la combustion, qui est précisément de l'eau.
Ce n'est que bien plus tard, lorsque l'on eut réussi à
opérer la combustion de l'hydrogène en vase clos, sans
le contact de l'eau, et en outre lorsque le principe,
longtemps douteux, de la conservation du poids des matériaux mis en expérience fut généralement adopté des
chimistes, par la suite même des découvertes de Lavoisier ; c'est alors seulement que le problème de la
combustion de l'hydrogène put être définitivement
éclairci et la composition de l'eau démontrée. Mais il
n'en est pas moins intéressant de suivre les tâtonnements
qui ont conduit peu à peu à cette grande découverte.

Observons encore à cet égard que Lavoisier discute
(f. 87) si l'air inflammable dégagé de l'acide acétique
par le fer est le même que celui dégagé de l'acide sulfurique. Ainsi l'on croyait alors que la nature du gaz
dégagé par les métaux dépend de celle de l'acide qui
le développe ; ce qui est vrai d'ailleurs pour l'acide

sulfureux, dégagé au moyen de l'acide sulfurique concentré; et pour les oxydes d'azote, dégagés au moyen de l'acide azotique. De là de nouvelles causes de doute et de confusion, qui ont dû être éclaircies une à une.

Le Registre III renferme des expériences sur les gaz dégagés du nitre, par sa déflagration avec le charbon : sujet qui n'a cessé d'occuper Lavoisier pendant toute sa carrière et auquel ses fonctions de régisseur des poudres et salpêtres donnèrent bientôt pour lui un intérêt exceptionnel. La présence de l'azote dans le nitre étant inconnue en 1775, la perte de poids correspondant à son dégagement se trouve attribuée par erreur à l'eau, prétendu élément du nitre.

On y trouve encore dans ce Registre des essais nombreux, exécutés tant pour répéter les études de Priestley sur les gaz que ce dernier venait de découvrir, que pour tâcher d'en observer de nouveaux; spécialement dans les circonstances où il se produit des fumées (liqueur de Libavius, liqueur de Boyle, vinaigre radical, acide sulfurique fumant, éther nitreux, etc.). On y rencontre aussi diverses analyses sur l'eau du lac de Gomorrhe (mer Morte ou lac Asphaltite), sur les eaux mères des salpêtriers, sur l'acier, sur le platine, etc.

Les études sur l'analyse végétale, sur la nature des acides et des différents airs (gaz) et sur l'oxygène forment, je le répète, la partie la plus intéressante des faits exposés dans ce même Registre. Entrons dans quelques développements à cet égard.

Les réflexions sur l'analyse végétale par distillation (f. 50-51), sur la nature des gaz ainsi dégagés, sur celle de l'huile et du charbon, ainsi que sur l'existence du phlogistique dans ce dernier, seront données plus loin dans leur entier ; elles méritent d'autant plus l'attention, qu'elles sont le point de départ des découvertes que Lavoisier fit dix ans après sur la constitution élémentaire des substances organiques.

Puis viennent, à la feuille 52, des réflexions sur la nature des acides et des différents airs ou gaz, qui les engendrent en s'unissant à l'eau, avec ou sans le concours de l'air. C'est la première ébauche de sa théorie des acides ; je la reproduis également plus loin *in extenso*.

On arrive ainsi à la découverte de l'oxygène et aux travaux sur ce gaz, décrits dans le troisième Registre. J'en ai extrait les textes purement et simplement, sans prétendre les comparer, comme date ou contenu, avec les travaux des autres chimistes contemporains : cette comparaison a été faite d'ailleurs dans une autre partie du présent volume (p. 57).

Au feuillet 62 (mars 1775), Lavoisier extrait le gaz de l'oxyde rouge de mercure, et il constate au moyen de l'eau de chaux que ce n'est pas de l'acide carbonique, mais qu'au contraire il active la combustion.

Lavoisier le compare d'abord avec l'air nitreux (notre bioxyde d'azote) qui a eu le contact prolongé d'une grande surface de fer; ce qui l'a changé, nous le savons aujourd'hui, en protoxyde d'azote. La confusion de l'oxygène et du protoxyde d'azote était presque inévitable à ce moment.

Lavoisier ajoute que le gaz dégagé de l'oxyde de mercure tient de la nature de l'air inflammable : ce qui signifie dans sa pensée qu'il active la combustion, les notions de corps comburants et de corps combustibles étant ainsi confondues dans une expression équivoque.

Lavoisier poursuit ses expériences, en précisant toujours davantage.

Il distingue d'une façon exacte la substance combinée avec le mercure dans l'oxyde rouge, c'est-à-dire l'oxygène, du gaz dégagé par le charbon dans les réductions métalliques, qui est l'air fixe (notre acide carbonique) : c'est la première fois que les deux gaz sont clairement discernés comme distincts. Il constate en outre (f. 80) que l'air fixe ainsi obtenu est en quantité plus grande que l'air obtenu par l'oxyde de mercure seul [1]; « d'où il suivrait que cet air fixe n'est pas de l'air commun diminué par la vapeur du charbon ».

Lavoisier mesure la quantité d'oxygène dégagée par un poids donné d'oxyde de mercure; il constate les effets de ce gaz sur les animaux et sur les corps enflammés.

Ces diverses expériences ont été utilisées dans le *Mémoire sur la nature du principe qui se combine aux métaux pendant leur calcination et qui en augmente le poids* [2] et dans quelques-unes des publications consécutives de Lavoisier.

Le Registre se termine par l'étude méthodique de la dissolution du mercure dans l'acide nitrique (février 1776), étude dont Lavoisier a tiré son *Mémoire sur l'existence de l'air dans l'acide nitreux* (nitrique) *et sur les moyens de décomposer et de recomposer cet acide* [3].

---

(1) Ceci n'est pas exact en principe, le volume de l'acide carbonique étant précisément le même que celui de l'oxygène qui concourt à le former en s'unissant au charbon. Mais en fait, dans la plupart des réductions métalliques, il se produit de l'oxyde de carbone, dont le volume est, au contraire, double de celui de l'oxygène qui l'a formé. Le mélange d'oxyde de carbone et d'acide carbonique, qui se produit d'ordinaire, donne dès lors lieu à un accroissement de volume.

(2) ŒUVRES, t. II, p. 122.

(3) ŒUVRES, t. II, p. 129.

Je note en passant le mot *fermenter*, employé (f. 59) pour désigner l'agitation intestine qui se produit dans un mélange d'oxygène et de bioxyde d'azote, sens dans lequel le mot était fréquemment employé par les alchimistes; et le mot *minium* (f. 67) appliqué à l'oxyde de mercure, précisément comme chez les anciens et chez les alchimistes [1].

Donnons maintenant l'analyse détaillée du Registre III.

F. I. En blanc.
2. Air inflammable.

J'étais persuadé que l'inflammation de l'air inflammable n'était autre chose qu'une fixation d'une portion de l'air de l'atmosphère, une décomposition d'air, et que le dégagement de matière du feu pouvait bien venir du principe inflammable de l'air, qui se séparait de la partie fixe [2]. Dans ce cas, dans toute inflammation d'air il devrait y avoir augmentation de poids. Pour m'en assurer, j'ay mis dans un matras de l'acide vitriolique, affaibli convenablement; j'ay pesé le matras dans cet état et j'y ai ajouté une quantité connue de limaille de fer. La dissolution s'est faite avec mouvement et chaleur. J'ay approché une chandelle, il y a eu détonation. Mais pendant tout le temps de la dissolution, il y a eu diminution de poids; il est resté une flamme légère qui a continué au haut du col du matras, jusqu'à ce que la dissolution fût entièrement achevée et cela

(1) Voir mon *Introduction à la Chimie des anciens*, p. 261.

(2) L'air se séparerait, d'après cette conception, en une partie fixe ou terre, et une partie inflammable, qui s'unirait à l'hydrogène pendant la combustion (?). Les deux produits réunis auraient un poids supérieur à celui de l'air.

n'a pas empêché qu'il n'y eût continuellement une diminution progressive, dont le total a monté à 39 grains [1].

3. Du 23 mars 1774. Ether nitreux, — figure. — Air dégagé dans la f... ation de l'éther nitreux (titre ajouté).

Acide nitreux de la page 116 du tome II de 1773 et esprit-de-vin.

Gaz recueilli dans une grande cloche, sous de l'eau recouverte d'une couche d'huile de térébenthine. Le gaz est très inflammable d'abord. L'eau remonte sans cesse [2]. Le 2 avril, il n'est plus inflammable.

Suite d'expériences peu significatives, à cause des changements de composition (ignorés de Lavoisier) du mélange gazeux. A la fin, il restait du bioxyde d'azote.

F. 11. Expérience réitérée le 2 avril, suivie jusqu'au 7 juin 1774. Rien de clair.

15. Du 5 may 1774. Alkali fixe, très pur (titre ajouté). Densité de la dissolution (par l'aréomètre).

16. 12 may 1774. Acide nitreux; sa combinaison avec l'alkali (en marge : salpêtre artificiel).

18. Alkali fixe (comparaison de son alkalinité avec celle de la chaux).

Rapport de l'acidité de l'acide nitreux de la page 116 du volume précédent, 15 mars 1774, avec celui qui m'a servi dans mon premier volume et celui qui m'a servi dans le second jusqu'au 15 mars.

Feuille intercalaire, renfermant des calculs et une liste

(1) Cette description est très curieuse ; car elle contredit l'opinion énoncée au début, d'après laquelle l'air atmosphérique aurait dû se fixer en s'unissant à l'air inflammable, tandis que la matière du feu se serait dégagée, — à moins que celle-ci ne fut pesante. Les apparences étaient ici contre Lavoisier. La perte de poids vient de ce que le produit de la combustion (vapeur d'eau) ne demeure pas fixé dans le matras, mais se dissipe dans l'atmosphère.

(2) L'éther nitreux formé d'abord était recueilli sous forme gazeuse, sa grande volatilité le maintenant dans cet état à la faveur des gaz permanents (oxydes de l'azote, acide carbonique, etc.) produits simultanément. Mais ce mélange étant conservé sur l'eau, l'éther nitreux était absorbé peu à peu, tant par solution simple que par décomposition lente, et le mélange cessait d'être inflammable. Toutes ces complications surpassaient les connaissances de l'époque et ne pouvaient guère être analysées par Lavoisier.

d'appareils pour expériences. (Spath fusible et acide vitriolique ; sel marin et acide vitriolique ; sel ammoniac et chaux,
et minium, etc.

21. Nitre [1].

*Refflexions (sic) sur la quantité d'air combiné dans le
nitre.* — Suivent les calculs; d'où il conclut qu'*il n'entre
véritablement dans la composition d'une once de nitre que
2 gros 12 grains d'alkali caustique; plus 4 gros et demi
d'air fixe : total 6 gros 48 grains. D'où il suivrait que le
nitre ne contiendrait que 1 gros 24 grains d'eau, tant de
cristallisation que de composition.*

*Ce calcul suppose que le nitre seul concourt à la forma-
tion de l'air fixe; mais il est très probable que le charbon y
fournit quelque chose et je vais faire le même calcul dans
cette supposition.*

Donc, une once de nitre est composée ainsi qu'il suit :

Air fixe sans phlogistique .... 3 *gros* 12 *grains.*

Alkali caustique. 2   12

Eau de cristallisation et de composition . 2   48

« *Tous ces calculs ne sont encore que des à peu près.* »

23. Nitre (quantité d'air qui s'en dégage) (ajouté : air dégagé
de la détonation du nitre sur le mercure.)
Expériences avec le verre ardent.

----

(1) Même titre rayé. Au-dessous, d'une écriture plus récente : air,
quantité qui est combinée dans le nitre.

Le calcul qui suit est fait d'abord d'après la dose d'air fixe d'acide
carbonique absorbée par l'alcali pendant la détonation faite au moyen
d'un mélange de nitre et de charbon. Mais l'air dégagé du nitre simultanément a été produit en réalité au moyen du charbon et il
ne préexistait point. De là une nouvelle manière de calculer les résultats.

On voit par la lecture de ce texte quelle confusion régnait dans les
raisonnements de ce temps, l'azote et l'oxygène étant inconnus, et la
perte de poids résultant de leur départ étant attribuée à l'eau de l'hydrate alcalin, extrait du nitre, mais qui était regardé alors comme
anhydre ; tandis que cette eau n'existe pas en réalité dans le nitre et
se fixe pendant la dissolution du produit.

Dans l'expérience ci-dessus, l'acide carbonique produit n'avait pas
été recueilli d'abord : de là l'expérience suivante.

24. Ether nitreux (air dégagé de l') — suite des pages 14 et
14 v, opération faite le 7 juin — suite le 16 septembre [1];

26. Détails sur les eaux du Bourget. (Près du mur du jardin
de M^llo Punctis).

28. Eau de la marre *(sic)* Cassin, au Bourget, observée à la
fin de 1773. — Autre, le 13 juin 1774.

29. En blanc.

30. Expériences faites à Montigny le 28 octobre 1774 [2].—Air
marin (titre ajouté).

*Dans la rigueur du mot, l'acide marin n'est que de l'eau
imprégnée d'air marin. Il en est à peu près de même de l'a-
cide nitreux [3].*

*Il y a grande apparence que l'air fixe n'est autre chose
qu'un acide en vapeurs, tout comme l'air marin et l'air nitreux.*

31. Air alkalin.

32. Air nitreux ; non mélangé avec l'air alkalin.

34. Acide nitreux (sa formation par l'étincelle électrique)—
titre ajouté postérieurement d'une autre écriture et d'une autre
main [4].

36. Du 28 octobre : étincelle électrique dans l'air commun,
sur de la teinture de tournesol.

35. Etincelle électrique dans le vuide sur la teinture de
Tournesol (titre ajouté).

(1) Ici une petite feuille volante, sur l'action du gaz de cette expérience sur un oiseau.

(2) Expériences de Priestley répétées.

(3) Ceci est vrai du gaz chlorhydrique, appelé ici air marin; mais
non du bioxyde d'azote, appelé air nitreux : car ce dernier exige non
seulement de l'eau, mais aussi de l'oxygène pour former l'acide
nitrique. Lavoisier en a fait d'ailleurs la remarque f. 52. (p. 262).

(4) Ce titre, ajouté après coup, ne répond pas au contenu du Registre.
C'est une interprétation de l'expérience de Priestley répétée ici, d'après
laquelle l'étincelle électrique tirée dans l'air détermine le rougissement
de la teinture de tournesol: expérience que Priestley d'ailleurs n'a-
vait pas comprise, car il l'a rapportait à une production d'air fixe
(acide carbonique). C'est Cavendish qui a montré, dix ans après,
qu'il s'agissait de la formation de l'acide nitrique. — Le titre a
donc été ajouté plus tard et après la découverte de Cavendish, par
la personne qui annotait les Registres de Lavoisier.

On emploie dans cette description le mot : courant de matière électrique, au lieu d'étincelle.

Le tournesol pâlit [1].

37. Etincelle électrique dans l'air commun, sur de l'eau de chaux (titre ajouté).

Résultat nul ou douteux.

38, 39, 40. En blanc.

41. Du 30 octobre : suite du même sujet.

Air dégagé du nitre par la détonation (autre titre d'une écriture postérieure et étrangère).

42. Acide spathique ; eau et air alkalin.

44. Du 22 novembre à Paris. Calcination du plomb.

Air qui a servi à la calcination des métaux. Eteint les lumières ; précipite l'eau de chaux (non concluant). — Et air nitreux.

45. Air nitreux tiré par le fer. Fer dissous par l'acide nitreux. — Acide nitreux, sa combinaison avec le fer (titre triple pour une même expérience, voir p. 217).

50, 51. Réflexions sur l'analyse végétale.

Nous ignorons : 1° *quelle est la qualité de cette immense quantité d'air qui se dégage pendant la distillation : il y a probablement de l'air fixe et de l'air inflammable ;*

2° *Ce que c'est que l'huille (sic) : il paraît que par la combustion on peut la réduire en air et en eau ; mais nous ne savons rien au de-là. Déterminer les proportions des deux en brûlant une lampe en un vase clos.*

3° *Ce que c'est que le charbon. Nous savons bien qu'en brûlant il convertit l'air évidemment en air fixe ; mais nous ne savons pas s'il donne lui-même de l'air fixe ; ce qui s'en dégage pendant la combustion et le rapport de ce qui reste avec le poids qu'avait originairement le charbon.*

Il serait encore très intéressant de brûler du charbon dans un vaisseau fermé ; si ce charbon est composé d'une quantité sensible de son poids de phlogistique, il doit passer

(1) Action décolorante de l'ozone.

*et s'échapper à travers les vaisseaux et il doit y avoir dimi-
nution de poids après la combustion. Cette expérience peut
se faire dans un matras scellé hermétiquement.*

Acides   *De la nature des acides.*   (*titres*

Airs   *De la nature des différents airs* [1] (*ajoutés*)

*On a d'abord été frappé de retirer des végétaux une
grande quantité d'air* [2]. *On a trouvé dans cet air l'élasticité, à peu près la pesanteur spécifique de l'air, et on a
conclu que c'était de l'air semblable à celui de l'atmosphère;
on n'a pas fait attention que l'état d'élasticité ou d'expansibilité n'est pas particulière à l'air. C'est un état commun
à tous les corps de la nature; tous, ou plus exactement
presque tous, peuvent se présenter à nos yeux dans trois
états différents, sous forme solide, sous forme fluide et sous
forme expansive. Quelques fluides comme l'eau ne peuvent
rester longtemps sous la forme expansive, le refroidissement
au de-là de 80 degrés du thermomètre de Réaumur la réduit à
l'état de fluide; mais il est des corps dans lesquels l'état d'expansibilité est durable. Tels sont les acides, du moins la plupart: l'esprit de sel et l'acide nitrique ne se dégagent que
dans l'état d'expansibilité. Le froid ne suffit pas pour
changer cet état, mais il faut le contact de l'eau. Cette dernière aussitôt s'en imprègne; de sorte qu'au lieu de dire de
l'acide nitreux, de l'acide marin en liqueur, on parlerait
aussy exactement en disant: eau imprégnée d'air nitreux,
eau imprégnée d'air marin. De même, au lieu de dire: eau imprégnée d'air fixe, on pourrait dire acide aérien en liqueur.
En effet cet acide ne diffère de tous les autres que par ce*

---

(1) Ceci est un premier essai; d'où est sortie la rédaction imprimée
du Mémoire intitulé *Considérations générales sur la nature des acides*,
présenté à l'Académie en 1777, lu en 1779, OEUVRES, t. II, p. 248.

(2) Il n'y a pas de ponctuation dans cette page manuscrite.

qu'il se combine en beaucoup moindre quantité avec l'eau.

On objectera peut-être que l'air nitreux n'est point du tout l'acide nitreux en vapeur et que ce dernier est très aisément absorbé par l'eau; tandis que l'air nitreux reste des années sur l'eau sans être absorbé. Je répondrai que l'air nitreux n'est pas effectivement de l'acide nitreux en vapeur; qu'il lui manque pour acquérir cette qualité un quelque chose qui est contenu dans l'air; que ce quelque chose s'y combine lorsqu'on mêle de l'air nitreux avec l'air ordinaire et qu'aussitôt il devient acide nitreux, se combine avec l'eau et cesse d'être air nitreux dans un état d'expansion fixe. La preuve que c'est la combinaison de quelque chose contenu dans l'air qui donne lieu à ce changement, c'est qu'après le mélange l'air est diminué très sensiblement et que le résidu n'est plus de l'air pur[1].

La même chose arrive lorsqu'on distille de l'acide nitreux, ou, pour mieux dire, qu'on le dégage du nitre. Il sort sous la forme d'air nitreux; mais à mesure qu'il se combine avec l'air commun, qu'il lui enlève ce qui lui est nécessaire, il devient sur-le-champ air nitreux et se combine avec l'eau du ballon.

On voit quelles difficultés soulevaient les réactions de l'acide nitrique, libre ou uni aux alcalis (nitre), ses décompositions, ses modes de formation. C'étaient là des problèmes singulièrement compliqués, en raison de l'existence de quatre composés distincts, le protoxyde d'azote, le bioxyde d'azote, notre acide nitreux, le gaz hypoazotique et l'acide nitrique; l'acide nitreux pouvant en outre exister sous forme de gaz, ou dans l'état dissout.

(1) Ceci est postérieur aux premiers essais de Priestley — oxygène déjà entrevu.

Elles n'ont été éclaircies que peu à peu : d'abord par les expériences méthodiques de Lavoisier sur la transformation du bioxyde d'azote (air nitreux) en acide nitrique ; puis par la synthèse de l'acide nitrique (ou plutôt du nitrate de potasse), au moyen de l'azote et de l'oxygène (ou de la potasse) par Cavendish. Enfin la distinction entre l'acide nitreux et l'acide nitrique, dont la formation en proportions diverses comportait des doses inégales d'oxygène et faisait varier les analyses d'air atmosphérique, aussi bien que les nombres obtenus dans les essais de recomposition de l'acide nitrique, a été faite un peu plus tard vers 1787 ou 1788 ; elle est déjà établie dans le *Traité de Chimie* de Lavoisier. Quant aux rapports exacts entre les volumes d'oxygène combinés à un même volume d'azote dans ces différents composés, c'est seulement Gay Lussac qui les a déterminés, trente ans après les études de Cavendish.

54. Air inflammable et esprit-de-vin.
Du 28 février 1775. (Titre ajouté, d'une encre plus claire que ce qui précède.)

L'esprit-de-vin et surtout l'éther, chauffé et réduit en vapeur, donne une espèce d'air inflammable. Pour sçavoir (sic) si l'air inflammable qu'on retire des métaux était de cette nature [1], on a fait passer une petite portion de celui retiré du cuivre [2] par l'acide vitriolique affaibli, dans un tube de verre plain (sic) d'esprit-de-vin et renversé dans une capsule également remplie d'eau. Pas d'absorbtion (sic) en 24 heures, ni plus tard.

(1) Ce raisonnement montre bien l'état des esprits d'alors.
(2) Le choix du cuivre est singulier : le gaz ne pouvait être que de l'acide sulfureux, de l'air ordinaire ou de l'azote. A moins que le mot cuivre n'ait été mis ici par inadvertance, à la place du mot fer.

Air dans lequel on a fait rouiller du fer (les mesures manquent).

56. Combinaison de l'alkali fixe et du charbon (titre ajouté d'une encre plus récente).

58. Objection au système de Black. L'alcali chauffé ne devient pas caustique; mais il le devient avec de la poudre de charbon, ou une matière quelconque contenant du phlogistique. — La terre calcaire perd difficilement son air fixe dans des vaisseaux fermés, aisément dans des fourneaux. Ce qu'on explique parce que la fumée fournit du phlogistique à la terre calcaire[1]. C'est que :

Le charbon et les matières charbonneuses ne se combinent pas directement avec l'alkali fixe et la terre calcaire; mais elles facilitent, comme elles le font dans les réductions métalliques, la séparation de l'air qui leur était uni [2].

Expérience: production d'un phlegme insipide[3]; le verre se fond, etc. et l'alcali reste effervescent.

59. Air de la combinaison de l'acide nitreux fumant avec le soufre (double titre plus récent).

Le gaz fermentait un peu avec l'air commun[4].

Air dans lequel on a placé un mélange de limaille de fer et de soufre (double titre ajouté) — (expérience disposée, résultat non indiqué).

60. Air sulfureux volatil (charbon et acide vitriolique).

61. Spath calcaire et poudre de charbon. Pas de gaz.

62. Air du mercure précipité *per se* (double titre ajouté)[5].

On était bien persuadé que cet air ainsy dégagé d'une espèce de chaux métallique était de l'air fixe et on lui a fait subir l'épreuve de l'eau de chaux. Il l'a rendue un peu opale, sans en occasionner la précipitation. On a essayé d'y intro-

(1   Les effets dus à diverses causes sont confondus dans une même explication inexacte.

(2) Ceci est vague.

(3) L'eau accidentelle trouble ici les idées de l'auteur.

(4) Le mot *fermenter* est employé ainsi à plusieurs reprises, pour désigner le mouvement qui se produit dans le mélange gazeux de broxyde d'azote et d'air, par suite de l'apparition d'une vapeur colorée se formant sur divers points. (Voir ce volume, p. 256.)

(5) C'est le commencement des expériences relatives à l'oxygène.

duire une lumière; mais, loin qu'elle s'y éteignit, sa flamme au contraire a été considérablement augmentée; comme il arrive à l'air nitreux, lorsqu'il a eu pendant longtemps le contact d'une grande surface de fer [1], et comme on l'a observé avec l'air dégagé de la combinaison de l'esprit-de-vin et de l'acide nitreux.

63. Puis viennent des expériences avec l'air nitreux.

Ces différentes expériences ont démontré que l'air qui se dégage du mercure précipité (per se) est dans l'état d'air commun et qu'il tient seulement un peu de la nature de l'air inflammable [2].

L'expérience est répétée [3].
Mélange d'acide vitriolique et d'esprit-de-nitre fumant (barré, titre double plus récent).
Fumées. Elles pourraient être une espèce d'air, résultant de la conversion en air de l'acide vitriolique.

Il paraît qu'en général le phénomène de l'huille de vitriol, rendue fumante par l'acide nitreux fumant, n'a lieu qu'à l'air libre et non dans les vaisseaux fermés.

67. Air du mercure précipité *per se* (titre ajouté : air vital, sa combinaison avec le charbon ; air fixe, sa formation).
Il distingue la substance combinée avec le mercure dans le minium [4], qui est l'air lui-même, celui que nous respirons (de même pour les chaux métalliques) ; il devient air fixe, parce que le charbon employé dans les réductions a la propriété de changer l'air commun en air fixe. En effet, l'oxyde de mercure, plus du charbon, produit l'air fixe — répété avec pesées, ce qui forme de l'air fixe assez pur.

(1) Ce gaz était changé par là en protoxyde d'azote ; on voit que l'action de ce dernier sur la flamme était connue : c'était une cause spéciale de confusion dans l'étude de l'oxygène.

(2) Conséquences et interprétation curieuses. Les notions de comburant et de combustible étaient interverties.

(3) Ces expériences sont faites entre le 28 février et le 31 mars 1775.

(4) Voici le nom *minium* appliqué à l'oxyde de mercure, comme chez les anciens et les alchimistes. — Cf., Mon *Introduction à la Chimie des anciens*, p. 261.

68. Air commun dégagé du mercure précipité *per se* et sans charbon[1].

69. Ether vitriolique. Pas d'air produit.

70. Air nitreux avec l'acide nitreux et le charbon.

Cette circonstance fournit un moyen de faire l'analyse du charbon.

71. Air alkalin par le minium[2].

72. Liqueur fumante de Libavius[3]. — Essais divers. — Est-ce un gaz?

73. Vinaigre radical et charbon.

Air acéteux des cristaux de Vénus (il se produit de l'air fixe).

Air acéteux tiré de la terre foliée du tartre.

74. Liqueur fumante de Boyle (en blanc).

75. 31 mars. — Gaz acide muriatique oxygéné (sa découverte).

Ce titre est surajouté, d'une écriture plus récente[4].

Sel ammoniac et acide nitreux.

Acide nitreux et sel ammoniac (écriture contemporaine).

Gaz n° 1, qui attaque le mercure sur lequel il est recueilli; il est peu absorbable par l'eau.

Gaz n° 2 avec alcali volatil, non attaqué; avec acide nitreux, pas de vapeur rouge, — odeur d'eau régale; précipite l'eau de chaux complètement[5].

77. Air vital (ce mot est ajouté) du mercure précipité *per se*. — Préparation avec mesures.

78. Air vital: ses effets sur les animaux. — Un oiseau n'y souffre pas.

Air vital et air nitreux. — Il a paru que la couleur rouge était plus marquée qu'avec l'air commun. — Au bas : « *L'air nitreux a absorbé à peu près la même dose que l'air commun* »[6].

79. Air vital et eau de chaux. — Pas de précipité.

(1) Flamme de la chandelle peu changée de couleur, mais agrandie.

(2) « Appareil ordinaire de M. Priestley ».

(3) Ainsi Lavoisier recherchait des gaz nouveaux, dans les diverses réactions où il y a des fumées.

(4) Cette indication ajoutée est d'ailleurs erronée; ce qu'il montre qu'elle n'a pas été faite sous la direction de Lavoisier.

(5) Quel pourrait être ce gaz? Il y a là quelque erreur.

(6) Parce qu'on en a employé seulement la moitié du volume nécessaire.

On a répété deux fois et dans de grandes jarres l'expérience de la chandelle : elle est charmante; la flamme est beaucoup plus grande, beaucoup plus claire, beaucoup plus belle que dans l'air commun, mais sans couleur autre que la flamme ordinaire.

Pesées.

80. Air de la combinaison du mercure avec le charbon . Titre rayé. — Au-dessus, on lit : Air fixe formé par la combinaison du mercure précipité *per se* et du charbon. — Pesées. — Eau de chaux, oiseau, lumière.

Je crois me rappeler très bien qu'il est tombé une goutte de mercure, en retirant la cornue après dîner [2].

Il paraît donc qu'il y a du charbon employé dans cette opération et qui entre dans la composition de l'air fixe. Il paraît encore certain qu'il y a plus d'air fixe, obtenu dans cette opération, qu'on n'obtient d'air commun dans la précédente; d'où il suivrait que cet air fixe n'est pas de l'air commun diminué par la vapeur du charbon.

Tout cecy est à revoir.

Calcul des poids.

83. Air commun rendu inflammable par l'éther vitriolique. — Par l'éther nitreux.

84. Du 8 avril 1775. — Expériences faites avec M. le duc de La Rochefoucauld, MM. Macquer, Cadet, Desmarets, Le Roy.
Minium et sel ammoniac.
Sel ammoniac et minium (ajouté).
A la fin : vapeur et air qui éteint les lumières, ne précipite pas l'eau de chaux, n'est pas absorbé par l'eau, etc [3].

85. Air inflammable; son mélange avec l'air fixe (et deuxième titre, en ordre inverse). Brûle jusqu'à la fin.

86. Air inflammable; sa combustion dans les vaisseaux fermés (sur l'eau, mêlé d'air avec bougie, produit une explosion).

(1) Oxygène et acide carbonique, distingués pour la première fois.
(2) Scrupule d'expérimentateur.
(3) Azote.

Il paraît que l'air inflammable ne brûle qu'en proportion de l'air commun qu'on y introduit.

En introduisant la bougie plusieurs fois, il brûlerait en entier; alors que resterait-il [1]?

87. Air inflammable acéteux (fer et air acéteux). Le même que par zinc et acide vitriolique[2].

La ressemblance de ces deux airs inflammables est si grande que je serai très tenté de soupçonner que le vinaigre distillé contient de l'acide vitriolique et que peut-être est-ce avec cet acide que les vinaigriers de Paris font leur vinaigre.

88. Craie et charbon (la cornue fond).
Réduction des oxydes de fer (titre ajouté).
Expérience par la fusion.
89. Trapp, espèce de matière apportée par M. le duc de La Rochefoucauld (le creuset coule)— fusion avec borax et sel.— Acier; sa fusion.
90. Détail d'une expérience faite dans mon fourneau par M. de Morveau (oxyde de fer).
92-94. 1er mai 1775. — Etude sur le platine.
95. Du mois de septembre 1775 [3] (cendres des salpêtriers, leur analyse, — titre ajouté).
96. Cendre de tourbe.
97. Eau mère de nitre. — Sa décomposition (par la potasse). — 26 septembre 1775
99. Du 4 octobre. Oxyde blanc de zinc — sa dissolution dans l'acide nitrique (titre ajouté : fleurs de zinc).
100. Du 11 novembre 1775. Sel fébrifuge de Silvius. Alkali et esprit de sel. Cristallisation.
101. Expériences faites à Montigny. Du 28 octobre 1775 [4].

(1) Ceci très remarquable comme recherche des produits de la combustion de l'hydrogène. V. p. 111.

(2) Ainsi on croyait à ce moment que la nature du gaz dégagé par les métaux dépendait de celle de l'acide : ce qui était vrai d'ailleurs pour l'acide sulfureux, dégagé par l'acide sulfurique concentré, et pour les oxydes, de l'azote, dégagés par l'acide nitrique, etc.

(3) Il n'y a pas eu d'expérience transcrite dans l'été de 1775, sur ce Registre.

(4) Ces expériences ont été transcrites sur le Registre après le 11 novembre.

Minium et acide sulfurique (titre ajouté). = Gaz = 1/3 air commun + 2/3 air fixe.

102. Du 29 octobre. Minium et acide nitreux (titre ajouté anciennement). — Minium et soufre; soufre et minium; air du minium par le soufre (titre ajouté).

103. Acide vitriolique et huile essentielle. — Air de la combinaison, etc. Il se produit un air inflammable avec flamme bleue [1].

104. Suite de la cendre des salpêtriers.

107-110. Eau du lac de Gomore (*sic*) donnée à examiner par l'Académie.

111. Eau vitriolique n° 7, donnée à examiner par M. de Cassini fils (terre d'alun).

114-116. D° n° 12, n° 13, n° 14.

117. Mercure dissous par l'acide nitreux. 11 février 1776.

118. Gaz recueilli sur l'eau. Absorption progressive [2]. 2° expérience.

119. 12 février 1776. Autre.

120. Du 13 février 1776. On fractionne le gaz.

121. Flint-glass, — son analyse.

IV

Sur la feuille de garde.

Tome Quatrième. — *Du* 13 *février* 1776 *au* 3 *mars* 1778. *Il y a une expérience de* 1779.

J'ai trouvé aussi dans ce volume une feuille volante, datée de 1773, relative à la combustion du diamant.

Ce Registre est moins régulièrement tenu que les précédents: en partie parce que Lavoisier était alors occupé de la rédaction de ses Mémoires; en partie parce que les expériences faites en 1776 et 1777 ont été distribuées entre plusieurs Registres, ainsi qu'on le reconnaît par

____

(1) Oxyde de carbone.

(2) Le bioxyde d'azote est peu à peu détruit par l'oxygène dissous dans l'eau, lequel se renouvelle par diffusion.

l'étude des Registres suivants. — Il renferme la suite des
expériences sur l'oxygène ; puis des expériences relatives
à la respiration ; aux doubles décompositions entre l'eau
mère du salpêtre, riche en nitrates de chaux et de magnésie, et divers sulfates ; à l'étude des roches salpêtrées
— sujets qui intéressaient la régie des poudres et salpêtres, dont Lavoisier fut chargé à cette époque ; — à
l'oxydation du sucre par l'acide nitrique, et à diverses
autres questions. Dans ce volume il n'y a guère de vues
nouvelles, qui méritent d'être relevées à part.

3 fos blancs.
Puis un feuillet volant intercalaire, d'une autre écriture, qui
porte :
Le 22 octobre 1773 [1].

*Six diamants dont cinq transparents, provenant de l'expé-
rience du 20, et un noir, charbonneux à la surface, pesant
3 grains 1/8. On les a exposés au soleil un quart d'heure
(sous le verre ardent) et ils ont été réduits à 2 gr. 1/8;
Il y en avoit plusieurs qui étoit (sic) charbonneux et noir-
cissoit (sic) le papier.*
*Autre : 4 diamants, etc. Sous une cucurbite remplie d'air
fixe, présentés au foyer, sont devenus candescents (sic) ;
leur surface est devenue raboteuse, grumeleuse, en ayant
l'apparence du machefer ou scorie ; on les a vus diminuer insensiblement de volume et se couvrir d'impression
concave... gercés, feuilletés après 3/4 d'heure... aucune
apparence de charbon. — Diminution de poids.*

Notes diverses : signe $\overset{s}{V}$ = Esprit-de-vin.
Passons au Registre lui-même, lequel date de 1776.

F. 1. Oxyde rouge de mercure (titre ajouté). Du 13 février 1776. Précipité *per se* de chez M. Baumé [2] : 1er air ruti-
lant ; 2e blanc ; diminue de moitié par l'air nitreux ; donc
meilleur que l'air commun.

(1) Cette expérience est décrite dans le second Mémoire *Sur la
destruction du diamant par le feu*, Œuvres t. II, p. 80 ; mais le style
en est un peu différent.

(2) On voit que Baumé vendait des produits chimiques dans sa
pharmacie. Son précipité *per se* contenait un peu de nitrate basique
de mercure.

*L'air du second produit s'est trouvé être l'air déphlo-
gistiqué de M. Prisley (sic).*

Avec bougie ; la diminution n'est pas beaucoup plus
grande qu'avec l'air commun, tout d'abord; mais le lendemain, elle est très considérable [1].

4. Air nitreux produit par la dissolution du mercure dans
l'acide nitreux.

9. Pesées, quantités obtenues, etc.

« Vers la fin l'air commun commence à passer, ainsi
qu'un air meilleur que celui de l'atmosphère » [2]; Puis distillation des produits poussée jusqu'au bout.

Ici feuilles volantes intercalaires, qui portent ce qui suit :

Air de l'alkalisation du nitre : 2 parties d'air nitreux et
1 partie de l'air n° 2, etc.

Numéros Porte Saint-Denis, n° 3 à 221 (26 seulement
sont transcrits).

Autre feuille : Notes sur filtration d'eau (??) [3].

Tables calculées : les chiffres seuls.

Bandes de papier, avec taches colorées, portant au crayon
ces mots : Calcination de l'argent, du cuivre, du cuivre jaune,
du fer, du zinc et de l'étain.

F. 10. Air de la calcination du mercure , le 7 avril au
soir : La calcination continue jusqu'au 10 et plusieurs jours
encore [4];

L'air restant ne précipite pas l'eau de chaux.

*Une circonstance m'a obligé d'interrompre en cet en-
droit; c'était mon déménagement.*

12. 5 parties de l'air de la calcination du mercure, mêlées
avec 1 partie d'air déphlogistiqué [5]. La bougie y brûle à peu
près comme dans l'air commun.

14. Calcination du mercure. Le tube qui termine la cornue
est engagé dans une cloche conique, sur le mercure.

---

(1) L'acide carbonique produit d'abord a été peu à peu absorbé par
l'eau.

(2) Oxygène et air ordinaire .

(3) Ces notes volantes paraissent se rapporter à une visite des mai-
sons voisines de la Porte Saint-Denis, exécutée en vue de la fouille,
c'est-à-dire de l'extraction du salpètre. Voir f. 153. — Sur cette pratique,
voir mon *Traité sur la force des matières explosives*. t. I, p. 347,
3ᵉ édition, 1883.

(4) Absorption de l'oxygène par le mercure. C'est la seule indication
dans les Registres qui paraisse se rapporter à la célèbre expérience de
l'analyse et de la synthèse de l'air, relatée au *Traité de Chimie*, p. 85.

(5) Synthèse de l'air ordinaire.

Feuille intercalaire; c'est le brouillon correspondant, avec mesures.

Air de la calcination du ☿ (*sic*) [1].

Autre feuillet volant : Analyses d'air — régule d'arsenic, arsenic blanc — Saffre du cobalt, smalt et régule de cobalt, etc.

15. Eau mère des salpêtriers — Id. avec addition de tartre vitriolé [2].

16. Respiration des animaux — son effet sur l'air (titre ajouté).

Air vicié par la respiration.

Il y a apparence que la respiration en absorbant de l'air en rend une portion de viciée.

17. Sel marin envoyé à examiner par M. de Vergennes.

19. Sulfate de soude et nitrate de chaux [3]. (Sel de Glauber et eau mère de nitre). Sulfate de magnésie et nitrate de chaux (Sel d'Epsom et eau mère de nitre). Les nouveaux titres ont été ajoutés à une époque postérieure, comme en témoignent les noms des sels, lesquels n'ont été adoptés que dix ans plus tard.

21. Muriate d'ammoniaque et nitrate de chaux (même remarque) : sel ammoniac et eau mère de nitre.

Idem. Vitriol de zinc et eau mère de nitre.

23. Vitriol de Mars ou de fer et eau mère de nitre — Vitriol de cuivre et eau mère de nitre — alun, etc.

26. Expériences sur différents sels qui précipitent l'eau mère de nitre.

28. 6 janvier 1777. Acide nitreux et mercure — pesées, etc.

31. Pesanteur spécifique de l'huile de vitriol (vieux titre rayé. Puis acide sulfurique). Sa pesanteur spécifique (titre ajouté), 24 janvier 1777.

32. Eau mère de nitre, sa pesanteur spécifique (on a rayé : eau mère de nitre, et écrit nitrate de chaux).

33. Eau mère et acide vitriolique. Suite de cette étude — jusqu'au f. 40. Composition des sulfates (tartre vitriolé, sélénite, sel de Glauber) [4].

---

(1) Signe alchimique du mercure.

(2) Sulfate de potasse.

(3) Le mot nitrate de chaux est inexact; car il s'agit de l'eau mère du salpêtre, qui renferme un mélange beaucoup plus compliqué.

(4) C'est-à-dire : sulfate de potasse, sulfate de chaux, sulfate de soude.

42. Précipité rouge et eau; et eau imprégnée d'air fixe — rien.

43. 1777. Le 19 avril. Note sur le mercure précipité de l'acide nitreux « pris au n° 97 des procédés de mon cours [1] ».

Jusqu'au folio 61. Essais analogues.

63. Machine anglaise (pour saturer l'eau d'air fixe) [2].

64-69. Craie de la Roche-Guyon (salpêtrée). Etude.

70. Du 31 may. Air atmosphérique : sa diminution par le pirophore (sic).

71. Air déphlogistiqué et pirophore (sic) [3].

72. Alkool et muriate de chaux, etc. (titre ajouté).

74. N° 38. Produits du lessivage de 50 livres de craye, etc. (Brouillon à côté); mise au net.

74 à 93. Notes sur le salpêtre de la Roche-Guyon.

94. Expérience sur la salubrité de l'air [4]. Du 8 juillet (par l'air nitreux).

95-96. Air respiré; sa diminution par l'air nitreux.

97-99. Solubilité de l'alkali volatil (carbonate d'ammoniaque) refroidissement produit dans la dissolution. Chaleur développée par la chaux éteinte traitée par l'acide nitrique.

100. La Roche-Guyon; jusqu'à la feuille 117.

118. Sulfate de zinc. Sa dessiccation (titre ajouté).

Du 22 juillet 1777.

Oxyde jaune de mercure ou turbith minéral [5] poussé au feu (titre ajouté). — Pesées.

120. Prussiate de fer. Son analyse à feu nud (titre ajouté). — 3 onces de bleu de Prusse, *peut-être air inflammable particulier.*

121. Sulfate de fer et nitre distillés ensemble (titre ajouté).

122. Nitrate de chaux poussé au feu (d°).

(1) C'est une expérience de Bucquet, transcrite de sa main.

(2) C'est-à-dire pour fabriquer de l'eau gazeuse.

(3) C'était la matière qui absorbait le plus rapidement et le plus complètement l'oxygène de l'air à cette époque. (Voir le présent volume, p. 72.)

(4) On essayait la salubrité de l'air, c'est-à-dire la dose d'oxygène, en y ajoutant du bioxyde d'azote (air nitreux), puis en mesurant la diminution de volume sur l'eau. — Ce procédé donne des résultats peu réguliers, à moins d'opérer dans des conditions absolument comparatives. (Voir ce volume, p. 293.)

(5) C'est bien du turbith et non de l'oxyde jaune, d'après le texte; car il produit de l'acide sulfureux.

124. Carbonate de chaux, sa calcination (d°), dans un canon de fusil.

Il y a de l'air inflammable, 54 3/6 en volume contre 166 $\frac{7}{10}$ *d'acide carbonique. Mêlé avec l'air déphlogistiqué, il détonne mal ; si on met de l'eau de chaux dans le résidu, elle est complètement précipitée. Donc cet air inflammable, combiné avec l'air déphlogistiqué, fait de l'air fixe* [1].

Il y a quelques grains noirs.

123 v. Air fixe......	1,54	
Eau	1,44 [2]	}
Terre calcaire.	3,14	
	6 onces	

124 v. C'est l'analyse du marbre. Calculs plus développés.

126 à 133. Sucre et acide nitreux (*eux* rayé, *ique* ajouté). Gaz recueillis et analysés. Air fixe et air inflammable plus tard.

134. Mine de Helgoast. Son analyse (titre ajouté).

139. Mine donnée à examiner, par M. le Chevalier d'Arcy (Soufre, Cuivre, Plomb, Argent).

140. Craye salpêtrée de Cassenoix (?) — (Suite).

         —   de Bonne Fourquière, Dieppe.

143. Muriate de potasse provenant des carrières de la Roche-Guyon.

144. Pesanteurs spécifiques. Nitre calcaire dans l'alcool. Alkali fixe. Esprit de nitre. Esprit de sel — (par l'aréomètre de verre).

143 v. Calculs correspondants (dissolution des sels). Sel marin. Eau mère de nitre, huile de vitriol. Sel ammoniac. Sel de Glauber. Tartre vitriolé. Huile de térébenthine. Esprit-de-vin.

147. Table de réduction de l'aréomètre.

148. Du 16 janvier 1778. Gaz hidrogène (*sic*) des marais (titre ajouté). — Recueilli à l'entrée du fossé de la Bastille. Sa combustion.

149. Du 22 janvier 1778.

____

(1) C'est le caractère distinct de l'oxyde de carbone.

(2) On peut se demander pourquoi il est question d'eau dans cette analyse du marbre ? L'eau ainsi calculée est en réalité, d'après le texte, celle qui prend la chaux vive en s'éteignant.

M. Bucquet étant occupé d'expériences sur les asphyxies et désirant les étendre à une grande quantité d'airs, j'ay pensé qu'il était intéressant d'essayer celui des marais.

Il opère avec Lelong et de Fourcroy — ils n'obtiennent que de l'azote.

151. Du 27 janvier 1777 (c'est 1778). Respiration des animaux (titre ajouté). — Cochon d'Inde dans l'oxygène. Meurt sans l'épuiser. Autopsie de l'animal décrite (par Bucquet ?)

153. Jusqu'au f. 182. Expériences du faubourg Saint-Denys [1] (sur le salpêtre). Titre ajouté.

183. 1er février 1778. — Sulfate de fer et nitrate de potasse (titre ajouté).

185. Colcothar de vitriol de mars bien rouge et salpêtre. On distille ; il passe de l'acide glacial (c'est-à-dire que le corps employé n'était pas de l'oxyde de fer, mais un sulfate basique).

186. Cendre de tourbe ; son analyse.

187. 6 février 1778. Vitriol de zinc calciné et nitre.

189. Du 9 février 1778. Vitriol de Chypre calciné et nitre.

191. Acide nitreux dégagé du nitrate de potasse par l'intermède du sulfate de fer (titre ajouté) [2].

192. *L'huile de vitriol glaciale obtenue par la combinaison du vitriol de fer et de cuivre avec le nitre est une combinaison d'huile de vitriol avec le gaz nitreux* [3].

— On forme cette huile concrète avec l'huile de vitriol concentré et l'acide nitreux chargé d'air nitreux.

193, 194. Du 3 mars 1778. Distillation du nitre (dans une cornue de verre).

195. Savon cuivreux (titre ajouté ?).

196. Mine d'Helgoast (titre ajouté). 28 mars.

197. 16 février 1779. Sucre et acide nitreux : gaz. (Le récit est de deux ou trois écritures différentes.)

V

Tome cinquième. — *Année 1777. Produit du cours de M. Bucquet.*

(1) Ceci répond sans doute aux indications de la feuille volante signalée à la f. 9 plus haut, p. 271.

(2) Ce titre est absolument faux. Il s'agit de l'addition de l'eau avec l'acide nitrique chargé de vapeurs nitreuses (et mêlé d'acide sulfurique ?), préparé par le nitre et le vitriol de fer.

(3) Cristaux des chambres de plomb.

Ce volume est d'un caractère tout différent des précédents. Il est consacré presque entièrement à décrire les préparations du cours de Bucquet, ami de Lavoisier, préparations désignées sous le nom générique de « produits », ou « procédés ». Une partie est écrite de la main de Bucquet; le reste semble de la main de Lavoisier; comme si toutes ces préparations avaient été exécutées ou répétées dans son laboratoire, en vue de compléter son éducation personnelle. En tout cas, elles donnent une idée de ce qu'était alors un cours de chimie. En dehors de cet ordre d'idées, on y décrit en détail des expériences sur la distillation du sulfate de potasse avec le charbon. Ce cours est suivi d'expériences sur les chaleurs spécifiques, faites en novembre 1777, et qui paraissent être le début des expériences de Lavoisier sur la chaleur.

Voici l'analyse détaillée de ce Registre.

Les quatre premières leçons manquent; sans doute elles n'ont pas été transcrites parce qu'elles étaient consacrées à des généralités, sans expériences ni préparations.

1. 5° leçon: phlogistique. 10 avril 1777, — (de l'écriture de Bucquet) minium et charbon.

Le reste est de l'écriture de Lavoisier, ou d'une écriture analogue.

2. 6° leçon: vendredy 11 avril 1777. — Pesées.

3. Leçon sur les terres vitrifiables, le 9 may (silex, quartz, agathe, cailloux, jaspe).

2 v.

Les expériences ci-contre ont été répétées le 12 septembre 1777, dans un fourneau de fusion du laboratoire de duc de la Larochefoucault, dans lequel le vent est amené par un grand soufflet.

Perte de poids très faible sur le quartz.

5. On a conservé tous ces procédés et les échantillons des pierres.

6 à 10. Leçon du 14 may 1777. Art des poteries et de la porcelaine.

11. Leçon du 14 may 1777. Substances calcaires.

13. Du 28 may. Leçon sur le soufre. Alun, etc.

17; 19° Leçon le 4 juin. Combinaison de l'acide vitriolique avec les terres calcaires. Gipse *(sic)*. Sel d'Epsom [1].

21; 20° Leçon le 5 juin. Combinaison de l'acide nitreux avec les terres.

23, 21° Leçon le 6 juin. Acide marin combiné aux terres.

26. 22° Leçon le 11 juin. Alkalis. — 23° Leçon 12 juin.

31. Détails des expériences faites sur la combinaison de la poudre de charbon avec le tartre vitriolé. Cornue de verre chauffée au bain de sable renfermant 4 onces de tartre vitriolé et 2 gros de charbon. Gaz recueillis.

	Air fixe.	Air inflammable.	
30 v. 1re portion.			
2e —	6	42	
3e —	18	38	} 1 heure 1/2
4e —	34	30	
5e —	16	8	
	74	118	pouces cubiques sur l'eau.

Résidu : odeur de foye de soufre. Perte de poids : 2 onces, 3 gros, 24 grains. Avec acides, effervescence. Éteint la flamme. Pas de soufre sublimé.

34. 24° Leçon. Nitre ou salpêtre, etc.

38. 25° Leçon. Esprit de sel. Sels alcalins. Suite.

45. 27° Leçon. Borax.

48. 28° Leçon. Sel amoniac *(sic)*.

52. Arsenic.

57. Cobalt (32° Leçon).

61. 33° Leçon. Bismuth. — 34° et 35° Leçons. Antimoine (en blanc). — 36° Leçon. Zinc.

77. 37° Leçon. Mercure et suite jusqu'à 90. 40° Leçon. Plomb. — 93. 41° Leçon. Etain.

100. 42° Leçon. Fer.

106. Ov phlogistiqué [2] — air combiné avec substance animale.

112 à 125. 45° Leçon. Cuivre. 119. Argent, 46° Leçon. Or. 123. 49° Leçon. Eaux minérales.

135. Combinaison du tartre vitriolé avec la poudre de charbon. Le détail de l'opération manque.

(1) Fausse magnésie ou terre calcaire.

(2) Alcali phlogistiqué, c'est-à-dire mêlé de cyanure ou de ferrocyanure. — Sur le signe, voir p. 218 du présent ouvrage.

137. Perte : 1 gros 68 grains.

Gaz :		Air fixe.	Air inflammable.
	1ᵉ p.	7,99	55,46
	2ᵉ p.	16,23	46,64
	3ᵉ p.	20,96	37,69
	4ᵉ p.	14,92	3,75
		60,10	143,54

142. 48ᵉ Leçon. Bitumes.

147. Tartre vitriolé et poudre de charbon nᵒ 1.

150. Nᵒ2. Matière non fondue, mais agglutinée, inflammable instantanément.

155. Air nitreux très faible. Effervescence.

156. Le jeudi 27 novembre 1777. Expérience de la chaux — Mercure. Chaleur spécifique d'après la durée d'échauffement déterminée dans un bain à température fixe.

157 v. Esprit-de-vin, dᵒ —

158. Eau distillée, dᵒ —

158 v. Ether.

159. Le vendredi 28 novembre 1777. Suite. Alkali fixe.

159 v. Dissolution du tartre vitriolé ; — 160. — du sel de Glauber. — 160 v. Sel marin — 161 nitre — Sel ammoniac, alkali, alkali volatil, huile d'olives, de térébenthine, de vitriol.

Esprit de nitre.

Esprit de sel, alun, sublimé corrosif, Ether.

La fin du cahier est en blanc.

VI

Tome sixième, *depuis aoust 1778 jusqu'au 7 septembre 1782.*

Cette indication n'est pas tout à fait exacte. Le Registre débute par des essais sur les terres salpêtrées de diverses régions de la France, entrepris pour la régie des poudres, et auxquels on peut attribuer la date d'août 1778. Il se termine aux derniers folios, par des analyses d'eau de Seine, datées du mois de septembre 1778, congénères d'analyses de la même eau, et relatées aux folios 38, 54 à 61, faites en octobre et novembre de la même année, sur l'eau de la Seine et celle de divers puits de Paris.

En 1779, on trouve seulement quelques essais relatifs à l'oxydation du sucre par l'acide nitrique, à l'oxydation du phosphore par le même agent, enfin à la comparaison de divers combustibles [1].

En 1780 et 1781, figurent des essais divers sur la formation de l'éther par l'acide phosphorique; sur les réactions entre l'acide phosphorique et les métaux; sur l'action de l'acide sulfurique sur les huiles (prétendue cire artificielle) [2]; sur la dilatation du mercure entre 0° et 100°, mesurée d'une part par la hauteur d'un baromètre, d'autre part, par la méthode qui a pris plus tard le nom de la méthode du thermomètre à poids ou à déversement; sur la fermentation du sucre; sur l'acide nitrique, etc. [3].

J'y note trois essais calorimétriques pour mesurer la chaleur de vaporisation de l'éther et la chaleur de fusion de la cire et du suif.

En 1782, divers essais ont été exécutés par Lavoisier, d'après ce Registre, sur l'acier, sur le manganèse, sur la matière fécale; quelques tentatives sur l'échauffement des corps au moyen d'un mélange d'oxygène et d'hydrogène (notre chalumeau à gaz tonnant). Il y a encore toute une longue suite d'expériences, faites sur diverses

---

(1) A moins que ces derniers ne soient de 1780.

(2) Il s'agit de la saponification sulfurique, c'est-à-dire de la transformation des corps gras neutres en acides gras, comme nous le savons aujourd'hui. Mais le sujet était à éclaircir au temps de Lavoisier.

(3) Une expérience faite pendant cette période et relative à la détonation du nitre (décembre 1781) est citée à la feuille 59 du Registre IX.

substances avec la lampe d'émailleur alimentée par de l'oxygène ; ce qui nous conduit jusqu'en janvier 1783.

Plusieurs de ces expériences répondent à des rapports faits à l'Académie par Lavoisier et imprimés dans ses *Œuvres*.

Pendant le cours des années 1778 jusqu'au milieu de 1782, on ne trouve ni dans ses cahiers d'expérience, ni même dans les Mémoires de l'Académie, de trace nouvelle et importante de l'activité scientifique de Lavoisier : je veux dire de ces travaux fondamentaux qui marquent la période qui précède et celle qui suit. Les publications faites dans les Mémoires de l'Académie, sous la rubrique des années 1780 et 1781, se rapportent en réalité à des travaux rédigés et publiés de 1783 à 1785. Lavoisier, pendant cette période de sa vie, fut-il entièrement absorbé par les occupations administratives de la ferme générale et de la régie des poudres ? Ou bien est-ce une période de recueillement, pendant laquelle il a rédigé et publié la suite de ces expériences antérieures sur la composition de l'air et sur le rôle de l'oxygène ?

Ce n'est qu'en 1782 que nous le retrouvons occupé d'expériences sur la chaleur, faites au moyen de son calorimètre à glace, et en collaboration de Laplace.

Voici l'analyse détaillée de ce Registre.

VI

F. 1 à 36 et 37, 39, 41, à 49. Terres salpétrées de Touraine. Chinon. Analyse des eaux mères par cristallisation, avec addition de carbonate alcalin. (Il s'en réfère à son journal de voyage, que nous ne possédons pas.)

Saint-Jean-d'Angely — Craye de Montereau. — Terre des

Baumes de Sevigny (?) — Bailliage de Lons-le-Saulnier. — Tours, carrières de Saint-Avertin : carrière Saint-Georges, etc.

36. Air de Saint-Quentin, de la Ferté, de Nogent-sur-Marne. Essayé par l'air nitreux [1].

38. Eau de la Seine. le..... 1778 — Evaporation. — Suite, le 3 novembre 1778, f. 64.

40. Argile des environs de Chatelleraut, analogue au kaolin.

50-51. Terres salpêtrées de la montagne de Saint-Chamas, Miramas.

54-56. Analyse de l'eau du puits de l'Hôtel des poudres (Arsenal) pendant les basses eaux.

58 à 61. Eau du Puits de la Halle, vers le 15 ou 20 octobre. (salpêtre dans ces eaux de puits.)

6 à 71 : Sucre et acide nitreux. — Analyse des gaz.

17 février 1779.

72 à 79. Comparaison de différentes espèces de combustibles.

80-81. Expériences sur les mesures de liquide de Paris.

82. Bains de salpêtre.

83-87. Acide nitreux et phosphore (titre ajouté) — gaz — 3 mars 1780.

88. 24 mars 1780. Ether phosphorique (c'est-à-dire esprit-de-vin distillé sur l'acide phosphorique, en vue de préparer l'éther ordinaire).

89-94. Acide phosphorique et eau (élévation de température). — Acide phosphorique et fer ; et cuivre ; en zinc — et chaux de cuivre.

95-97. Tentatives pour faire de la cire artificielle (acide vitriolique et huile d'olive).

M. Achard dans son Mémoire sur les savons acides, ayant annoncé que la combinaison des huiles avec les acides les rendait en général plus concrètes, et les rapprochait de la substance céreuse (sic), au moins pour la consistance, j'ai jugé que cette vue ne devrait pas être négligée.

98 à 105. Baromètre à surface plane — Mercure : sa dilatation (depuis la glace jusqu'à l'eau bouillante).

(1) La presque identité de la composition de l'air sur tous les points du globe n'était pas établie à cette époque. Les résultats obtenus par Lavoisier sont sensiblement les mêmes dans les diverses localités.

1° D'après la différence de hauteur du baromètre, Lavoisier trouve :

$$\frac{100}{6656}$$; ce qui donne seulement (f. 103), la différence entre la dilatation du mercure et celle de l'échelle[1].

2° D'après le poids du mercure écoulé d'un réservoir (observation analogue) ; il trouve $\frac{100}{6543}$. L'essai a été répété les 7 et 9 février 1782, folio 133.

106. 10 octobre 1787. Fermentation du sucre. Expérience non terminée.

112-114. Expériences faites sur différentes espèces de salpêtre brut.

115. Rapport le 9 novembre 1784 (en blanc).

Du 16 novembre 1784.

116-117. Calorique absorbé par l'éther en se vaporisant (titre ajouté).

118-119. Du 8 décembre 1784. Cire ; quantité de calorique nécessaire pour la fondre ; degré où elle fond. (L'expérience est faite par la méthode des mélanges, en employant le mercure.)

120. Suif, mêmes essais.

122. Acide nitreux fumant et air déphlogistiqué : 8 décembre 1784. Absorption presque nulle.

123. Dissolution du fer par l'acide nitreux — répété f. 126.

125. Acide nitreux, son exposition à l'air. 13 décembre 1786.

128. Air inflammable du fer — fer poussé seul au feu, rien.

Avec la limaille d'acier, air inflammable brûlant avec une flamme bleue, en précipitant ensuite l'eau de chaux[2].

130. Du 11 février 1782. — L'expérience est répétée avec l'acier (sans donner les résultats).

132. Acide nitreux et argent.

135. Dissolution des ressorts d'acier dans l'acide nitreux,

137. Manganèse ; tentatives pour le réduire — Sans succès.

138 Lampe d'émailleur alimentée par l'oxygène.

139. Du 26 mars 1782. Expériences sur de la matière fécale tirée des fosses (divers titres ajoutés). — Gaz dégagés.

144-147. Du 12 avril. — Matière fécale dans le gaz oxygène ; dans l'air de l'atmosphère.

148. Action de l'acide vitriolique, — de la chaux.

151 à 162. Expérience du 22 juin 1782. — Lampe d'air déphogistiqué (*sic*).

---

(1) La tension de vapeur du mercure étant négligée d'ailleurs ; ce que Lavoisier ne dit point.

(2) Oxyde de carbone.

Pierres soumises à l'action du feu. — Suite f. 164 à 171 et f. 172 à 192. Du 6 janvier 1783 [1].

162. Du 29 juillet 1782. Essai pour échauffer les corps à l'aide d'un mélange d'air inflammable et d'air déphlogistiqué [2].

193. Du 12 décembre 1782. Acide nitreux et cuivre.

194. 28 septembre 1782. Même sujet.

196-198. Analyse de l'eau de la Seine, faite dans les plus basses eaux, vers le 15 septembre 1778.

199. 24 septembre 1778. Autre analyse de l'eau de Seine [3].

VI *bis*

Ce volume est cartonné, non numéroté. Il renferme une suite d'expériences faites sur la formation du salpêtre (1775-1777).

Expérience n° 1, septembre 1775, — Mise au net.
Octobre 1775, 8 et 20; 14 novembre, et 24; avril 1776.
Puis 1778, avril (écriture non mise au net).
Ceci continue jusqu'au n° 120.
F° 121 en blanc.
F°s 122 à 139, pas de titre. Cependant il y a l'indication de résultats observés en avril 1778.
Une expérience sans numéro.
Puis f° 200, sans titre, mais avec résultats.
Une expérience sans numéro.
La fin en blanc.

VII

Le TOME SEPTIÈME a pour titre :

Expériences sur la chaleur et autres, du 16 décembre 1782 au 14 avril 1784; premières expériences sur la décomposition de l'eau.

(1) Écriture de M⁰ᵉ Lavoisier.
(2) Premiers essais du chalumeau à gaz tonnant.
(3) Suite des essais des f. 38 et 64.

Ce Registre renferme d'abord une suite d'expériences méthodiques, faites avec la collaboration de Laplace, et au moyen du calorimètre à glace : principalement sur les chaleurs spécifiques de divers corps et sur leur combustion, ainsi que sur la respiration. Ces expériences sont d'une grande importance ; mais comme elles ont été publiées en détail dans les Œuvres imprimées de Lavoisier et qu'elles ne renferment point, dans le Registre, de réflexions personnelles particulières, il n'y a pas eu lieu de nous y arrêter ici davantage.

A partir du folio 75, commencent les expériences sur la décomposition de l'eau par le fer et par le charbon, ainsi que sur l'action de divers métaux incandescents sur l'eau : expériences sur lesquelles il n'y a pas lieu non plus de nous étendre, attendu qu'elles ne renferment aucune réflexion ou fait qui ne figure dans les Mémoires imprimés de Lavoisier.

En retournant le cahier, ou trouve en sens inverse, et depuis l'autre extrémité du Registre, des expériences rédigées d'une belle écriture, sur la tension des vapeurs ; elles ont été exécutées dans des tubes barométriques, juxtaposés le long d'une planche verticale. Ce tableau comprend l'eau, l'esprit-de-vin, l'éther et un tube vide ; il continue jusqu'au verso de la feuille 105 (en sens inverse). Il est daté de décembre 1777 ; il montre qu'à cette époque Lavoisier s'occupait des propriétés physiques des vapeurs. Une suite se trouve à la page 199 du Registre VIII. Ces expériences n'ayant pas été continuées, le Registre VII, dont quelques pages à peine étaient utilisées, a été retourné et employé en 1782 pour une nouvelle série d'essais.

Entrons dans l'analyse détaillée de ce Registre.

Au commencement du cahier se trouvent des feuilles volantes, de date incertaine, que je vais examiner d'abord.

Feuilles volantes. Quantité du principe oxygène et d'air fixe contenus dans le minium [1].
Composition de l'air fixe :
Air déphlogistiqué 2,6895
    Charbon 1,1030
                 Total 4,7925
Par quantités : air déphlogistiqué . 72,125
Charbon 27,875
                     100,000

Quantités de cendres que forme le charbon par sa combustion.

Au verso figurent des calculs écrits de la main de Laplace, dont le nom est sur le deuxième verso.

14 avril. Chiffres d'observations et calculs.

12 may. Respiration du cochon d'Inde dans l'air déphlogistiqué.

Volumes d'air avant et après — avec l'absorption par l'alkali caustique.

19 may. Bougie consommée. Mêmes mesures.

J'arrive au Registre proprement dit.

Feuille 1. Première séance des expériences sur la chaleur. Calorimètre (machine à glace).

Seconde séance, du 27 juillet 1782. Calorique spécifique du mercure [2]. Calorique spécifique de l'eau.

4. Troisième séance, du 18 novembre 1782. (Nécessité d'opérer en hiver.)

1 livre d'eau à 1° fond 0,016129 glace.
            0,04667
            0,0464323

6. Calorique spécifique du mercure. Jusqu'au 20 décembre.

11. Du 21. Calorique spécifique de la chaux vive. — « A négliger. »

12. Du 23. Extinction de la chaux vive.

(1) On remarquera les noms d'oxygène et d'air déphlogistiqué, employés simultanément.

(2) Les auteurs donnent les valeurs : 0,0340386 et 0,0284430.

43. Du 25. Calorique spécifique de la chaux éteinte.

44. Du 26. Calorique spécifique de l'huile de vitriol concentrée.

45. Chaux vive.

46. 30 décembre. Calorique spécifique du fer.

Suite le 2 janvier 1783 : chaux, huile de vitriol, eau, verre[1]. Acide nitrique.

Huile de vitriol (19 janvier).

Air sulfurique et eau.

Chaux vive et acide nitrique. Calorique spécifique de la solution d'acide sulfurique et d'eau, — d° acide nitrique « négligée » — verre.

42. Du 21 février. Détonation du nitre et du charbon. d° f. 50.

43. Du 21 février. Combustion du phosphore.

44. Du 23 février. Acier; dissolution dans l'acide vitriolique.

43. Combustion de l'éther; du phosphore.

51. Du 28 février. Combustion de la bougie.

52. Du 28 février. Détonation du nitre et du soufre.

53. Du 3 février (1784 ?). Respiration d'un cochon d'Inde.

55. Du 4 février (1784). Combustion de la bougie.

56. Du 5 février. Combustion du charbon.

57. Respiration des animaux; quantité d'acide carbonique qu'elle forme.

58. Du 14 mars. Chaux vive. Dissolution du nitre (caloriques spécifiques).

61. Calculs de pesanteurs spécifiques, — huile de vitriol mêlée d'eau en proportions diverses.

Feuilles intercalaires volantes : 8 mars 1784. Pesées d'hydrogène — 29 mars, hydrogène et oxygène — 25 mars, air de l'huile de térébenthine — 1er avril. Expériences sur l'esprit-de-vin passé dans un tube de fer (chauffé au rouge).

Ces feuilles intercalaires sont datées et elles se rapportent vraisemblablement aux calculs sur la composition de l'eau, indiqués à la feuille 63. — Il paraît en résulter que les expériences rapportées à partir de la feuille 62 sont de l'année 1784.

Il paraît même que ce changement d'année doit remonter jusqu'aux feuilles 53-56, lesquelles rappor-

____

[1] Verre : 0,199.

tent des expériences faites les 3-5 février (1784 probablement); tandis que les feuilles précédentes 42-52
décrivent des expériences faites du 21 au 28 février (de
l'année précédente, paraît-il). Autrement, il faudrait
supposer une transposition dans la transcription des
expériences; ce qui est peu vraisemblable. Au contraire
les dates de février seraient suivies très régulièrement
par celles du 1er mars 1784 et du 16 mars (feuille 73).
L'étude du Registre VIII confirme ces conclusions; car il
se termine au 2 février 1784 : précisément au point où
commencent les feuilles 53-56 du Registre VII.

Du   mars. Cire : sa combustion dans le gaz oxigène (titre
ajouté) [1]. Pesées et mesures des gaz employés et produits [2].
    Composition de l'eau : Air déphlogistiqué... 19,37
                           Air inflammable 2,92
                                                 ‾‾‾‾‾
                                                 22,29

   Air déphlogistiqué employé à faire de l'air fixe.
   64. Charbon; sa combustion dans le gaz oxygène (titre
ajouté, — 2e titre : oxigène (sic). Pesées.
   66. Respiration des animaux. Acide carbonique (cochon
(d'Inde); air fixe. Pesées.
   67. Combustion du phosphore dans le gaz oxygène (titre
ajouté). Pesées.
   69. Air inflammable du charbon de terre. Le 1er mars 1784.
   71. Charbon de terre et chaux vive distillés.
   Feuille volante. Eau décomposée par le charbon. Calculs [3].
   73. 16 mars 1784. Pesanteur de l'air. 19 mars. Charbon
de terre distillé.

(1) Deuxième titre : de l'oxygène (avec y).

(2) Ce sont les premiers essais d'analyse d'une matière organique
par l'oxygène.

(3) Ici une bande imprimée, volante, du *Journal Polytype des
Sciences et des Arts*. Ce journal, qui traitait de toutes sortes de sujets
même des plus frivoles, n'a paru qu'une seule année, en 1786; avec
le concours moral et probablement financier de Lavoisier, dont il
reproduit entre autres les expériences sur la décomposition et la
recomposition de l'eau, avec des figures en grand des appareils,
figures que je n'ai retrouvées nulle part ailleurs.

75. Expérience sur l'air inflammable de l'eau (décomposition par le fer rouge). Fer rouge immergé dans l'eau.

Un morceau de terre cuite fournit à peu près autant d'air inflammable [1].

76. Mars 1784. Décomposition de l'eau à travers un canon de fusil.

77. Suite. Deuxième expérience. 22 mars 1784

78. Suite du 22 mars. Pesanteur de l'air inflammable : 1 : 8,63 (rapport de l'air à l'hydrogène). A la suite, huit lignes relatives à la décomposition de l'eau dans le canon de fusil.

79. Du 25 mars. Décomposition de l'huile de térébenthine par une forte chaleur (titre ajouté).

80. 29 mars. Décomposition de l'eau par le fer (En présence de MM. le duc de La Rochefoucauld, l'abbé Bossut, le marquis de Condorcet, Tillet, Le Roi, Coulomb, Lavoisier et Meusnier, etc.) : mêmes expériences. Pesées, pesanteur spécifique de l'air inflammable, rapportée à l'air : 1 : 9,2 [2].

96. Extinction de diverses substances incandescentes dans l'eau, au-dessous d'une cloche.

82. Du 27 mars 1784. Or, argent, cuivre incandescents : ne décomposent pas l'eau [3]. (Expériences faites à l'hôtel des Monnaies.)

83, 84. 1er avril. Expériences sur l'air inflammable fourni par l'esprit-de-vin, coulant goutte à goutte dans un tube de fer incandescent.

86. Air inflammable de l'eau par le fer.

Si l'air inflammable qui a été obtenu contenait sans mélange sensible la base de cet air dilatée par une moindre quantité de matière du feu, il ne faudrait plus estimer la quantité d'air déphlogistiqué nécessaire à la saturation d'après le rapport des volumes, mais d'après celui des poids. Or dans des expériences de combustion des deux airs, etc. [4].

(1) Ce résultat est difficile à expliquer ; à moins que le morceau de terre cuite n'ait été environné de charbons allumés, pour le faire rougir : auquel cas, il aurait été imprégné d'oxyde de carbone (?)

(2) On voit par ces nombres combien il était difficile à cette époque d'obtenir de l'hydrogène pur. Le rapport véritable est sensiblement 1 : 14.

(3) Explosions avec l'antimoine et avec l'étain fondus et coulés dans l'eau ; non avec le plomb.

(4) Ceci est fort curieux comme idée. Mais le doute soulevé par Lavoisier tenait aux variations de pureté de l'hydrogène, suivant son mode de préparation. Les auteurs s'en aperçoivent plus loin.

88 à 91. 10 avril. Eau décomposée par le charbon incandescent.

90 v. Ici se trouve un petit paquet replié et collé sur la feuille du Registre, avec ces mots : Cendres du charbon brûlé par l'eau en vapeur. (10 avril 1784).

92 v. Equation différentielle entre le temps et la quantité d'air fixe absorbé par l'eau, sur laquelle on a recueilli les gaz. Raisonnements et calculs développés (de Laplace).

98. 14 avril. Décomposition de l'eau par le fer. Suite de calculs et de mesures.

VIII

TOME HUITIÈME. — « 25 *mars* 1783 *au   février* 1784. »

Ce titre et ces dates ne sont pas exacts. En effet, le Registre débute par des expériences faites depuis octobre 1776 jusqu'en avril 1777, à Montigny, lesquelles auraient dû figurer au Registre IV. Il semble que le cahier ait été commencé à Montigny, puis transporté à Paris et repris en janvier 1783. Il est consacré aux expériences purement chimiques qui ont été exécutées dans le cours de cette année-là et jusqu'au 2 février 1784; tandis que le Registre VII, qui est contemporain, a été consacré, à l'origine du moins, aux expériences sur la chaleur. Le registre VII ne paraît d'ailleurs renfermer sur cette question que des expériences faites jusqu'à la fin de février 1783; puis il reprend sur d'autres sujets, à partir du 3 février 1784. Les deux Registres VII et VIII sont donc enchevêtrés l'un dans l'autre, aussi bien que les registres IV et VIII.

Examinons de plus près les matières traitées dans le registre VIII.

La première partie, exécutée en 1776-1777, est relative à l'oxygène et à son influence sur la combustion et sur la respiration. Elle renferme une suite méthodique d'expériences sur ces questions. Ces expériences sont reprises plus tard et poursuivies en 1783. Puis viennent des expériences relatives à l'action de l'acide nitreux (nitrique), sur le mercure et sur divers autres sujets; et toute une série d'expériences sur les caloriques spécifiques, les chaleurs de combustion, la chaleur animale, et l'analyse de la cire par combustion. Elles se terminent le 2 février 1784, précisément au point où le registre VII reprend par la date du 3 février de la même année (feuille 53).

Au folio 63 on trouve, sous une forme très incomplète, la seule mention qui a été conservée des premières expériences de Lavoisier sur la recomposition de l'eau, faites le 24 juin 1783.

Donnons l'analyse détaillée de ce Registre.

F. 1 — 4. Blanc.

5. Expériences faites à Montigny par MM. Trudaine et Lavoisier, le dimanche 13 octobre 1776. Calcination des métaux; air qui a servi à la calcination des métaux (titre ajouté plus tard.)

1re expérience. Etain.

2e expérience. Mercure précipité *per se*. Gaz, vapeur rouge; vers la fin, vapeur blanche. Il est question de l'air déplogistiqué de M. Priestley.

On s'est aperçu que la cornue était légèrement fêlée : ce qui a fait soupçonner qu'il avait pu passer un peu de phlogistique du charbon[1] qui altérait cet air et donnait lieu aux vapeurs blanches.

La flamme d'une lumière dans cet air brûle avec élargissement et décrépitation.

7. 3e Expérience — id. — Suite, lundi 24 octobre.

4e Expérience: étain avec moitié plomb; calcination.

5e expérience. Rouge-gorge dans l'air commun. Il y meurt.

(1) Que signifient ces mots « phlogistique passé par la fêlure? »

11. 6° expérience. L'air où cet animal est mort éteignait la lumière et précipitait l'eau de chaux; il ne donnait plus de vapeur rouge sensible, par son mélange avec l'air nitreux.

7° expérience. Cet air battu avec l'eau de chaux conserve les deux dernières propriétés.

8° expérience. On y mêle 1/6 d'air déphlogistiqué. La bougie brûle dans le mélange, qui paraît semblable à l'air commun.

13. 9° expérience. Rouge-gorge dans l'air déphlogistiqué de M. Priestley. Il vit trois heures, au lieu d'une heure. L'air a diminué d'un quart[1].

10° expérience. La bougie y brûle ensuite, avec augmentation de volume et décrépitation.

11° expérience. Epreuve par l'air nitreux.

12° expérience. L'eau de chaux réduit cet air de près de 1/5.

13° expérience. On ajoute de l'air nitreux.

17. Mardi 15 octobre, 14° expérience. Troisième oiseau dans ce même air, où le deuxième était mort. L'oiseau meurt en 1 heure.

Il peut se faire que l'oiseau (précédent) ait été suffoqué dans une petite atmosphère d'air fixe, surmontée d'une atmosphère plus pure que l'air commun[2].

15° expérience. Après la mort du troisième oiseau, une bougie brûle avec une flamme plus brillante. — On ajoute un quatrième oiseau; mort en 54 minutes. La bougie dans le résidu brûle avec une flamme plus brillante et étendue.

Combustion du charbon dans l'air déphlogistiqué.

19. 16° expérience. Bougie dans air déphlogistiqué sans communication avec l'air (diminution d'un tiers). Le résidu éteint les lumières. Agité avec l'eau, qui l'absorbe en partie; il en reste 1/3, lequel n'éteint plus les lumières, et est diminué par l'air nitreux comme l'air commun : car l'air, après extinction de bougie, se compose de deux tiers d'air fixe et d'un tiers d'air commun.

19. Du   avril 1777. Combustion dans l'air ordinaire.

La combustion des lumières diminue-t-elle l'air ? C'est une question puérile en apparence et il n'est personne qui ne s'empresse de répondre affirmativement. Cependant si l'on considère qu'une partie de l'air se change en air fixe par

(1) On opérait sur l'eau.

(2) Les lois du mélange des gaz n'étaient pas bien connues à ce moment.

la combustion, on pourra soupçonner que la diminution qu'on observe ne provient que de la combinaison de l'air fixe avec l'eau[1]. J'ai voulu vérifier ce point important et je n'ay vu d'autre moyen que d'opérer sur du mercure; mais j'y rencontre de grandes difficultés.

24. Expérience première. Combustion des bougies dans l'air ordinaire (titre ajouté), sous une cloche; sur le mercure.

Expérience deuxième. On ajoute sous la cloche une petite portion d'alcali caustique. Diminution de volume mesurée.

Expérience troisième, faite en allumant la bougie avec du phosphore enflammé par un fer échauffé.

Expérience quatrième.

Il ne se consomme dans l'air commun, ou plutôt il ne se convertit en air fixe que la portion d'air pur contenu dans l'air de l'atmosphère.

27. Expérience cinquième. Bougie brûlée dans l'air déphlogistiqué, sur le mercure.

29. Du   janvier 1783. Acide vitriolique et alkali fixe végétal crayeux. Perte de poids. Même expérience avec l'alkali caustique.

33. Du 25 mars 1783. Air nitreux préparé avec l'acide nitreux et le mercure.

35. Du 1ᵉʳ may 1783. Sang de bœuf: espèce de gaz qui se dégage par sa fermentation, 5 parties de cet air (sang mis en décembre) laissent par l'alkali (en avril), un tiers non absorbé. Feuille volante à demi déchirée sur la même expérience.

37. Du 5 mai 1783. Air déphlogistiqué et acide nitreux: absorption.

On y fait respirer des moineaux. Mesures; analyses par l'alkali caustique et par l'air nitreux.

Après l'action de l'alkali, on y remet un oiseau.

41. Du 12 may (suite). Respiration d'un cochon d'Inde sur le mercure, dans l'oxygène.

Du 19 may (suite), autre expérience[2].

___

(1) C'est-à-dire de la dissolution de l'acide carbonique dans l'eau: ce qui est vrai. Le mot combinaison est parfois employé indifféremment à cette époque pour les corps combinés réellement, pour les corps dissous, enfin pour les corps simplement mélangés, dans l'état de liquide ou de gaz.

(2) Ici se trouve une lettre de M. d'Arcy à Mᵐᵉ Lavoisier, conçue dans des termes très affectueux : « Ma chère amie »; sur la mort d'un de ses proches. Au verso, détails sur l'expérience du cochon d'Inde. La lettre n'est pas contemporaine de l'expérience; car d'Arcy était

51. Du 19 mai. Combustion d'une bougie.

55. Du 24 may. Charbon; combustion; mesures.

57. Du 19 juin. Cendres du charbon.

59. 19 juillet 1783. oxygène (titre ajouté).
Il y a une petite diminution de volume.

63. Du 24 juin. Eau; sa formation (titre ajouté).

*On a combiné dans une cloche, en présence de MM. Blag-
den, du (illisible), de Laplace, Vandermonde, de Fourcroy,
Meusnier, Legendre, de l'air déphlogistiqué et de l'air inflammable, tiré du fer par l'acide vitriolique, etc.... On
peut évaluer à 3 gros la quantité d'eau; on aurait dû retirer
1 once 1 gros 12 grains d'eau. Ainsi il faut supposer une
perte de deux tiers de l'air ou qu'il y ait perte de poids.*

65. Du 25 août. Mercure et acide nitreux. — Gaz nitreux,
sa pesanteur spécifique[1].

69. Du 25 août. Fer et acide nitreux. Mesures; pesée du
résidu après calcination.

71. Rapport des mesures (pied anglais et pied de roi. Livre
anglaise, etc.

73. Pesanteurs spécifiques de l'oxygène, de l'air, de l'acide
carbonique, de l'air nitreux et autres gaz.

77. 8 septembre 1783. Acide nitreux et mercure.

13 septembre (suite); suite p. 85.

83. Du 8 septembre 1783. Combustion de mèches soufrées
dans l'air déphlogistiqué. (Ecriture en partie de Lavoisier,
en partie de Laplace.)

89 à 96. Du 21 septembre. Acide nitreux et mercure.
Calculs.

97. Du 27 septembre, Fer et acide vitriolique. Suite
p. 103.

mort quatre ans avant, à l'âge de cinquante-quatre ans, en 1779. C'est
l'inventeur du fusil pendule, officier d'artillerie, membre de l'Académie. — Sa lettre était restée sans doute parmi des papiers négligés,
dont les blancs ont été utilisés.

(1) L'emploi du bioxyde d'azote (air nitreux) a été proposé par
Priestley et suivi par les chimistes de son temps pour doser l'oxygène dans l'air et apprécier par suite la salubrité de l'atmosphère
(eudiométrie). Mais il est reconnu aujourd'hui que ce procédé ne
fournit pas des résultats exacts. En effet, suivant les conditions du
contact et la dose de l'eau mise en présence, le volume de l'oxygène
absorbé peut varier, depuis le quart de celui du bioxyde d'azote
($AzO^2 + O = AzO^3$, acide nitreux) jusqu'aux trois quarts ($AzO^2 + O^2$
$+$ eau $= AzO^5$, acide nitrique étendu). Lavoisier admettait dans ses
calculs un rapport fixe intermédiaire, celui de 0,58 : 1. ŒUVRES, t. II,
p. 505.

101. Du 4 octobre. Acide marin et alcali. — Acide marin et fer.

103 à 112. Du 9 octobre 1783. Acide nitreux et mercure. Suite f. 119 à 126.

113 à 118. Du 15 octobre 1783. Pureté de l'air par l'air nitreux. Essais divers[1] comparés avec l'action du phosphore.

127 à 131. Bouillon de viande de bœuf. Etudes. Suite f. 137 à 152[2].

135. Esprit de nitre. Sa pesanteur spécifique.

155. Du 18 décembre 1783. Calorique dégagé de la combustion du charbon (titre ajouté).

157. Expérience du 14 sur le charbon, « qui est incertaine. »

159. Minium (calorique spécifique, titre ajouté).

161. Du 20 décembre. Précipité rouge (calorique spécifique; titre ajouté).

163. Du 21. Charbon (id.).

165. Du 22. Cochon d'Inde (chaleur produite).

167. Du 22. Plomb (calorique spécifique; titre ajouté).

169. Du 25. Etain (id.)

171. Du 28 décembre. Esprit-de-vin (id.).

173. Du 31. Combustion de la bougie (chaleur dégagée).

175. Du 1er janvier 1784. Soufre (calorique spécifique; titre ajouté).

177. Du 31. Huile d'olive (id.).

179. Du 1er janvier 1784. Huile d'olive. Combustion (chaleur dégagée).

181. Du 7 janvier. Combustion du suif (id.).

Du 4 janvier. Autre expérience).

183. Antimoine (sulfuré). Calorique spécifique (titre ajouté). Antimoine diaphorétique.

185. Nitre (titre ajouté).

187. Régule d'antimoine.

189. Expériences par la machine A. (machine destinée à l'expérience de la p. 193 probablement).

191. Machine B.

193. Calorique dégagé dans la respiration des oiseaux.

195. Cendres de tabac.

197. Calorique spécifique de l'eau (titre ajouté).

199. Baromètres à eau, esprit de vin et éther[3].

(1) Autre analyse de l'air par l'air nitreux. Calculs.

(2) Feuilles volantes.

Extrait du Mémoire de M. Geoffroy, 1730, sur le bouillon de bœuf.

(3) V. Reg. VII, fin de la notice, p. 284.

201. Du 2 férier 1784. Glace : sa force d'adhésion (titre ajouté).

202 à 209. Calorique spécifique de l'air de l'atmosphère (titre ajouté). 9 et 10 février 1784.

211. Calorique spécifique de l'eau.

212. Id. du gaz oxygène. Vendredi 20 février 1784.

217. Oxyde rouge de mercure et limaille d'acier.

219. Combustion de la bougie ; d'où composition de la cire[1] :

Charbon	87,035
Air inflammable de l'eau	12,965
	100.000

221. Feuilles blanches jusqu'à la f. 238.

Sur la dernière feuille de garde.

Platine remise à M. l'abbé Rochon : 3 onces 1 gros 42 grains.

Feuilles volantes contenant divers calculs.

IX

Tome NEUVIÈME *du 26 avril 1784 jusqu'au dernier de décembre 1784.*

Ces indications ne répondent qu'à une portion du cont tenu du Registre. En effet celui-ci débute par le détail des épreuves techniques des poudres, faites à l'Arsenal, en novembre 1776 ; d'autres concernent les années 1777 et 1778. Mais le Registre, ayant cessé de servir à cet usage, a été repris en avril 1784, pour faire suite immédiatemen au Registre VII. Il contient des études sur les enveloppes des aérostats, sur la combustion du fer, sur le nitre ammoniacal, sur la détonation du nitre avec le charbon, expériences dont les calculs paraissent avoir été faits ou refaits en 1786 ; des essais sur la dessiccation du tabac,

____

(1) Exemple d'analyse par la pesée de l'eau et de l'acide carbonique produite. Mais Lavoisier méconnaissait l'existence de l'oxygène dans la cire.

sujet qui donna lieu à quelques-unes des accusations ca-
lomnieuses dirigées contre Lavoisier au moment de sa
mort[1] ; des recherches préparatoires à une expérience
sur la composition de l'eau, des épreuves sur des eaux
mères de la raffinerie du salpêtre, etc., ces dernières
datées du 20 juin 1785 ; une analyse de l'eau de la
Beuvronne, en mai 1788, etc. On voit que ce Registre
touche à toutes sortes de sujets. Au début se trouve
sur une feuille volante un essai de symbolisme curieux,
relatif à la composition de l'acide nitrique.

Voici l'analyse détaillée de ce Registre.

Feuille volante. Acide nitreux = air nitreux + air déphlogistiqué : essai de formules analogues à celles du
Mémoire imprimé au t. II, p. 515 des Œuvres. J'y joins
mes interprétations de ces signes.

⊕ principe oxygène, ou +

△ air nitreux.

△ feu ou phlogistique (?)

⊕ + △ = △ [4]

au-dessus ou ⊕+ [2]

☾ argent [3].

argent calciné $x+y$ ☾ [3]

$$ ⊕+ = a\, ⊕ . \, b\, △ \quad [6] $$

$$ m\,☾ + a\, ⊕+ = b\, ▽ + c\, △ + d\, ⊕+ + m\,☾ \quad [7] $$

Puis calculs.

Autre feuille volante [8].

(1) Voir Grimaux, LAVOISIER, p. 282 et 390.
(2) Acide nitrique.
(3) Symbole alchimique.
(4) Le principe oxygène plus le principe feu ou phlogistiq ue =
eau.
(5) Oxyde d'argent = x oxygène, et y argent.
(6) Acide nitreux = oxygène + air nitreux.
(7) m Argent et a acide nitreux = b eau + c air nitreux + d oxygène +
m argent (régénéré à la fin).
(8) Calculs relatifs aux aérostats.

Poids d'une toise de ficelle; d'un pied cube d'édredon; d'un globe plein d'édredon — calculs relatif à l'excès de légèreté d'un ballon. Pour le Champ de Mars on avait, etc.

Voici maintenant le Registre proprement dit.

F. 1. Registre des épreuves des poudres faites à l'Arsenal, commencé le 26 novembre 1776[1].

La machine dont on s'est servi pour faire les épreuves rapportées dans ce Registre a été exécutée sur le modèle d'une précédemment faite par M. le chevalier d'Arcy, dont la description se trouve dans son Traité d'artillerie. — Canon suspendu à l'extrémité d'une verge de fer, qui pendait sur des couteaux. — On estime la force de la poudre par le recul du canon, la tige de fer porte un stillet d'yvoire, (sic) qui trace un arc sur une plaque de cuivre enduite de graisse, — on mesure la corde de l'arc décrit et de sa première moitié.

3. Expériences faites le 23 novembre 1776, en présence de MM. d'Arcy, de la Place, Clouet, Lefaucheux, de Glatigny, Lavoisier, M. Le Roy et M. Bezout ont assisté à une partie. — Essais.

5 à 10. Tableau des épreuves faites à l'Arsenal en février 1777, pour déterminer l'influence du temps du battage et des rechanges sur la qualité de la poudre [2].

11, 12, 13, 14. Tableaux préparés, restés en blanc.

15. Tableau, etc. le 27 juillet, sur les poudres fabriquées en mars à la fabrique de Saint-Jean-d'Angély.

On a trouvé que les oscillations de la machine étaient de 94 à 95 en 2 minutes.....   } Cette feuille est barrée.
En 3 minutes, 342..   }

16. Tableau préparé, mais non rempli ; de même 22 à 24.

17, 18, 19. Tableaux remplis.

20. Tableau sur des poudres fabriquées au moulin du Pont-de-Buis.

25 à 27. 26 avril 1784. Epreuves sur les enveloppes [3]. (Taffetas vernis).

2 juin. Poids.

28, 29. 10 mai. Combustion du charbon dans l'air déphlogistiqué.

---

(1) Même inscription à la dernière page, en retournant le Registre, comme s'il avait été commencé des deux côtés opposés.

(2) Ceci paraît exécuté avec une machine différente.

(3) Des aérostats.

Débuts de l'écriture de Lavoisier. Suite et calculs, de l'écriture de Laplace. Suite f. 31.

30. Épreuves sur les enveloppes. (Épreuves par M. Fortin [1].)

33 à 37. 31 mai, 2 juin.

40. 6 juin; 41 jusqu'au 44. Préparation des taffetas par M. Bertholet (*sic*).

34. Calcination du charbon de terre. Perte de poids. 27 mai.

39 et 42. 3 juin. Charbon (combustion). Composition.

43. Du 28 juin. Combustion du fer dans l'air déphlogistiqué, — pesées, avec brouillon des calculs.

45. Minium et sel ammoniac distillés ensemble [2].

Air dégagé : 38,2 air vital; 61,8 air méphitique; vers le milieu.

A la fin : 36,25 et 63,75.

46. Du 5 octobre 1784. Acide vitriolique. Eau et fer; volume des gaz dégagés.

47. Mercure précipité rouge, et sel ammoniac distillés.

48. Nitrate d'ammoniaque poussé au feu. Détonne dans les vaisseaux fermés, ou plutôt y brûle avec flamme [3].

49. Sel ammoniacal vitriolique et acide nitreux.

50. Du 14 octobre 1784. Expérience sur la gadoue.

51. Chaux vive et sel marin poussés au feu.

52. Prétendue soude faite par la gadoue fermentée et le sel marin.

53. Du 8 novembre. Sublimation du nitre ammoniacal (entraîné avec l'eau), comparée avec sa détonation sur une brique chaude.

54. Charbon de terre le 9 novembre 1784. Analyse.

55. Détonation du nitre et du charbon [4].

57.   Id.   dans un canon de cuivre dont le bout est engagé sous l'eau.

58. Sel ammoniacal nitreux. Température de fusion.

59. Détonation nitre et charbon. — Suite et calculs.

(1) Épreuves de tension intérieure et de perméabilité.

(2) Ceci le préoccupe toujours, v. p. 227, 239, 240 du présent ouvrage. Il paraît que l'acide chlorhydrique du sel ammoniac aurait formé d'abord dans cette expérience du chlorure de plomb, de l'eau et de l'oxygène; ce dernier provenant de la suroxydation du plomb. Mais l'oxygène, vers la fin, aurait brûlé l'hydrogène d'une partie du gaz d'ammoniac, en formant de l'azote.

(3) *Nitrum flammans* des anciens alchimistes.

(4) Il y a ici dans le manuscrit cinq à six titres successifs, avec variantes, dues aux changements du langage chimique accompli à cette époque.

Il cite des expériences du mois de décembre 1784 et du 9 octobre 1782. — (Les résultats sont peu exacts, parce que l'oxygène absorbable par le bioxyde d'azote est évalué trop bas, et que la potasse est calculée d'après le poids de son hydrate et non d'après celui de la base anhydre, inconnue à cette époque [1].)

64 à 64. Tabac (expérience sur le), (titre ajouté).

24, 25 et 26 décembre 1784. — Dessiccation du tabac.

Il se demande :

Si la dessiccation au bain-marie donnait réellement la quantité d'eau additionnelle; ou si elle donnait une partie de l'eau, principe de décomposition.

65. 17 mai 1786. Eaux de la Beuvronne; pesanteur spécifique.

66-69. En blanc.

70. 30 décembre 1784. Préparation de l'expérience de la composition et décomposition de l'eau. Pesées.

71. Epreuves faites pour connaître ce que perdrait dans un temps donné la machine n° 2 : 12 février 1785.

72 à 78. Du 20 juin 1785. Epreuves des eaux mères de la raffinerie (de salpêtre) de Paris.

73 en blanc. 79 à 110 en blanc.

111. Esprit-de-vin mêlé d'eau + sel marin ; + salpêtre. Dessiccation du tabac.

112. Table des poids d'eau correspondant à chaque mesure de mon eudiomètre.

X

TOME DIXIÈME. *Année 1785.*

Machines pour manœuvrer les gaz. (Expériences en grand sur la composition de l'eau, avec procès-verbaux signés des commissaires de l'Académie.)

1. Blanc.

2. Caisse A n° 1. Table qui indique les dispositions à faire pour l'usage des caisses.

(1) Observons enfin que ces calculs ont été ajoutés après coup dans le Registre, l'existence de l'azote dans l'acide nitrique n'ayant été reconnue que plus tard par Cavendish. L'écriture est la même que celle du f. 65, qui est de 1786.

2 v. Nous, soussignés, Commissaires de l'Académie[1] que le tableau ci-contre d'expériences faites pour connaître la capacité de la caisse A n° 1, nous a été présenté avant l'expérience, aujourd'hui 27 février 1785, et que nous avons paraphé : Bailly, Sage, Laplace.

3-11. Tables pour connaître les volumes d'air fournis par cette caisse.

12 à 20. Caisse B n° 2.

21. Pesées préliminaires faites pour les expériences de la décomposition et recomposition de l'eau.

Signé : Laplace, Bailly, Sage, Rochard de Savon, avec surcharge approuvée par Monge.

22. Expérience de la décomposition de l'eau, faite le 27 février 1785.

Signatures : Laplace, Bailly, Sage, Lavoisier, Meusnier, Cadet, d'Hyonval, Berthollet, Rochard de Savon, Monge.

Les autres pages sont paraphées au bas : B. D. S.

23 à 31. Seconde expérience le 28 février 1785.

Nouveau certificat signé : Rochart, Sage, Cadet, Laplace, Monge, Bailly, Berthollet, Legendre d'Arcet, d'Hyonval ; le 9 mars 1785.

Calculs, pesées, analyses, jusqu'au f. 38.

39-45. Blanc.

46 à 48. Du 19 octobre 1785. Expériences sur la composition de l'acide nitreux ; air vital + air nitreux : figure.

49. Du 3 avril 1786. Calculs sur la pesanteur de l'air atmosphérique, jusqu'au 10 avril.

54 à 55. Pesanteur de l'air déphlogistiqué, le 27 février 1785.

Le reste du cahier est blanc.

XI

TOME ONZIÈME, *du 24 avril 1785 au*

Ce volume renferme des essais pour déterminer la chaleur de combustion et la composition des matières organiques et autres (esprit-de-vin, huile d'olive, bougie, hydrogène, soufre, etc.).

Feuille volante,

(1) Le mot (Certifions) est sauté,

Combustion de l'esprit-de-vin. Calculs.

F. 4 à 5. Blanc.

6,8. Expérience sur la manganèse (*sic*) 29 avril 1785.

— On traite par l'acide vitriolique. 5 may, 14 may, 16 may.

Élévation graduelle de température — pesées — cornue de verre vert lutée.

9. Combustion de l'esprit-de-vin dans l'oxygène. Dessin de l'appareil. Mesure des gaz

Absorption de l'acide carbonique par l'alkali caustique.

Feuille volante : *On ne doit pas s'attendre à trouver des réponses à toutes les objections.*

Autre feuille volante : calculs — le 5 juillet 1788.

11, 13. Du 16 mai 1785. Esprit de vin, suite.

14, 16. Combustion de l'huile d'olive, avec calculs de la composition.

17. Du 18 may 1785. Combustion du soufre [1].

$$\text{Soufre} = 38,98$$
$$\text{Air vital} = 61,02$$
$$\overline{100,0}$$

19. Du 23 may 1785. Manganèse chauffée.

20. Du 25 décembre 1785. Combustion de l'huile d olive. Chaleur dégagée.

21. Blanc.

22 à 26. Expériences sur la teinture noire (par le bois de chêne, écorce et râpure). Noix de galles, bois de campêche, etc.

27, 28. Blanc.

29. 27 septembre 1786. Combustion de l'esprit-de-vin. Chaleur dégagée.

30. 28 décembre 1786. Combustion de la bougie. Chaleur dégagée.

32. 28 décembre 1786. Combustion de l'air inflammable. Chaleur dégagée.

33. Du 5 janvier 1786 [2]. Disposition des machines [3].

34. Glace fondue id. Calculs et vérifications.

43. Quantité d'air vital, dégagée de la chaux de mercure, etc.

---

(1) La formule de l'acide sulfureux exige poids égaux. — En opérant sur l'eau, avec formation d'acide sulfurique, on aurait le rapport 40 : 60.

(2) 1787.

(3) Expériences de Lavoisier et Meusnier.

Quantité d'air inflammable dégagé dans la décomposition de l'eau par zinc et acide vitriolique.

44, 48. Blanc.

48. Du 15 février 1787. Dissolution de platine. — suite f. 52, 53.

50. 15 février 1787. Précipité de vitriol de Mars, obtenu par le sumac.

51. Expérience sur la levûre le 20 février 1787.

54. Combustion du charbon, 19 mars 1787.

55. Du 26 mars 1787. Esprit-de-vin et acide nitreux.

56, 58. Blanc.

59. Combustion de l'esprit-de-vin dans un serpentin.

60 à 62. Du 4 mai 1787. Essai sur la levûre.

61.

Le reste du Registre est blanc.

XII

TOME DOUZIÈME, *de septembre* 1786 *à la fin de* 1787.

Ces dates ne sont pas exactes, le Registre renfermant des expériences faites en mai 1785, juin 1785, fin 1786 et dans tout le cours de la même année, c'est-à-dire simultanées avec celles du Registre XI. Les deux Registres ont donc servi en même temps, pour des séries d'expériences différentes. Le Registre XII contient en outre des expériences faites en 1787 et en 1788. Ce Registre renferme des essais sur l'électricité, que Lavoisier cherche à assimiler à une combustion très lente : sur la fermentation spiritueuse ; sur la dissolution de l'or dans l'eau régale ; sur l'analyse du sucre par l'oxyde rouge de mercure, première ébauche de nos méthodes actuelles d'analyse organique par les oxydes métalliques, et sur des sujets très divers.

F. 1-8 blanc.

9 à 14, sans date. Diverses expériences sur le platine ; fusion

avec régule d'antimoine, avec antimoine cru (sulfure) ; avec orpiment[1].

15. D'une écriture postérieure. Du 23 may 1785 (suite des précédentes).

17. Du 28 octobre 1786. Platine et régule d'arsenic ? — Du 1ᵉʳ novembre, f. 24.

19 Du 1ᵉʳ novembre. Platine et cuivre rosette.

25 à 27 Fermentation spiritueuse. Du 30 may 1785.

Essais divers. On ajoute de la limaille de fer; il se dégage des gaz ; le 11 juin, ils égalent la moitié du volume de la liqueur (laquelle renferme 1/8 de sucre), Le 29 juin, volume double, — air détonnant légèrement, précipite faiblement l'eau de chaux; 1/12 absorbable par l'alkali caustique.

L'oxygène quitte l'air inflammable pour s'unir au sucre et former de l'acide du sucre qui dissout le fer[2].

On ajoute l'alcali caustique, qui précipite le fer; puis l'eau de chaux qui précipite l'acide saccharin — Autre, f. 37.

29. Du 10 juin 1785. Jeaugeage de matras et pesées, 31.

Le titre ajouté, « Fermentation spiritueuse » semble inexact.

Mes grandes balances qui ne sont exactes qu'au quart de gros.

35. Souphre (*sic*) et fer, en limaille : Décomposition de l'eau.

*Il paraît que dans cette expérience le souphre (*sic*) devient acide vitriolique aux dépens de l'eau. Il ne serait pas impossible cependant qu'il se formât de la chaux de fer et de l'air inflammable ; mais toujours il est certain qu'il y a décomposition de l'eau et que l'air inflammable est dû à cette décomposition.*

37. Fermentation acéteuse : n'a pas lieu, à défaut du contact de l'air extérieur.

(1) A cette époque, le platine était réputé infusible; on n'avait pas encore appris à l'employer pour la fabrication des appareils, en en forgeant la mousse ; et l'on était obligé de l'allier avec l'arsenic ou l'antimoine, pour le fondre, puis à chercher à expulser les matières étrangères, par grillage ou autrement.

(2) Les phénomènes étaient plus compliqués que ne le supposait Lavoisier ; car il s'agit ici d'une fermentation lactique, avec dissolution du fer ; tandis qu'il suppose la production de l'acide oxalique (acide saccharin).

39 à 41. Eau : sa décomposition par le charbon (titre ajouté),
Electricité (titre ajouté).
45. Du 23 février 1786.

*Je soupçonne depuis longtemps que les phénomènes élec-
triques ne sont, comme ceux de la combustion, qu'un
effet de la décomposition de l'air ; que l'électricité n'est
en conséquence autre chose qu'une combustion très lente*[1].

Machine électrique dans le vide, par Fortin.

*L'électricité tend vers zéro, à mesure que le vide aug-
mente.*

52 à 57. Préparation d'azote par le foie de soufre. On l'introduit dans l'appareil, le 27 mars 1786. — Suite f. 75. —
Il y a de l'électricité quand on opère dans l'azote ; 77, dans
l'oxygène. — La suite en blanc.
59. Du 12 avril. Soufre et potasse. — Diamant : combustion
dans l'oxygène[2]. — Respiration du même air continuée.
61 Mine de plomb donnée à essayer par M. Douet. — Combustion du fer dans l'air vital.
65. 14 avril 1786. Azote préparé par air et foie de soufre.
Du 12 avril 1786. Eau sucrée et acide carbonique.
71. 14 avril. Acide nitreux et cuivre.
72. 15 août 1786. Matière saline ou espèce de soude, donnée
à examiner par la Ferme générale.
82 à 90. Blanc.
91. Du 22 juin. Eudiomètre hydrostatique (titre ajouté).
97 à 105. 22 juin. Air nitreux et air vital (composition de
l'acide nitreux) — mesures et calculs.
106-112. Blanc,
113. Expérience sur la végétation. 6 août 1786. Graine de
cresson alénois (gaz produit pendant la germination sans air).
12 à 127 jusqu'au 14 septembre.
123 à 133. d° dans l'oxygène — 10 août 1786.
Dans l'azote : 15 août.
135 à 144. Du 16 septembre 1786. Expérience sur la fermentation spiritueuse, avec pesées et mesures. — Suite, 163.
27 août 1787.

(1) Opinion erronée, mais qui montre la suite systématique des
idées de Lavoisier.

(2) Ceci fait suite aux expériences de 1772-1773 ; v. p. 67 et 270.

145-147. Du 9 novembre 1786. Or dissous dans l'eau régale, pesées et mesures — suite, 159 : le 20 février 1787.

148. Rapport au pied cube du pèse-liqueur ci-contre.

149 à 157. Eaux d'Epinay et autres — leur analyse (par densité au pèse-liqueur et évaporation).

Les eaux étant en général d'autant plus pures et d'autant meilleures qu'elles sont plus légères.

169 à 175, 6 juin 1787. Sucre et acide vitriolique.

179. Fermentation spiritueuse.

Feuille volante sur la combustion de l'esprit-de-vin : 14 may 1785 et 16 may 1785.

Autre, sur la fermentation spiritueuse.

183. 22 juin 1787. Sucre, sa distillation et son analyse.

193. Du 19 juillet. Suite.

195. Pesanteur spécifique de l'esprit-de-vin.

(Titre ajouté : alkool [1], sa pesanteur spécifique).

197. 27 juillet 1787. Combustion de l'éther (détonation qui brise la cloche au moment de l'allumage).

Combustion de l'esprit-de-vin.

201. Prussiate de chaux, 27 octobre 1787.

203. 12 avril. Sucre et oxyde de mercure rouge (essai).

Feuille volante du 27 mars 1786. — Electricité dans le vide, dans l'azote, etc. (C'est le brouillon do l'expérience des pages 45 à 77). 17 avril 1786, suite.

Air vital et air nitreux : brouillon.

207. Sucre et acide sulfurique.

209. Produits de la fermentation spiritueuse (calculs de l'équation).

215. Du 9 may 1788. Charbon et oxyde de mercure. — Note du 20 may; calculs, 16 may 1788. Réflexion du 4 juillet.

221-223. Du 29 avril [2], dº (avec brouillon) — p. 235.

227. Gomme de Courbary (résine). Expériences. C'est de la gomme Copal.

229 à 231. Géroffle (*sic*) envoyée de Cayenne au ministre de la marine.

3 juin 1788, feuille volante.

239. Comparaison du baromètre, 12 septembre 1788.

(1) Le mot *alcool* ne figure jamais dans le texte proprement dit des Registres.

(2) Ainsi il y a eu inversion de dates dans la copie de ces brouillons.

XIII

Tome treizième. — *Du 20 mars 1788 au*

Ce volume commence par des expériences destinées à convertir le chevalier Landriani, qui restait fidèle à la théorie du phlogistique. La difficulté qui l'arrêtait semble, d'après le récit de ces expériences et la feuille volante qui les accompagne, avoir résidé principalement dans une confusion faite alors entre l'hydrogène et l'oxyde de carbone. Au moyen du charbon et de l'oxyde de mercure, composés exempts d'hydrogène, ou supposés tels, on préparait de l'acide carbonique, et ce gaz, dirigé sur du fer porté au rouge, développait un gaz inflammable que l'on prenait pour de l'hydrogène. De là cette conclusion que l'hydrogène dérivait soit de la matière du charbon ou de l'oxyde de mercure, générateurs de l'acide carbonique; soit du fer métallique, qui décomposait ce dernier.

Le Registre ne fournit aucun renseignement sur la discussion elle-même Mais, en fait, Landriani ne fut pas converti; car, plusieurs années après, il publiait encore des ouvrages contre la théorie pneumatique.

Puis viennent une série d'analyses de matières organiques, sucres, gommes, résines, au moyen de l'oxyde rouge de mercure, et quelques essais analogues au moyen de l'oxyde de manganèse. Le tout forme un ensemble de tentatives pour réaliser une méthode générale d'analyse organique, par combustion au moyen des oxydes métalliques; tentatives fort imparfaites d'ailleurs, en raison des conditions alors mal réglées des combustions. Elles n'en méritent pas moins une mention historique, parce qu'elles sont l'origine de nos méthodes actuelles.

D'autres essais sur la distillation du sucre (R. XII, f. 183), du tartrate acide de potasse, de la corne, de la cire, de l'ivoire, de l'amidon, de la viande, représentent des tentatives d'analyse chimique par une autre voie, qui était depuis longtemps dans la tradition des chimistes, mais sans que l'on eût pris jusque là les gaz en considération.

Il y a encore dans ce volume des expériences sur la fermentation du sucre, sur la combustion du charbon et du soufre par le nitre, sur celle du charbon par le muriate oxygéné (chlorate) de potasse, sur la préparation de l'oxygène par ce sel, ainsi que par l'oxyde de mercure, sur les machines employées dans la recomposition de l'eau, etc. Le volume se termine au 23 octobre 1788.

C'est le dernier Registre de Lavoisier qui soit parvenu jusqu'à nous et il est douteux qu'il en ait entrepris d'autre, occupé dès lors entièrement par les commissions et par les services administratifs de tout genre qui lui étaient imposés.

Registre pour le laboratoire commencé le 20 mars 1788[1].

1. Expériences pour tenter la conversion du chevalier Landriani le 20 mars 1788.

On s'est rassemblé au laboratoire : MM. Landriani, Assenfratz (*sic*), Velter, Lavoisier. M. Landriani a proposé les expériences suivantes.

3. Première expérience : vapeur d'eau sur fil de fer, dans un tube de porcelaine.

---

(1) Les numéros des feuilles sont écrits au crayon. Ce Registre est plus négligé que les précédents.

Feuille volante indiquant diverses expériences sur le fer, le charbon, l'acide carbonique, etc.[1].

4-5. Deuxième expérience : oxyde rouge de mercure et charbon produisent de l'acide carbonique, qui est dirigé sur du fer dans un tube rouge.

6-7. Fer du Creusot, près Moncenis, du 22 mars 1788. — Dissolution dans l'acide sulfurique, etc.

8. Expériences sur l'action du charbon enflammé dans le gaz oxygène.

9. Vendredi 18 avril 1788. Sucre et oxyde rouge de mercure.

9 v. Mardi 22 avril 1788. Suite.

10. Expérience sur le phosphate de fer obtenu du fer de Moncenis.

11. Du mardi 29 avril 1788. Combustion du sucre avec l'oxyde rouge de mercure.

13. Combustion des gommes et résines par l'oxyde rouge de mercure, 4 may 1788.

14. Du 9 may : sur l'acide tartareux.

15. Du 9 may 1788. Distillation du charbon avec l'oxyde rouge de mercure.

16. 10 may. 1788. Analyse d'un sel résultant d'une eau mère de nitre rapprochée.

17. 16 may. Suite.

19. 19 may 1788. Distillation du tartrite acidule de potasse.

20. 20 may 1788. Combustion de la sandarac *(sic)* par l'oxyde rouge de mercure.

22 à 24. Du 23 may. Expérience sur la pesanteur spécifique du gaz acide carbonique.

25. à 26. Du vendredi 30 may 1788. Dissolution du cuivre dans l'acide nitrique.

27. Du mercredy 16 juillet 1788. Distillation de la corne — Suite, 33.

30. Du 6 août 1788. Distillation du sulfate de fer calciné. Suite : 21 août, 38.

31. Distillation de nitre et oxyde noir de manganèse.

(1) On lit sur une carte à jouer :

Le mercure de la cuve

      249   1/4
       15   1/4..
En tout 265 livres 10

Ceci nous donne les dimensions de la cuve à mercure de Lavoisier, qui contenait un peu moins de 10 litres de mercure. Les cuves actuelles ont une capacité moitié plus grande.

32. Distillation de sulfate de fer calciné et nitre.

34. Expériences sur les gérofles *(sic)* de Cayenne, récolte de 1787.

35. Distillation du sucre avec l'oxyde noir de manganèse. 21 août 1788.

36. Distillation de l'oxide *(sic)* noir de manganèse, du 21 août 1788.

26 août, f. 43.

37. Distillation d'un mélange à parties égales de sulfate de fer et de nitrate de potasse, 16 août 1788.

39. Distillation de la manganèse *(sic)* avec de la farine.

40. Expériences sur le lait, 23 août 1788.

41. Distillation de l'oxyde noir de manganèse et du sucre[1].

42.   Id.   gomme copal.

44. Oxyde de manganèse et acide nitrique, 28 août 1788.

46. Seconde analyse du charbon de corne, du 17 septembre 1788.

47. 20 septembre   d°

48. Du 1ᵉʳ octobre 1788. Distillation de la cire.

49. D°. De l'huile.

50. 4 octobre 1788. Distillation de l'ivoire.

51. 21 octobre 1788. Sur la quantité d'oxygène contenue dans le muriate suroxygéné de potasse.

52. 22 octobre 1788. Sur le gaz oxygène obtenu de l'oxyde rouge de mercure.

53. 24 octobre 1788. Sur le sulfure de potasse, pour faire de l'acide sulfurique.

54. Sur la décomposition du muriate de potasse par le nitrate calcaire.

56. Du 14 novembre 1788. Analyse de l'amidon par distillation.

58. Du 15 novembre 1788. Distillation de la viande.

59-60. Tableaux préparés par les machines AB, grandes et petites[2].

---

(1) Gaz inflammable pris pour de l'hydrogène ; tandis qu'il semble avoir été de l'oxyde de carbone. Lavoisier n'a jamais bien distingué ce gaz ; quoiqu'il ait opposé à plusieurs reprises le gaz inflammable ne produisant pas d'acide carbonique par sa combustion (hydrogène) avec celui qu'on produisait, mais en le confondant avec les carbures d'hydrogène.

(2) Ces tableaux se rapportent sans doute à la recomposition de l'eau : ils ne répondent pas aux mêmes dates que ce qui précède et ce qui suit ; les tableaux ayant été transcrits vers la fin d'un Registre, en laissant des pages blanches pour les descriptions ultérieures. — De même, pages 72 et 78 du Registre.

64-62-63-64. Blancs.

65. Du 28 octobre 1788[1]. Expériences sur la combustion du nitre, du soufre et du charbon mêlés ensemble.

66. Du mardi 9 septembre 1788. Fermentation du sucre.

67. Du 8 octobre 1788. Suite.

68. Du 24 octobre 1788. Muriate oxygéné de potasse et charbon.

71. On recueille les gaz : analyses et calculs.

72 à 75. Expériences faites sur la machine A — mesures et graduation de l'appareil).

78. Expériences faites sur la machine B. Suite 81, 82 v. jusqu'à 86.

78 v. Du 22 octobre 1788. Muriate suroxygéné de potasse et charbon (gaz recueillis).

79. Du 23 octobre 1788.

Feuille de garde de la fin. Gaz oxygène produit par 4 onces d'oxyde rouge de mercure.

(1) C'est 1788, d'après la page 64 v., qui reproduit l'indication pour nitre et charbon seuls.

TABLE ANALYTIQUE

CHAPITRE II

BIOGRAPHIE

CHAPITRE III

THÉORIES ANCIENNES ET THÉORIES DE LAVOISIER

CHAPITRE IV

OXYDATION DES MÉTAUX

CHAPITRE V

DÉCOUVERTE DE LA COMPOSITION DE L'AIR. — OXYGÈNE. — ACIDE CARBONIQUE

CHAPITRE VI

DES ACIDES

Composition des acides carbonique, sulfurique, phosphorique, en tant que formés poids pour poids par l'union de l'oxygène avec le carbone, le soufre, le phosphore : ceux-ci ne

CHAPITRE VII

DU FEU ET DE LA COMBUSTION

CHAPITRE VIII

LE CALORIQUE, LES GAZ, LES TROIS ÉTATS PHYSIQUES DES CORPS

CHAPITRE IX

SUR LA NATURE DE LA CHALEUR ET SUR SA MESURE EN CHIMIE

CHAPITRE X

DÉCOUVERTE DE LA COMPOSITION DE L'EAU

CHAPITRE XI

ABANDON DE LA THÉORIE DU PHLOGISTIQUE

CHAPITRE XII

LES CORPS SIMPLES. — ÉQUATION DE POIDS. — ANALYSE ET SYNTHÈSE

CHAPITRE XIII

NOUVELLE NOMENCLATURE CHIMIQUE

CHAPITRE XIV

COMMENCEMENTS DE LA CHIMIE ORGANIQUE

CHAPITRE XV

RESPIRATION ET CHALEUR ANIMALE

CHAPITRE XVI

DERNIÈRES ANNÉES DE LAVOISIER. — SA MORT

ÉTUDE

DES

REGISTRES INÉDITS DE LABORATOIRE DE LAVOISIER

AVEC NOTICES ET EXTRAITS DE CES REGISTRES

I. — TOME PREMIER (1773)

V. — TOME V (1777)

VI. — TOME VI (1778-1782)

VI bis.

VII. — TOME VII (1782-1784)

VIII. — TOME VIII (1783-1784)

INDEX ALPHABÉTIQUE

DES NOMS CITÉS

ÉVREUX, IMPRIMERIE DE CHARLES HÉRISSEY

www.ingramcontent.com/pod-product-compliance
Lightning Source LLC
LaVergne TN
LVHW022350060726
842530LV00001B/6